# 不思議宇宙の
# トムキンス

The NEW World of Mr Tompkins

ジョージ・ガモフ／ラッセル・スタナード 著

青木 薫 訳

白揚社

# 新版の刊行にあたり

　トムキンスの冒険物語を1度も読んだことがないという物理学者はいないはずだ。それらの物語は、もともと専門知識のない一般読者のために書かれたものではあるが、現代物理学のすぐれた入門書として、今日にいたるも幅広い層に支持されている。かくいうわたし自身も、トムキンスに対しては常々このうえない愛情を抱いていた。そんなわけで、本書の改訂を任されたとき、わたしは嬉しさに舞い上がった。

　新版の登場は、あまりにも遅すぎたと言わなければならない。最後の改訂から30年のあいだには数多くの出来事が起こり、とくに宇宙論と高エネルギー核物理学の進展には目を見張るものがある。しかしその本を再読したわたしは、改訂を要するのは、こと物理学の内容にとどまらないことに驚かされることになった。

　たとえば昨今のハリウッド映画は、とてもではないが"人気スター同士のラブロマンス"などと形容してすむものではないし、絶滅危機種のことが心配される今日、量子論の紹介に虎狩りはないだろう。それに教授の娘モードの描写はどうだ。ファッション雑誌「ヴォーグ」を読みふけり、ミンクのコートを欲しがり、物理学の知識

などかけらもない，すぐに唇をとがらせるお嬢様として描かれている。このような描写が，女性にもどんどん物理学を学んでもらおうという現代にマッチしているとは言いがたい。

　また，物語の筋書きにも問題があった。物語を通して物理学を知ってもらおうという画期的な方法を考え出したのはガモフだが，実際の筋書きにはかなりの弱点があった。たとえば，トムキンスが夢の中で新しい物理学を学ぶという場面が何度も出てくるが，夢を見る以前に，教授の講演やおしゃべりなどの実生活を通して，（潜在的にであれ）それらの物理学に（ちらりとすら）触れるということがないのである。海辺での休暇を例にとれば，彼は列車の中で居眠りをして夢を見るのだが，そこでは教授が彼の旅行に同行している。のちに，教授とトムキンスは実際にともに休暇を過ごすことになり，トムキンスは列車内での失態を教授が覚えているのではないかと戦々恐々とするのである。しかしそれは夢の中でのことだったはずではないか！

　また，物理学に関する説明にしても，もっとわかりやすくできたのにと思われる箇所が散見される。たとえば，異なる地点で起こった出来事は同時とは言えないことを説明するために，別々の宇宙船に乗り込んだ観測者が観測結果を比較するという設定になっている。ところが，その二者のうちどちらか一方の視点を基準とするのではなく，第三者の視点から，2人の観測者がともに動いているものとして記述されているのである。同様に，駅長が射殺された場面でも，駅員がプラットフォームの反対の端で新聞を読んでいるのが目撃されたからといって，駅員の無実が証明されることにはならない。（この場面では，駅員が新聞を読みはじめる前に発砲できる可能性をなくしておくべきであった。）

そして「宇宙オペラ」をどうするかという問題もあった。このような作品がコヴェントガーデンで上演されるなど、もちろんありえないことである。それに、このオペラのテーマそのものも問題だった。ビッグバン理論と定常宇宙論の対立など、とても今日的なテーマとはいえない。実験から得られた証拠により、前者の優位は圧倒的だからである。そうはいっても、この独創的かつ愉快なエピソードを捨ててしまえば、失われるものもまた少なくはないだろう。

　さらにもう一つ、挿し絵の問題もあった。『トムキンスの冒険』には、ジョン・フーカム氏とガモフ本人の手になる挿し絵が混在していた。今回、最新の物理学の成果を取り入れようとすれば、そのために新たな挿し絵が必要になり、3人目のイラストレーターを起用することになる。それぞれに個性的な3種類の挿し絵が混在することに目をつぶるべきだろうか？　それとも、挿し絵はまったく新しく描き直すべきだろうか？

　以上に述べたさまざまな点を考慮したうえで、わたしは一つの決断を下さなければならなかった。物理学上のほころびを繕うための最小限の改訂をほどこし、それ以外の問題には目をつぶるか、あるいは、気になる箇所を徹底的に洗い出し、すべてを書き直すか。

　わたしは後者を採ることにした。その結果、改訂作業は全章にわたることになった。7, 15, 16, 17章はまったく新しく書き下ろしたものである。また、読者の便宜のために用語解説を付け加えることにした。わたしは詳細にわたる改訂案を提出し、ガモフ氏の親族、出版社、その他多くの協力者から賛同を得ることができた。とはいえ、お一人だけ、ガモフの文章にはいかなる改変も加えるべきでないとおっしゃる方がいらした。このご意見からもわかるように、いずれにせよ、すべての読者を満足させることはできないのである。

ガモフ版に固執なさる方もいるだろうし，それはもちろん至極もっともなことである。

しかしこの新版では，まず第一に，これからトムキンスとおつきあいをはじめようという読者を念頭に置いた。そして本書の目的は，ガモフ版の精神と手法に忠実であろうとしつつ，次世代の読者を啓発し，その要求に応えることである。そこでわたしはこう考えたい——ジョージ・ガモフがいまも健在だったなら，きっとこんなふうに書いのではないだろうかと。

謝辞

すがすがしい挿し絵で本文に活気を添えてくれたマイケル・エドワーズに感謝する。草稿の段階で建設的な意見をくれたマット・リリィに感謝する。そしてガモフ氏の親族からいただいた激励と支援に深く感謝申し上げる。

# ガモフによるまえがき

　1938年の冬のこと，わたしは空想を盛り込んだ科学のショート・ストーリー（SFではない）を書いた。わたしがその作品でやろうとしたのは，空間の曲率と膨張宇宙に関する理論の中でも基礎的なところを，一般読者向けに解説することだった。その目的のため，わたしは相対論的な現象を実際よりも誇張して描き，主人公のC・G・H・トムキンス*の目にもはっきりそれとわかるようにした。トムキンスは現代物理学に興味をもつ銀行員である。

　わたしはその原稿を，アメリカを代表する文芸誌『ハーパーズ・マガジン』に送りつけた。だが，新人作家なら誰でも経験するように，原稿は断わり状とともに送り返されてきた。ほかにも5つ，6つの雑誌に送ってみたが，結果はどこも同じだった。そこでわたしは原稿を机の引出しにしまい込み，このことはなかったことにしたのである。たまたまその年の夏のこと，わたしは国際連盟の主催する国際理論物理学会議に出席するためワルシャワに出かけた。そこ

---

　＊　トムキンス氏のイニシャルは3つの基本物理定数，光の速度 $c$，重力定数 $g$，量子定数 $h$ に由来する。これらの定数の効果が日常生活の中でも認められるためには，その値を大幅に変えなければならない。

でポーランドの誇るミオド酒のグラスを片手に,旧友のチャールズ・ダーウィン卿(彼は『種の起原』のダーウィンの孫である)とおしゃべりをしていたとき,一般の人たちにももっと科学を知ってもらわなければ,という話になった。そこでわたしが例の原稿のたどった不運のことを話すと,ダーウィン卿はこう言ったのだ。「ジョージ,アメリカに帰ったらその原稿を引っぱり出して,C・P・スノー博士に送ってみるといい。彼はケンブリッジ大学出版局から出ている一般向けの科学誌,『ディスカバリー』の編集長をしているから」

　そこで言われた通りにしてみたところ,1週間後にスノー博士から電報が届いた。「あなたの作品は次号に掲載されます。もっと送っていただけませんか」こうして,相対性理論と量子論を一般向けに解説したトムキンスの物語が,次々と『ディスカバリー』誌に載ることになったのである。それからまもなくケンブリッジ大学出版局から,これらの作品をまとめ,物語をいくつか加えてページ数を増やし,単行本として出版してはどうかとの打診があった。その本は『不思議の国のトムキンス』というタイトルで1940年に出版され,これまでに16刷を重ねている。そしてその続編である『原子の国のトムキンス』が1944年に刊行され,こちらも9刷を重ねている。さらにこの2冊は,ヨーロッパのほとんどすべての言語(ロシア語を除く)と,中国語とヒンディー語に翻訳されることになった。

　最近,ケンブリッジ大学出版局はこれら2冊を1冊のペーパーバックにまとめる計画を立て,これらが出版された後に物理学とさまざまな関連分野で起こった出来事を考慮して,古くなった記述を改訂し,さらにいくつか新しい物語を付け加えてはどうかと言って

きた。そこでわたしは，核分裂と核融合の話，定常宇宙論，そして素粒子についての興味深い話を加え，この本をまとめたというわけである。

　挿し絵についてもひとこと説明が必要だろう。『ディスカバリー』誌に掲載された分と『不思議の国のトムキンス』の挿し絵は，ジョン・フーカム氏の手になるものである。トムキンスの容姿をこのような形に創ってくれたのはフーカム氏なのである。しかし『原子の国のトムキンス』を執筆したころには，フーカム氏はイラストレーターの仕事をやめておられたので，彼のスタイルにできるだけ忠実にわたしが挿し絵を描くことにした。この本に付け加えた新しい挿し絵も，わたし自身が描いたものである。なお，本書に出てくる詩や歌は，妻バーバラの作品である。

コロラド州ボールダー，コロラド大学
G・ガモフ

## 目次

新版の刊行にあたり——ラッセル・スタナード　　3
ガモフによるまえがき——ジョージ・ガモフ　　7

*1.*　のろのろ町 ——————————————— 15
*2.*　トムキンスに夢をみさせた講演の中身 ——— 27
*3.*　トムキンスの休暇 ——————————————— 45
*4.*　曲がった空間に関する教授の講演 ————— 73
*5.*　閉じた宇宙のトムキンス ————————————— 91
*6.*　宇宙のオペラ ————————————————— 104
*7.*　ブラックホール, ヒート・デス, ブローランプ ——— 119
*8.*　量子ビリヤード ——————————————— 133
*9.*　量子サファリ ————————————————— 160

| | | |
|---|---|---|
| *10.* | マクスウェルの魔物 | 173 |
| *11.* | 陽気な電子たち | 196 |
| *11.1/2* | 講演のうち居眠りで聞きもらした部分 | 216 |
| *12.* | 原子核の世界 | 227 |
| *13.* | 原子核を作る老人 | 241 |
| *14.* | 何もないところにあいた穴 | 256 |
| *15.* | 原子破壊器を見学する | 267 |
| *16.* | 教授の最後の講演 | 312 |
| *17.* | エピローグ | 334 |

**用語解説**     341
**訳者あとがき**     351

不思議宇宙のトムキンス

# 1
# のろのろ町

　今日は祝日である。平凡な銀行員のトムキンスは，遅めに起き出してのんびりと朝食をとった。さて今日一日をどう過ごそうか，と考えた彼の頭にまず浮かんだのは，映画を観に行くことだった。トムキンスは新聞を広げ，娯楽面に目を落とした。しかし興味をひく映画が見あたらない。彼は最近はやりのセックスや暴力だらけの映画が大きらいなのだ。そのほかに上映されているのは，祝日恒例の子供向け映画だけだった。たった1本でもいいからありきたりでない，胸のわくわくするような，なにか好奇心をかきたててくれるようなものがあればと思ったが，あいにくとそんな映画は1本もなかったのである。

　トムキンスはふと，ページのすみのちっぽけな案内に目をとめた。町の大学で現代物理学の諸問題について数回にわたる講演が行われるという告知だった。今日の午後の講演は，アインシュタインの相対性理論に関するものだという。うーん，これはちょっと面白そうだ。アインシュタインの理論をほんとうに理解できる者は世界

に10人ほどしかいないという話を，トムキンスは何度も耳にしていた。うまくいけば自分が11人目になれるかもしれないではないか！　トムキンスは講演に行ってみることにした。これこそ彼が求めていたものかもしれない。

　大学の講堂についたとき，講演はすでにはじまっていた。講堂は若い学生でいっぱいだったが，年輩の聴衆もちらほらと見えた。おそらくトムキンスと同様，一般の参加者なのだろう。背が高くて白い髭を生やした教授がOHP（オーバーヘッド・プロジェクター）のかたわらに立ち，聴衆はその教授の話に熱心に耳を傾けていた。教授は相対性理論の基本概念を説明しているところだった。

　トムキンスが理解したところによれば，アインシュタインの理論のポイントは，この世には最高速度というものがあり，それは光の速度なのであって，運動する物体はその速度を越えられないということだった。そのせいで非常に奇妙なことが起こるらしい。たとえば，光速に近い速度で動くと，ものさしは縮み，時計は遅れるというのである。しかし教授によれば，光速は秒速30万キロメートルという途方もない速さなので，こうした相対論的な作用がふだんの生活で見られることはまずないということだった。

　トムキンスにはこうした話が，まったく常識に反しているように思えた。そして，そんな不思議な現象はいったいどんなふうに目に映るのだろうと想像しているうちに，うつらうつらしはじめたのである。

　ふと目をひらくと，トムキンスは講堂の長椅子ではなく，バスの待合い所の長椅子に腰かけていた。まわりは古風な美しい町で，中世に造られた大学の建物が通りに沿って並んでいる。トムキンスは夢を見ているのではないかと思ったが，あたりにこれといっておか

# 1──のろのろ町

しなようすはない。向かいに見える大学の時計塔の大時計は、まもなく5時を指すところだった。

通りには誰もいなかった——ただひとり、自転車に乗った男がゆっくりとトムキンスの方に向かってくる以外は。その男がすぐ近くまで来たとき、トムキンスは驚いて目を見張った。自転車とそれに乗った若い男は、走っている方向に信じられないほど潰れていたのである。まるで円柱レンズを通して見ているかのようだ。大学の大時計が5時の鐘を鳴らすと、よほど急いでいたのだろう、男はいっそう強くペダルを踏み込んだ。トムキンスには自転車の速度が上がったようには見えなかったけれども、ペダルを強く踏み込んだために男は前よりもさらに潰れ、厚紙を切り抜いた絵のように平べったくなって通りを走っていった。しかしトムキンスには、自転車に乗った男の身に起こっていることが理解できた——運動する物体の収縮だ。ついさっき物理学の講演で聴いたところではないか。トムキンスはそれに気づいて、なんだかうれしくなってきた。

「ここでは自然界の制限速度が低いのにちがいない」トムキンスは考えた。

「きっと時速30キロメートルくらいなのだろう。この町ではスピード違反の取締まりは必要なさそうだな」

そのときトムキンスの横を救急車が大急ぎで走り抜けていったが、その速度もさっきの自転車とたいして違わなかった。ライトを閃かせ、サイレンを鳴らしながら、救急車はまるで這うように遠ざかっていったのである。

トムキンスは自転車の男を追いかけて、ぺしゃんこになるというのはどんな気分か聞いてみたくなった。しかしどうしたら自転車に追いつけるだろう。そのときトムキンスは、大学の建物に1台の

1——のろのろ町

自転車が立てかけてあるのに気がついた。おそらく講義に出席している学生のものだろう。ちょっとのあいだ借りるぐらいは平気だろうと考えたトムキンスは，誰も見ていないのを確かめると，自転車にまたがり，さっきの男を追って通りを走りだした。

　自転車で走りだしたのだから，自分の身体は潰れるだろう，とトムキンスは考えた。そうなれば，最近気になっているお腹の出っ張りも少しはすっきりするかもしれない。ところが驚いたことに，なんの変化もないのである。彼自身も自転車も，寸法，形ともにまったく変わったようすはない。一方，あたりの景色はすっかり変わってしまっていた。通りはどんどん短くなるし，商店のウィンドウはまるで細いスリットのようだし，通りを歩く人々は見たこともないほどやせ細っている。

「なるほど，そうか！」トムキンスは興奮して叫んだ。「やっとわかったぞ。"相対性"というのはこういうことだったんだ。ぼくに対して相対的に動いているものはすべて，ぼくには潰れて見えるんだ。自転車を漕いでいる人には，みんなこんなふうに見えるわけか」

　トムキンスは自転車漕ぎが得意だったし，さっきの男に追いつこうとがんばってもいた。ところが，この自転車はどうにもスピードが上がらないのである。こんなに必死でペダルを踏んでいるというのに，スピードはちっとも上がってくれない。両脚はとっくに痛くなってきているが，自転車のスピードは走りだしたときとほとんど変わらないのだ。骨折り損のくたびれ儲けとはこのことだ。さっきの救急車が自転車とたいして変わらないスピードで走っていった理由が，トムキンスにもようやくわかりはじめた。そのとき彼は，光速は自然界の制限速度だという教授の話を思い出したのだった。と

ころがトムキンスはもうひとつのことに気がついた——力を込めて漕げば漕ぐほど，町並みが短くなるのである。先を行く自転車の男も，それほど遠くには見えない。実際，トムキンスはどうにか自転車の男に追いつくことができた。しかし，隣りに並んで走りながら男を見たトムキンスは，またしても驚かされることになった。男も，男の自転車も，まったく普通に見えたからである。

「なるほど，いま彼とぼくとは相対的に動いていないから，普通に見えるのだな」トムキンスはそう思った。

「失礼ですが，こんなに制限速度の低い町で暮らすのは不便じゃありませんか？」トムキンスは自転車の若者に呼びかけた。

「制限速度？」男は驚いて訊き返す。「そんなものはここにはないよ。ぼくはどこにだって好きな速さで行くことができるんだ——まあ，このおんぼろ自転車のかわりにオートバイがあればだけどね」

「でも，ちょっと前にぼくの前を通り過ぎたとき，きみはものすごくのろのろと動いていましたよ」

「のろのろなんかじゃありませんよ。ぼくたちが話しはじめてからもう5ブロックも走っている。十分に速いとは思いませんか？」

「ああ，そうですね。でもそれは，町並みも通りも，ひどく縮んでいるせいじゃありませんか？」トムキンスはなおも尋ねた。

「同じことになりません？　ぼくたちが速く走ろうが，通りが縮もうが，結局は同じことでしょう？　郵便局に行くには10ブロック走らなけりゃなりません。ペダルを強く踏めば通りは縮み，ぼくはそれだけ早く郵便局に着けるわけです。ほら，もう着きましたよ」そう言うと若者は自転車を止めた。

　トムキンスも自転車を止め，郵便局の時計を見た。5時30分を指している。

「やっぱり！」トムキンスは勝ち誇ったように言った。「言ったとおりでしょう。きみはやっぱり"のろのろと"走っていたんですよ。きみは10ブロックを走るのに30分もかかったんです。きみがわたしの前を通り過ぎたとき，大学の時計はきっかり5時でした。ところがもう5時半じゃないですか！」
「そんなふうに思うんですか？　ほんとうに30分も経ったと？」若者が反論してきた。

　たしかに，トムキンスはそれほど長い時間が経ったようには感じていなかった——せいぜい数分というところだろう。しかもトムキンスが腕時計に目をやると，針は5時5分過ぎを指しているではないか！
「なに!?　ということは，郵便局の時計が進んでいるということか？」トムキンスはつぶやいた。
「そう考えてもいいですけどね」若者が答えた。「あなたの腕時計が遅れていると言ってもいいですよ。その腕時計は，大学や郵便局の時計に対して相対的に動いていたのですから。ほかにどんな理由があるというんですか」若者は多少いらいらしはじめたようだった。「おかしな人ですね。まるで別の星からやってきたようなことをおっしゃる」そう言うと若者は郵便局に入っていった。

　こんなときにあの大学教授がそばにいて，この不思議な現象について説明してくれたらよかったのに。あの若者はこの世界の住人で，よちよち歩きできるようになる前からこの世界のありように慣れてしまっているのにちがいない。しかしトムキンスは，なんとか自力でこの不思議な世界を探検しなければならないのだ。トムキンスは腕時計を郵便局の時計に合わせ，自分の時計がちゃんと動くかどうか確かめるために10分間待ってみた。腕時計は郵便局の時計

と同じペースで進んでいる。これで問題はないはずだ。

　もう一度自転車にまたがって通りを走りはじめたトムキンスは，駅の前を通りかかった。駅の時計と見くらべてみると，またしても腕時計がすこしばかり遅れているではないか。トムキンスはがっかりした。

「まいったな，またしても相対性か。きっとぼくが動くたびにこうなるのだろう。なんて不便なんだ。どこかに行くたびに時計を合わせなけりゃならないなんて，たまらないな」

　そのとき，駅から身なりのよい紳士が出てきた。40代くらいだろうか。彼はあたりを見回すと，歩道にいた老婦人を見つけ，近づいて声をかけた。すると老婦人はその紳士に向かって，「おかえりなさい，おじいちゃま」と言ったのだ。それを聞いてトムキンスはびっくりした。いったいどうなってるんだ？　なんでこの紳士が老婦人のおじいちゃまなんだ？

　好奇心にかられたトムキンスは２人に近づくと，遠慮がちに声をかけた。

「失礼なことを申しますが，妙なことを耳にしたような気がしまして。あなたはほんとうにこのご婦人のおじいさまでいらっしゃるのですか？　ほんとうに妙なことをうかがって申し訳ないのですが……」

「ああ，わかりました」紳士は微笑んで答えた。「説明しなければわからんでしょうな。わたしは仕事で遠くまで出かけることが多いのです」

　トムキンスは狐につままれたような顔をしている。そこで紳士は説明をつづけた。

「わたしは四六時中，列車で移動しています。ですから自然の摂理

として、わたしは町に住む家族よりもゆっくりと歳をとるのです。町に戻ってかわいい孫娘に会うのはこの上ない楽しみです。おっと、話の途中ですが失礼しますよ」2人はタクシーを呼び止め、行ってしまった。トムキンスはまたもや、わけのわからないままにひとり取り残されたのである。

　トムキンスは駅のビュッフェに入ってサンドイッチをほおばった。腹ごしらえをしたおかげで、いくらか頭が働くようになった。「そうだよ、当然じゃないか」トムキンスはコーヒーをすすりながら考えた。「運動は時間を遅らせる。だからあの紳士はゆっくりと歳をとるんだ。そしてあらゆる運動は相対的である——と教授が話していたな。だから、家族にはあの紳士が若く見える。紳士には家族が若く見える。よし、一件落着だ」

　まてよ、とトムキンスは思った。コーヒーカップを下ろして、また考え込む。「それじゃおかしいな。あの紳士から見て、孫娘は若くはなかったんだ。老婦人は紳士よりも歳をとっていた。歳のとりかたは、相対的じゃないんだ！　いったいどうなっているんだろう。あらゆる運動は相対的なんじゃないのか？」

　ほんとうのことが知りたくて、トムキンスはもう一度だけ誰かに聞いてみることにした。ビュッフェにもうひとりいる客に尋ねてみよう。鉄道会社の制服を着た男だ。

「すみませんが、列車の乗客は家にいる家族よりもゆっくりと歳をとりますね？　それが誰のせいなのか教えていただけませんか」
「おれのせいだよ」男が答えた。
「あなたのせいでしたか！」トムキンスは興奮して言った。「でも、どうしてあなたが……」
「おれは列車の運転手だからな」男が答えた。それだけ言えば、理

由はわかるだろうと言わんばかりに。

「運転手?」トムキンスはオウムのように繰り返した。「わたしも列車の運転手になりたかったんです。子供のころのことですけど……。でも，それと歳をゆっくりとるのとどういう関係があるんです?」トムキンスはますますわけがわからなくなっていた。

「細かいことは知らないが，そういうものなんだとさ。大学のなんとかって奴から聞いたんだ。おれたちゃ，あそこに腰掛けてた」男

はドアの近くに置かれたテーブルをあごでしゃくって見せた。「まあ，軽いおしゃべりってとこだな。そのときにぜーんぶ話してくれたんだ。おれにゃあ，さっぱりわからなかったけどな。ちんぷんかんぷんってやつよ。奴が言うには，加速と減速の問題なんだと。それだけは覚えてるよ。スピードのせいじゃねえんだとさ，そう言ってたよ。加速が問題なんだってな。列車に乗って押されたり引かれたりするたんびに——駅に着くときとか，駅を発車するときとかだな——乗ってる人間の時間の調子が狂うんだと。列車に乗ってない人間は，そんな目には遭わねえ。列車が駅に入ってきたからって，プラットフォームに立ってる客が，手すりや何かにつかまらなけりゃならねえなんてことはねえだろ？　列車に乗ってる客は，駅に着くときには何かにつかまるわけだよ，でないと転んじまうからな。そこが問題なんだと，よくわかんねえけど」そう言うと運転手は肩をすくめた。

　突然，トムキンスは肩をゆすられた。気がつくと，彼が腰かけているのは駅のビュッフェではなく，教授の講演を聴いていた講堂の長椅子だった。あたりは薄暗く，講堂はがらんとしている。
「すみませんが，もう閉めますので。お休みになりたいのでしたら，お宅に帰ってどうぞ」講堂の清掃をしている男が丁寧に声をかけた。トムキンスは眠たげに立ち上がると，出口に向かった。

# 2
# トムキンスに夢をみさせた講演の中身

お集まりのみなさん，こんにちは。

時間と空間という概念が形成されたのは，人間の頭脳が発達しはじめたごく初期のことでした。時間と空間という概念は，ものごとが，いつ，どこで起こったかを区別するための枠組みとして作られたのです。こうして形成された時間と空間という概念は，大きく変化することもなく世代から世代へと引き継がれましたが，とくに精密科学が発展してからは，宇宙を数学的に記述するための基盤に組み入れられることになりました。時間と空間という古典的な概念をはっきりと定式化した最初の人物は，おそらくあの偉大なるニュートンでありましょう。彼はその著書『プリンキピア』に，こう記しているのです。

「絶対的な空間は，その本性として，どのような外部のものとも関係なく，常に同じであり，不変不動のものである」また，「絶対的な，真の，数学的な時間は，そのものの本性から，外部のな

にものとも関係なく一様に流れる」

"古典的"な時間と空間というのは，このようなものであります。時間，空間に対するこの古典的な考え方は，まさに絶対的に正しいと信じられていたのでした。そこで，哲学者たちはしばしばそれらを理屈抜きで正しいものとみなし，科学者たちは誰ひとりとして，それらに疑念をさしはさむことにすら考え及ばなかったのであります。

しかし今世紀の初頭になって実験物理学の非常に精密な方法でたくさんの結果が得られるようになりますと，時間と空間を古典的に捉えていたのでは，明らかな矛盾の生じることがわかったのであります。かくして，20世紀最高の物理学者のひとりであるアルベルト・アインシュタインは，ある革新的なアイディアを抱くようになりました。それはつまり，古典的な時間と空間の概念を絶対的に正しいとみなすことには，それが長く信じられてきたということを別にすればなんら正当性はなく，そういう概念は最新の実験結果に合わせて変えることができるし，変えるべきなのだ，というものでした。実際，時間と空間に関する古典的な概念は，われわれの日常生活の中から生まれ出たものでありますから，高度に発展した技術をもって実験を行うことにより，そのような概念が粗雑で不正確なものにすぎないということが示されたとしても驚くにはあたらないのであります。なんといっても，古典的な概念が日常生活や物理学の初期段階において利用されたのは，正しい概念との差異があまりにも小さすぎたために気づかれなかったからにすぎないのですから。現代科学によって探求される領域が広がるにつれて，正しい概念との差異もまた大きく目立つようになり，結果として古典的な概念が

使えなくなったからといって驚くことはないでしょう。

　こうして新たに得られた実験結果が，古典的概念に疑問を投げかけることになったわけですが，そのような実験結果のうちでももっとも重要だったのが，"真空中での光の速度は不変（毎秒30万キロメートル）であり，物体の移動速度はこれを越えることができない"ということでした。

　これはきわめて重大で，しかも誰にも思いもよらない結果でした。しかし，たとえば米国の物理学者マイケルソンとモーリーが行った実験はこの結果を完全に支持するものでした。19世紀の末，マイケルソンとモーリーは，地球の動きが光の速度に与える影響を観測したらどうだろうかと考えました。彼らは，「光はエーテルと呼ばれる媒体を伝わる波だ」という，当時としては有力だった説を信じておりました。つまり光は，池の水面にできる波のようにふるまい，地球は，水面を行くボートのようにエーテルの中を移動していると考えたのであります。ボートに乗っている人間が，ボートの作ったさざなみをながめれば，ボートの進行方向ではゆっくり遠ざかり，その逆方向では速く遠ざかっていくように見えるでしょう。進行方向では，さざ波の遠ざかる速度からボートの速度を引かなければならず，その逆方向では，これら二つの速度を足さなければならないからです。われわれはこのことを，"速度の加法定理"と呼んでいます。速度の加法定理が成り立つのは当たり前のこととみなされていました。それと同様に，地球がエーテルの中をどちら向きに動いているかによって，光の速度も違って見えるだろうと考えられていたのです。実際，光の速度を異なる方向で測定すれば，エーテルの中を地球が動く速度が計算できるはずでした。

　ところがマイケルソンとモーリーはたいへん驚かされることにな

りました。いえ，驚かされたのは科学界全体だったと言ってもいいでしょう。そんな効果はないことがわかったのですから。光の速度は，どちらの方向でもまったく同じだったのです。実験結果があまりに奇妙だったため，きっとたまたま運の悪いことに，地球の公転軌道上の位置が，ちょうどエーテルに対して静止状態になるようなものだったのではないかとの意見も出されました。そうではなかったことを確かめるため，半年後に地球が軌道上の反対側を移動しているときに——つまり逆向きに動いているときに——同じ実験が行われましたが，またしても光の速度に違いは認められなかったのです。

　こうして，光の速度は波の速度とは別のものであることが立証されました。波ではないとすると，弾丸のような物体の速度としか考えられませんでした。ボートの上で弾丸を発射したとしましょう。ボートに乗っている人にとっては，弾丸はどちら向きに射っても同じ速度で飛んでゆくように見えるはずです。マイケルソンとモーリーは，動いている地球から発射された光は，どちら向きにも同じ速度で動くことを見出しましたが，それと同じであります。ところがこのボートの例では，岸に立つ人間にとっては，ボートの進行方向に発射された弾丸の方が速く飛ぶように見えるでしょう。進行方向に発射された弾丸にはボートの速度が足されるのに対し，後向きに発射された弾丸からはボートの速度が引かれるからです。こうして，またしても速度の加法定理が成り立っていることがわかります。したがって，"われわれに対して動いているもの"から発射された光は，発射される角度によって速度が違ってくるだろうと予想されるのであります。

　ところがまたもや実験はこれを否定したのでした。中性パイ中間

子を例にあげましょう。これは原子よりもさらに小さな粒子でして，2つの光子を放射して崩壊します。これらの光子は，親のパイ中間子の運動方向に対してどのような方向であろうとも，つねに同じ速度で放射されることが実験によりわかったのです。パイ中間子自体が光速に近い速度で動いているときでさえそうなのです。

そんなわけで，最初の実験により光の速度がいわゆる波の速度とは異なることがわかり，2番目の実験により，粒子の速度とも異なることがわかったのであります。

結論を申し上げますと，真空中での光の速度は，観測者の動き（つまり，動いている地球上にいるわれわれが観測した場合）にも，光源の動き（つまり，動いているパイ中間子から放射される光子を観測した場合）にも無関係に，不変の値をもつということです。

ところで，もうひとつの光の特性とは何だったでしょうか？　そう，光の速度が，自然界の制限速度になっているということでした。

みなさんはこうおっしゃるかもしれません。「光よりも小さな速度を何度か足してやれば，そのうち光速だって超えるだろう」

それについて少し考えてみましょう。猛スピードで走っている列車を思い浮かべてください。光の速度の4分の3の速度で走っていることにしましょうか。その列車の屋根の上を，これまた光の速度の4分の3の速度で走っている男がいたとします。へんな顔をなさらないで，どうか想像力を働かせてみてください。速度の加法定理によれば，2つを合わせた速度は光速の1・5倍になるはずです。すると，屋根の上を走っているこの男は，信号灯から出た光を追い抜いてしまうことになりますね。しかし光の速度の不変性は実験で確かめられたわけですから，この男の速度は，われわれが予想

したよりも小さいはずなのです——つまり，古典的な速度の加法定理は間違っているということです。

これを数学的に扱ってみると——この講演では，あまり数学を使いたくはないのですが——走っている列車の上でさらに走るといった，2重の運動をする場合の速度を計算するのにちょうどよい公式があるのです。$v_1$ と $v_2$ は加えられる2つの速度，$c$ は光の速度とすると，答えはこの公式で表されます。

$$V=\frac{(v_1+v_2)}{\left(1+\dfrac{v_1v_2}{c^2}\right)} \qquad (1)$$

この公式から，もしも2つの速度がともに小さければ——光の速度にくらべて小さいということですが——分母の第2項はとても小さくなるので無視できることがわかります。するとこの公式は，古典的な速度の加法定理と同じになりますね。しかし，もしも $v_1$ と $v_2$ が小さくなければ，結果はつねに2つの速度の単純な合計よりも小さくなります。たとえば列車の屋根の上を走るわれらがヒーローの場合ですと，$v_1=\dfrac{3}{4}c$，$v_2=\dfrac{3}{4}c$ ですから，公式に当てはめると $V=\dfrac{24}{25}c$ となり，光の速度よりは小さくなっています。

注意していただきたいのは，2つの速度のうちの一方が $c$ だった場合，もう一方がどんな速度であったとしても，公式の答えはつねに $c$ になるということです。そのようなわけで，どんな速度を重ねても，光の速度を越えることはできません。この公式は実験によっても確かめられております。つまり2つの速度を合わせると，

その速度はつねに単純な合計よりも小さくなるのであります。

　こうして速度に上限があることがわかりましたから、われわれはいよいよ、古典的な時間と空間の概念に批判を加えることができます。まずは"同時性"という概念に目を向けてみましょう。
「ケープタウン近郊の鉱山で爆発が起きたのは、ロンドンのアパートでわたしがちょうどハムエッグを食べようとした時でした」とあなたが言ったとしましょう。あなたは自分の言っていることが事実だと思っているわけです。しかしそれが事実でないことをお見せしましょう。厳密に言えば、その発言には何の意味もないのです。

　それを理解するために、異なる場所で起こった出来事が、同時に起こったかどうかを確かめるにはどうすればいいかを考えてみましょう。それぞれの場所の時計が同じ時刻を指していれば、2つの出来事は同時に起こったとわかるじゃないか、とお考えかもしれません。しかしそうすると、離れた場所にある2つの時計が同時に同じ時刻を指すように時刻合わせをするにはどうすればいいか、という疑問が生じます。こうして堂々巡りになってしまうのです。

　真空中の光の速度は、光源の動きや測定の方法には影響されないというのは実験により証明された事実であります。したがって、わたしがこれから述べます方法こそは、隔たった観測点間の距離を測り、そこに置かれた時計を正確に合わせるためにもっとも合理的な方法だということをご理解いただけるでしょう。そして、じっくりお考えになれば、これが唯一の方法だということにもご同意いただけるはずであります。

　まずA点からB点に向けて光を発します。B点で光を受け取ったら、即座にA点に向けて返事の光を発します。A点で光を発してから返事を受け取るまでにかかった時間の半分に、光の速度を掛

けてやり，こうして得られたものを2点間の距離と定義します。

　光がB点に届いたとき，B点にある時計の指している時刻が，A点で記録された2つの時刻，つまり，光を発した時刻と返事を受け取った時刻ですが，その2つの時刻のちょうど真ん中の時刻だったとしましょう。このとき，2点の時計は正確に合っているというのです。このようにして，物体上（この場合は地球の表面ということになります）で次々に観測点を作ってゆけば，最終的には求める座標系が得られるでしょう。こうしてはじめて，異なる地点で起こった2つの出来事の同時性，あるいはそれらの時間差を知ることができるのであります。

　ところで，すべての観測者がこの方法で自分の座標系を築き上げたとしたら，彼らの観測結果はすべて同じものになるのでしょうか？　たとえば観測者同士が相対的に"動いて"いたらどうでしょう？

　この疑問に答えるために，2つの物体上に，それぞれの座標系ができていると考えてみましょう。たとえば2つの大きなロケットが，一定の速度で逆方向に動いているとします。これら2つの座標系がたがいに相手を観測したらどうなるでしょう。それぞれのロケットには，最前部にひとり，最後部にひとりずつ観測者がいるものとします。まずはじめに，それぞれのロケットの最前部と最後部で時計を正確に合わせておかなければなりません。そのためには，さきほど述べた方法を応用すればよろしい。まずは巻き尺を使ってロケットの中心を決めます。そしてそこに発光器を置きます。そこからロケットの最前部と最後部に向けて光を発するようにするのです。そうしておいて，ロケットの中心から発した光を受けた瞬間に，おのおのの時計をゼロに合わせます。光はロケット内を同じ速

度 $c$ で同じ距離だけ進んでロケットの両端に到達したのですから，さきほど説明しましたように，彼らの系の中では同時性の基準が打ち立てられ，彼らの時計は，少なくとも彼らの視点によれば，ちゃんと合わせたことになります。

　では次に，一方のロケットの時計が指している時刻が，もう一方のロケットの時計が指している時刻と合っているかどうか確かめてみましょう。たとえば，ロケット1の2人の観測者の時計は，ロケット2から見て同時刻を指しているように見えるでしょうか？これは次のような方法で確かめることができます。それぞれのロケットの中心（発光器が置かれている場所です）に充電した導体を設置し，ロケットの中心がすれちがう瞬間に火花が飛ぶようにしておきます。これが合図となって，それぞれのロケットの発光器が同時に光を発射します（図a）。その一瞬ののち，ロケット2に乗っている観測者2Aと2Bにとっては図bのような状態となります。つまり，ロケット1はロケット2に対して相対的に動き，光は両方向に同じ距離だけ進みました。ここで注意していただきたいのは，観測者1Bは自分に向かってくる光の方向に動いたので（観測者2Aと2Bにはそう見える），Bに向かった光はすでに1Bに到達していると見えることです。それというのも，観測者2Aと2Bにとっては，光が1Bまで進んだ距離の方が短いからです。ですから観測者1Bは，誰よりも早く時計をゼロに合わせたことになります。図cではロケット2の両端に光が到達し，観測者2Aと2Bはこのときに同時に時計をゼロに合わせます。そして図dになってようやく，遠ざかっていく1Aに向かった光が到着し，観測者1Aが時計をゼロに合わせます。このように，ロケット2の観測者にしてみれば，ロケット1の2人は時計をちゃんと合わ

(a)

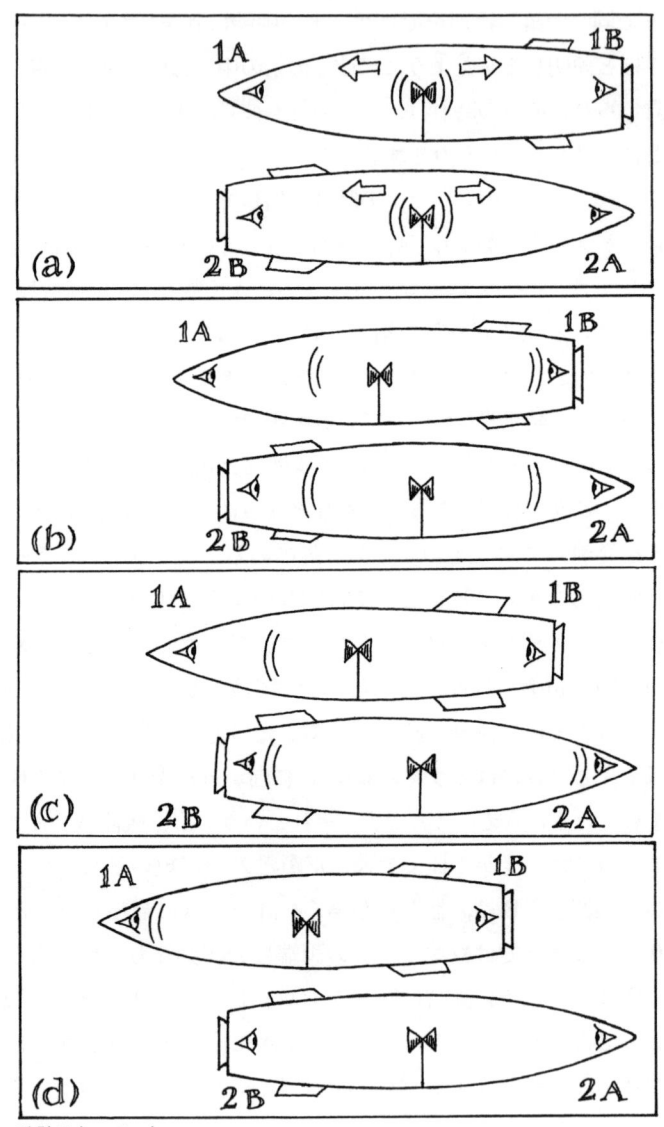

(b)

(c)

(d)

時計は合っていない

せていないように見えるのです——2人の時計は,異なる時刻を指しているのであります。

ところでもちろんのことですが,ロケット1の観測者にしてみれば,まったく同じことが起こっていると証明することができるのです。彼らの視点によれば,彼らのロケットこそが"静止している"のであり,ロケット2こそが動いているように見えます。つまり,観測者2Bは光に近づくように動き,観測者2Aは光から遠ざかるように動いているわけです。ですから観測者1Aと1Bにとっては,観測者2Aと2Bは時計をちゃんと合わせてはおらず,自分たちはちゃんと合わせているということになります。

このような見解の相違が生まれるのは,離れた場所でものごとが起こる場合,それぞれの観測者たちはその同時性あるいは非同時性を判断する前に"計算"をする必要があるからです。つまり,離れたところから光が伝わるのにかかる時間を考慮に入れなければならず,さらに,双方が"自分たち"に対して光はあらゆる方向に一定の速度で伝わると主張するからなのであります。計算をしなくてもよいのは,ものごとが"同じ場所"で起こる場合だけです。ひとつの場所で起こるものごとに関しては,それが同時か同時でないかに関して,みんなの意見が一致します。2つのロケットはまったく対等な立場にありますから,2組の観測者の見解の相違を解決するためには,どちらの言い分も"それぞれの視点から見て"正しいとするしかありません。そして,どちらの言い分が"絶対的に"正しいかという質問には,答えはないのであります。

このことからわかるのは"絶対的な同時性という概念は存在せず,隔たった場所で起こった出来事は,ある座表系から見て同時であっても,他の座標系から見ると時間的に隔たっている"というこ

とです。

　ちょっと聞くと，これは非常に奇妙な話に思われるかもしれません。しかしこう考えたらいかがでしょうか？　列車で食事をするとき，あなたはスープもデザートも食堂車の同じテーブルで食べるでしょう。しかし線路上のどの地点で食べたかといえば，ずいぶん離れた地点で食べたということにはなりませんか？　いかがでしょう，べつに奇妙なことはないではありませんか。このことは次のように命題化することができます。"ひとつの座表系において，空間内のひとつの点で異なる時間に起こった出来事は，他の座標系から見ると，空間内の隔たった点で起こったことになる。"

　おそらくみなさんも，こんなことは"当然だ"とお考えになるでしょう。しかしこれをさきほどの"奇妙な"命題とくらべてみれば，2つの命題がまったく対称的だということにお気づきになるでしょう。"時間"と"空間"という言葉を入れ替えるだけで，まったく同じものになってしまうのです。

　これこそがアインシュタインの考えのポイントです。ニュートンの古典物理学では，時間というものは，空間や運動とはまったく無関係で，"外部のなにものとも連関せず一様に流れる"と考えられていました。しかし新しい物理学では，時間と空間とは密接なつながりをもっているのです。時間と空間は，観察されうるあらゆる出来事が起こる舞台であり，ひとつの"時空連続体"を，異なる面で切り取ったものなのであります。空間を計るのはものさしであり，時間を計るのは時計だという，認識方法の違いに惑わされてはなりません。物理的実在というものは，3次元の空間と1次元の時間とから構成されるのではありません。時間と空間は分かちがたく結ばれた，継ぎ目のない4次元の実在なのであります。これをわれわ

れは"時空"と呼んでいます。

　この4次元の時空連続体を3次元の空間と1次元の時間とに分けてしまうのは，われわれ人間の勝手な都合にすぎず，観測の行われる系によって違ってきます。ですから，ある系において観測された出来事が，空間の距離において $l_1$，時間において $t_1$ だけ隔たっていたとすると，別の系では，距離 $l_2$，時間 $t_2$ だけ隔たっているように観測されることになります。これはすべて，4次元の実在を，どのように切り取るかという問題であり，出来事に対して観測者がどのように動いているかという問題でもあるのです。

　ある意味では，空間を時間に，時間を空間に変換できるのだと言うこともできます。この2つはある程度まで"まぜこぜに"することができるのです。時間を空間に変換することは（食堂車での食事はこれにあたります），われわれにとってまったく自然なことであります。ところが空間を時間に変換するとなると，同時性が相対的だという話になり，不自然な感じを受けるのです。どうして不自然な感じがするかというと，距離を測るときに"メートル"という単位を使うなら，それに対応させるべき合理的な時間の単位はおなじみの"秒"ではなく，光が1メートル進むのにかかる時間，すなわち 0.000000003 秒だからなのです。このような短い時間をわれわれが自然に知覚できるのであれば，わずかな差とはいえ，同時ではないことがはっきりとわかるでしょう。われわれの日常生活では，空間の隔たりを時間の隔たりへと変換しても事実上観測不可能な結果しか出てきません。そのため，時間とは絶対的に独立不変のものであるとする古典的概念が正しいかのように思えてしまうのです。

　しかし，非常に大きな速度での運動，たとえば放射性物質から放

射された電子の運動を調べる場合ですと、ある時間内に電子が進む距離は、いまお話しした合理的な単位で表わされた時間と同程度の大きさですから、ここで考えているような効果を目にすることになります。そこでは相対性理論がたいへん重要になってきます。また、たとえば太陽系における惑星の運動などでは、それほど大きくない速度の範囲でさえ、相対論的な効果が観測されます。これは天文学の測定が極度に精密なためであります。このような相対論的効果を観測するには、惑星の運動を1年間に1秒角の何分の1といった精度で測定する必要があるのです。

さて、これまで説明してきましたように、時間と空間の概念を吟味してみると、空間の隔たりは、ある程度まで時間の隔たりに変換でき、時間の隔たりもまた、ある程度まで空間の隔たりに変換できることがわかります。これはつまり、運動している座標系で、距離の値、あるいは時間間隔の値を測定しますと、座標系によって異なった値になりうるということです。

この講演ではあまり数学の話はしたくないのですが、わりあい簡単な数学を使ってこの問題を調べてみますと、これらの値の変化を求める公式が得られます。興味をおもちの方々のために解説いたしますが、観測者に対して速度 $v$ で動いている物体の長さ $l_0$ は、その速度に応じて縮んで見えるのです。その測定値 $l$ は、

$$l = l_0 \sqrt{\left(1 - \frac{v^2}{c^2}\right)} \qquad (2)$$

となります。

ここから、速度 $v$ が光速 $c$ に近づくにつれ、測定値 $l$ がどんどん小さくなることがわかります。これがかの有名な相対論的"長さ

の収縮"であります。付け加えますに、このような物体の収縮は、運動の方向に対して起こります。運動の方向に対して90度方向の長さには変化が生じないのです。つまり物体は、この効果によって、運動の方向につぶれてぺしゃんこになってしまうのです。

これと同様に、時間 $t_0$ だけかかるプロセスを、速度 $v$ で相対的に動いている系から見ますと、もっと長い時間 $t$ だけかかるように観測されます。その測定値 $t$ は、

$$t = \frac{t_0}{\sqrt{\left(1-\frac{v^2}{c^2}\right)}} \tag{3}$$

で与えられます。

速度 $v$ が増すと、それにつれて時間 $t$ も大きくなることにご注目ください。実際、速度 $v$ が光速 $c$ に近づくと時間 $t$ は非常に大きくなり、そのプロセスは事実上止まってしまいます。これが有名な相対論的"時間の伸び"であります。光速に近い速度で宇宙を旅すれば、歳のとり方がいちじるしく遅くなり、永遠に若いままでいられるという話がありますが、それはここから生まれたアイディアなのです。

忘れないでいただきたいのですが、これらの効果は完全に対称的なものであります。一様な相対運動をしている座標系の話と同じです。駅のプラットフォームに立っている人たちが、高速で走り抜ける列車に乗っている人たちを見ると、非常にやせてのろのろ動いているように見えますし、腕時計もゆっくり進んでいるように見えます。そして列車の乗客からは、プラットフォームに立っている人たちがそのように見えます——駅はぺしゃんこで、人々はのろのろ動

いているように見えるのです。

　ちょっと考えると、これは矛盾しているように思われるかもしれません。実際にこの問題から"双子のパラドックス"として知られる問題が出てくるのです。そのパラドックスをご紹介しましょう。双子の兄弟がおり、その片方が旅に出ました。わたしがさきほど述べた理論によりますと、兄弟はそれぞれ自分の方が速く歳をとると考えます。これはつまり、たがいに相手を見て、相手からやってきた光がどれだけの時間旅をしたかを計算した結果、相手の方が歳をとっていると考えるということです。問題は、もしも旅に出た方が戻ってきて直接顔を合わせて比べられるようになったとき、どちらが歳をとっているかです。2人は同じ場所に立っているわけですから、光が届くまでの時間を考慮する必要はないはずですね。もちろん2人がそろって相手よりも歳をとっているなどということはないでしょう。さあ、いったいどうなりますかな？　この問題に答えるには、双子の兄弟はそれぞれ立場が違っていることに気づけばよろしい。旅に出た方が帰ってくるためには、加速度を経験しなければなりません。まず減速し、次に反対方向に加速するのです。家に残っていた方とは異なり、旅に出た方は一様な運動状態にあったわけではないのです。家に残っていた方だけが一様な運動状態にあったわけですから、こちらこそ自分の方がより歳をとったと主張する立場にあるのです。

　講演を終える前に、あとひとつだけお話ししておきましょう。みなさんは、物体を光速以上に加速することができないのはなぜだろうとお考えかもしれません。物体がつねに速度を上げつづけるように十分な力で十分な時間だけ押してやれば、最終的にはどのような速度でも達成できるのではないかとお考えになるのはもっともであ

ります。

　力学の基礎原理によりますと,ある物体を動かす,あるいはすでに動いている物体を加速することのむずかしさは,その物体の質量に比例します。質量が大きければ大きいほど,その速度を速めることはよりむずかしくなるのです。ですから,いかなる状況であれ光速を越える物体はないという事実から,ひとつの解釈が導かれます。それは,加速がむずかしくなるのは,物体の質量が大きくなるからだ,という解釈であります。言いかえれば,速度が光速に近づくと,物体の質量は際限なく大きくならなければならないということです。数学的には,公式(2),(3)によく似た公式が導かれます。$m_0$を非常に小さな速度での質量としますと,速度$v$における質量$m$は,この式で与えられます。

$$m=\frac{m_0}{\sqrt{\left(1-\frac{v^2}{c^2}\right)}} \quad (4)$$

　この式から,速度$v$が光速$c$に近づいたとき,加速に対する抵抗は無限大になることがわかります。そんなわけで,光速$c$は最大の速度になるのであります。質量が相対論的に変化するという効果は,高速で飛ぶ粒子の実験でも観測されています。たとえば電子は原子内に存在する微小な粒子で,原子核のまわりを回っております。電子は非常に軽いものですから,たやすく加速することができます。電子を原子から取り出し,特殊な加速器の中で強い電気の力を与えますと,光速の何分の1かの速度まで加速することができるのです。そのような大きな速度になりますと,通常の電子の4万倍もの質量をもつ粒子と同じぐらい加速しにくくなるのです。こ

のことは実際に，カリフォルニアにあるスタンフォード大学の実験施設で確かめられております。

そればかりでなく，時間が延びることも確かめられております。スイスのジュネーブ郊外にある CERN という高エネルギー物理研究所で，寿命の短いミュー粒子（これは基本的な素粒子のひとつで，通常 100 万分の 1 秒で崩壊します）を，大きなドーナツのような装置の中を高速でぐるぐる回転させますと，30 倍も長生きすることが発見されたのです。ミュー粒子が動いていた速度においては，30 倍というのがまさにさきほど紹介した公式から導かれる時間の伸びの値になっているのです。

これでおわかりのように，このような速度になりますと古典力学の近似はまったくもって不適切となり，相対性理論を使わずにはすまない領域に突入するのであります。

# 3
# トムキンスの休暇

　第1回目の講演を聞いてから数日のあいだ，トムキンスはのろのろ町の夢のことが気になってならなかった。とくに不思議なのは，列車の運転手はどうやって乗客に歳をとらせないようにできたのかということだった。毎夜，床に着くたびに，もう一度あの不思議な町の夢をみたいと願っていた。しかしそれは叶わぬ夢だったのである。ちょっと臆病で心配症ぎみのトムキンスがみる夢は，たいていが不愉快なものだった。最後にみたのは，彼の仕事がのろいということで支配人からクビを言い渡される夢だった。相対論的な時間の伸びを採り入れた言い訳も，聞き入れてはもらえなかった。トムキンスは，自分には休養が必要だと思った。そんなわけで彼はいま，郊外の灰色の屋根がだんだんと田舎の緑へと替わっていく景色を，列車の窓から眺めているのである。トムキンスは1週間の休暇をとり，田舎でのんびり過ごすつもりだった。残念ながら，そのために講演の2回目を聴けなくなってしまった。しかしトムキンスは大学の事務局に頼み込み，講演の要旨のコピーをもらってい

た。さっそくそれを読んでみたが，よく理解できたとはいえなかった。トムキンスはスーツケースからそのコピーを取り出すと，もう一度じっくりと読みはじめた。列車は彼の身体をここちよくゆらしている……。

　コピーを膝に下ろし，窓の外に目をやると，いつのまにか風景はすっかり変わっていた。電柱がびっしり接近して立ち，まるで垣根のようだ。木々はほっそりとして，イタリアイトスギのように見える。そしてなんと，トムキンスの向かいの席には，例の教授が腰掛けているではないか。トムキンスが夢中になってコピーを読んでいるあいだに乗り込んできたにちがいなかった。

　トムキンスは勇気をふりしぼって，声をかけてみることにした。
「わたしたちは今，相対性の国にいるのでしょう？」
「その通り」教授が答えた。「よくおわかりですね」
「前に1度来たことがあるんです」
「あなたは……物理学者ですか？　相対性理論の？」
「とんでもない」トムキンスはあわてて答えた。「勉強しはじめたところです。まだ1度しか聴講していないのですから」
「なるほど。遅すぎるということはないですからな。魅力的な題材でもあるし。ところで，どちらで勉強されているのです？」
「町の大学です。じつは，あなたの講演を聴講したのです」
「わたしの？」驚いた教授はトムキンスの顔をまじまじと眺めた。そしてなにかを思い出して，ぱっと笑みを浮かべた。「ああ，そうでした。遅れてこそこそと入ってきた方ですな。思い出しました，どうりで見覚えのある方だと思っていたのです」
「ご迷惑をおかけしまして，どうも……」トムキンスはすまなそうにつぶやいた。居眠りをしていたことをこの目ざとい教授が気づい

ていませんようにと，必死で祈った。
「いいんですよ」教授が答える。「よくあることですから」
　トムキンスはちょっとためらった後，思いきって言ってみた。
「ご迷惑でなければ，ひとつ質問をお許しいただけないでしょうか。ほんの簡単なものですから。前回わたしがこの国を訪れたとき，列車の運転手に会ったのですが，彼が言うには，町で暮らす人よりも列車に乗っている人のほうがゆっくりと歳をとる——そしてその逆はない——のだが，そんなことになるのは列車が走り出したり止まったりするせいだというのです。わたしにはそれがどうもよくわからなくて……」

　教授は思案しているようすだったが，おもむろに口を開いた。
「もしも2人の人間が一様な相対運動をしていれば，それぞれがおたがいに自分の方が速く歳をとっていると考えるでしょう。これが相対論的な時間の伸びというものです。列車の乗客は自分の方が駅員よりも速く歳をとっていると考えます。同様に，駅員は自分よりも列車の乗客の方が速く歳をとっていると考えるでしょう」
「でも，両方正しいということはありえないでしょう？」トムキンスが訊き返す。
「いや，彼らは両方とも正しいのですよ，それぞれの視点から見ればね」
「それはそうかもしれませんが，いったいどちらがほんとうに正しいのですか？」トムキンスはまだ納得しない。
「そういう一般的な質問はできないのです。相対性理論の世界では，観測はつねにある特定の観測者についてのものであらねばならないのですから。観測されるものに対して，その相対的な運動がはっきりと定義された観測者が必要なのです」

「しかしわたしたちは，駅員の方が乗客よりも速く歳をとることを知っています。けっしてその逆にはならないじゃありませんか」トムキンスは彼の目撃した，よく旅をする紳士とその孫娘のことを話しはじめた。

「わかりました」教授が少しもどかしげにトムキンスの話をさえぎった。「それは双子のパラドックスの話なのですよ。第1回の講演でその話はしたはずですが，覚えておいででではありませんかな。その紳士は加速度を受けているのです。孫娘と違って，彼は一様不変の運動をしたわけではありません。ですから，紳士が戻ってきたときにおたがいを見くらべて，自分の方がより速く歳をとってしまったと思うのは，孫娘の方なのです」

「はい，わたしもそれはわかるのです。しかし，まだ飲み込めないことがあります。孫娘が相対論的な時間の伸びを頭に入れてこの現象を理解するのはいいのですが，この紳士にしてみれば，なぜ孫娘の方が速く歳をとらないのか不思議には思わないのでしょうか？彼はこの現象をどう説明するのでしょう？」

「なるほど」教授が答えた。「それこそわたしの第2回の講演で扱ったことなのですが，覚えてはおられませんか？」

　トムキンスはその講演を聴き逃したことを話さねばならなかった。もちろん，コピーを読んで勉強しようとしたことも付け加えたが。

「そうですか。ではこのように考えてみてください。紳士がこの現象を理解するには，彼の速度が変わったときに，彼の孫娘に起こったことを考慮に入れなければならないのだと」

「何が起こったのです？」トムキンスは身を乗り出した。

「それはですね，彼が一様な速度で動いているあいだは彼の方が速

く歳をとるのです。これは通常の時間の伸びです。しかし運転手がブレーキをかけると，あるいは帰りの列車で加速されると，歳のとり方がまったく逆になってしまい，こんどは孫娘の歳のとり方が加速されるように見えます。この"一様でない"運動をしている短い時間のあいだに，孫娘は紳士よりも歳をとってしまうわけです。ですから紳士が帰りの旅で一様の運動をしているあいだに，またもや孫娘より速く歳をとることを考えあわせても，彼が町に戻ったときの最終的な結果は，孫娘の方がより歳をとっているということになるのです」

「なんだか途方もないお話ですね。それは科学的に証明されたのでしょうか？ この歳のとり方の違いを証明する実験はあるのですか？」

「ありますとも。最初の講演で，ジュネーブのCERNという研究所で行われる実験の話をしましたね。空洞のドーナツのようなチューブの中をまわる，不安定なミュー粒子の話です。それらのミュー粒子の速度は光速に近いので，静止しているミュー粒子の30倍も長い寿命をもつのです。動いているミュー粒子はそれ，例の紳士のようなものです。彼らは周遊旅行をしていて，出発点に戻るまでにはいろいろな力を受けるのですな。静止しているミュー粒子は孫娘のようなもので，通常のペースで歳をとり，崩壊するんです。動いているものたちよりも速く"死ぬ"わけです」

教授は説明をつづけた。

「実は，これを確認する方法がもうひとつあります——間接的な方法ですがね。一様でなく動いている系の状態は，とてつもなく大きな重力の作用に似ているのです。というより，まったく同じというべきなのですが。上に向かって加速しているエレベーターの中では

身体が重くなったように感じることをご存じでしょう。逆に（ワイヤーが切れればよくわかるでしょうが），エレベーターが下りはじめたときには，身体が軽くなったように感じますな。これは，加速により生まれた"重力場"が，地球の重力に加えられた，あるいは地球の重力から差し引かれたせいなのです。加速と重力とのこの等価性からわかるのは，重力の効果に目を向ければ，時間とともに加速してゆく場合の効果を調べられるということです。地球の重力のせいで，高い建物の上の方にある原子の方が，地表にある原子よりも速く振動することもわかっております。そしてこれこそまさにアインシュタインの予言した，加速の効果なのですな」

トムキンスは顔をしかめた。高い建物の上で原子の振動が速くなるからといって，それと孫娘が速く歳をとることのあいだに，いったいどんな関係があるというのだろう。トムキンスの当惑顔に気づいた教授がさらに説明を加えた。

「あなたは建物の下から上を見上げ，高い建物の上で原子が速く振動するようすを見ているとしましょう。そのときあなたは，外力の影響を受けています。つまり床が地球の引力に逆らってあなたを押し上げているわけですな。その上向きの力が，その方向に存在するあらゆるものの時間経過を速める力として作用していることがわかっております。あなたと原子の距離が遠ざかるほど，あなたと原子のあいだにある，"重力ポテンシャルの差"というものが大きくなります。つまり，高いところにある原子ほど，地表にいるあなたの周囲にある原子にくらべて，速く振動するということです」

「さて，それと同じように，あなたが列車の中で外力の影響を受けているとすれば……」教授は一瞬黙りこんだ。「ところで，われわれの列車は速度を落としているようですな。運転手がブレーキをか

けたにちがいありません。これは都合がよろしい。今この瞬間にあなたの背もたれはあなたの速度を変えるべく力を加えています。つまりその力は，列車の進行方向とは逆方向に向かって作用しているわけです。この作用を受けているあいだ，その方向線上で起こるあらゆるものごとの時間経過は速度を上げます。ですからさきほどの孫娘がその線上にいたとすれば，同様のことが彼女の身に起こるわけです」

「ところで，ここはどこでしょう？」そう言うと教授は窓の外に目を凝らした。

　列車は田舎の小さな駅をゆっくりと通り過ぎているところだった。プラットフォームの端に改札係がひとり立っていた。そして反対の端の券売所の窓には，若い駅員が新聞を読んでいるのが見えた。と，突然，改札係が両手で空をつかんで，地面にうつぶせに倒れた。その身体のまわりには血の海がどんどん広がっている。何が起こったのかは明白だった。銃声は聞こえなかったが，おそらく列車の音にかき消されたのだろう。教授がすかさず非常ボタンを押すと，列車は大きな反動とともに止まった。2人が列車から飛び出してみると，若い駅員が倒れた改札係に駆け寄るところだった——その手には銃が握られていた。警官が現れたのはそのときだった。

「心臓を撃ち抜かれている」死体を調べた警官はそう言うと，若い駅員に向きなおった。「改札係を射殺した容疑できみを逮捕する。銃をよこしなさい」

　若い駅員は恐ろしげに自分の手の中の銃を見た。

「これはぼくのじゃありません！」駅員が叫んだ。「たったいま拾ったんです。あそこに落ちてました。わたしは新聞を読んでいて，銃声がしたので走ってきたのです。銃はプラットフォームに落ちて

いました。犯人が逃げるときに投げ捨てたのにちがいありません」
「もっともらしい話だな」警官はとりあわない。
「ほんとうです！　殺してなんかいません。同僚を撃ったりするもんですか」
　若い駅員は悲痛な面持ちであたりを見まわした。
「あなたがた……」駅員がトムキンスと教授を指さして声をかけた。「ご覧になっていたでしょう？　この方々が，わたしの無実を証明してくださいます」
「ええ」トムキンスが口を開いた。「わたしは一部始終を見ました。改札係が撃たれたとき，この人は新聞を読んでいました。そのとき彼は銃を持っていませんでした」
「ふん！　しかしきみは列車に乗っていたのだろう」警官は耳を貸そうともしない。「きみは動いていたのだろう？　動いて！　きみが目にしたことに意味はないのだよ。なんの証明にもなりはしないのだ。プラットフォームの上で見れば，この男は銃を取り出して被害者を撃つことができたのだ。たとえその瞬間に"列車で移動中のきみからは"まだ新聞を読んでいるように見えたとしてもね。同時性というのは，どの系から観測するかによって異なるものなんだ，わかったかね。きみの言いたいことはよくわかったが，捜査の邪魔はしないでくれ」そう言うと警官は不運な駅員に向きなおった。「さあ，くるんだ」
「ちょっと待ってくださいませんか，おまわりさん」教授が口を開いた。「あなたは間違いを犯そうとしてらっしゃる——それも重大な間違いを。この国の同時性の概念が高度に相対的であることはもちろん存じておりますし，また，離れた場所で起こった出来事が同時であったか否かが観測者の運動により左右されることも存じてお

3——トムキンスの休暇

目撃したことには何の意味もない？

ります。しかし，たとえこの国にあっても，原因の前に結果を見ることはできないでしょう。投函される前に手紙を受け取ったり，酒瓶の口をあける前に酔っ払ったりはしないのと同じです。そしてわれわれは，改札係が倒れた"あとに"，この若者が銃を手にしているところを見たのです。あなたはこう考えているのではありませんかな？　われわれは走行中の列車に乗っていたのだから，犯人が発砲する前に改札係が撃たれるのを見てもおかしくはないと。謹んで申し上げるが，それは不可能ですぞ——たとえこの国においても。警察では規則に忠実に任務を遂行するよう教育されているはずですが，このことについても，おそらく規則があるのではありませんか？」

教授の威厳に満ちた声に警察官も気おされたようである。警察手帳を取り出すと，丁寧にめくりはじめた。やがて警官の大きな赤ら顔に，ばつの悪そうな笑みが浮かんだ。

「はい，あなたがおっしゃったようなことが，書いてあります。第37節12項の第5段，『運動中のいかなる系からの観測であれ犯罪の瞬間から$\pm d/c$（$c$は自然界の制限速度）の時間内に$d$だけ離れた地点で容疑者が目撃された場合，容疑者は犯罪の原因とはなりえず，したがって正当なるアリバイが成立する』」

「たいへん失礼しました」駅員に向かって警官がもごもご言った。「私が間違っていたようで，申し訳ありません」

若い駅員はほっとしたようすだった。

警官は教授に向き直って付け加えた。

「あなたにはお礼を申し上げます。わたしはまだ新米でして，こういった規則がよくのみ込めていないんです。あなたのおかげで署に帰って面倒なことにならずにすみました。しかしともかく，この殺

人事件を署に報告しなければなりません」

 そう言うと警官は携帯無線機で話しはじめた。礼を述べる駅員と別れて，教授とトムキンスが列車に乗り込もうとしたとき，警官が大声で呼びかけた。
「グッドニュースです！　真犯人が捕まったようです。駅から逃げる容疑者をわたしの同僚がひっ捕らえたそうです。ほんとうにありがとうございました！」

 元の座席に腰掛けるとトムキンスが尋ねた。
「頭の回転がにぶいのかもしれませんが，わたしには同時性ということが，どうもよくわかっていないようなのです。この国では同時性に意味などないのだと言ってしまってはいけないのですか？」
「いや，意味はあるのですよ」と教授は答えた。「しかしある程度までの意味しかありません。それでも，意味があるからこそ，あの駅員を助けることができたのです。つまりですね，物体の運動や信号の伝播には自然界の制限速度があり，そのせいでわれわれが普通に考える同時性という言葉の意味はなくなってしまうのです。こう考えたらいいでしょう。あなたには遠いところに住む友人があり，彼とは手紙でやりとりをしているとします。その手紙が届くのに3日かかるとしましょう。日曜日にあなたの身に何かが起こり，同じことが友人の身にも起こることがわかったとします。それを友人に知らせようにも，水曜日以前に知らせることはできません。一方，あなたにそれが起こることを友人が前もって知ったとしても，それをあなたに知らせるためには，前の週の木曜日には手紙を出していなければなりません。ですから，日曜日にあなたの身に起こることに関して，それ以前の3日間は，友人はあらかじめ知らせてあげることはできないのです。また，日曜日にあなたの身に何が起こっ

たかを，友人はその3日後まで知ることができません。因果関係の観点から言えば，友人とは6日間絶交しているようなものですな」

「手紙でなく，電子メールを使ったらどうです？」トムキンスが訊き返す。

「わたしが手紙と言ったのは，その方が話がわかりやすいと思ったからです。つまりこの国では，手紙が一番速い伝達手段だと仮定したわけですな。実際には，光の速度（あるいは電波などの電磁放射）が一番速いことになります。光の速度よりも速く信号を送ることはできないし，それを越えた因果関係もありえません」

「すみません，よくわからないんですが，それと同時性といったいどんな関係があるのでしょうか？」

「では，こんな例はどうでしょうかな。あなたと友人がそれぞれ，日曜日に昼食をとるとします。でもあなたたちはそれを，同じ時刻――つまり同時――にとっているのでしょうか？　ある観測者はそうだと言うかもしれません。しかし別の列車に乗った観測者は，あなたが昼食をとったのは，友人が金曜の朝食をとったのと同時だったと言うかもしれませんし，火曜のお昼と同時だったという観測者もいるかもしれませんな。しかし，ここが大事なところですが，いかなる観測者もあなたと友人が3日以上離れた日時に，同時に食事をとるところは観測できないということです。もしそれが可能なら，あらゆる矛盾が噴き出してくることになりますぞ。たとえば，あなたが食べた日曜の昼食の残り物を，友人の日曜の昼食用にどうぞと手紙といっしょに送ることが可能になってしまいます。あなたが日曜の昼食を食べ終えているのは明らかなのに，友人と同時に食べているところをどうやったら観測できるのでしょうか？　それに

ですな……」

 そのときふたりの会話は中断された。ガタガタとゆさぶられて，トムキンスは目を覚ましたのだ。列車が目的地についたのである。トムキンスはあわてて荷物をまとめ列車から降りると，ホテルを探しはじめた。


 翌朝，食事をとるために，ホテルの長いガラス張りのベランダに降りてくると，トムキンスをびっくりさせることが待ち受けていた。向こう側のすみのテーブルに，なんとあの教授がいるではないか。しかし実をいえば，これは驚くべき偶然というほどのことではなかった。講演要旨のコピーをもらうために大学へ行ったとき，トムキンスは翌週の講演がキャンセルされたことを事務局員から知らされたのだ。教授が1週間の休暇をとるからということだった。教授が，どこかリラックスできるところはないだろうかね，と言ったとき，その事務局員はあるリゾートの名を教えてあげたのだそうだ。それは，もう何年も訪れてはいなかったが，トムキンスのお気に入りのリゾートだった。それを聞いたトムキンスは，教授と同じ場所に行ってみようと思い立ったのだ。そんなわけで，教授とトムキンスは同じ海辺のリゾートにやってきたのである。偶然，教授と同じホテルに泊まることになったのは，トムキンスにとっては予想もしない贈り物ではあったけれど。

 ところで，教授以上にトムキンスの目を引いたのは，教授が話している相手だった。飾り気のない女性で，美人というのとはちがうけれど，人目をひく容貌，小柄ではあるが優雅で，ほっそりした両手を表情ゆたかに動かしながら話したり笑ったりしている。おそらく30代の前半，自分よりもいくつか年下だろう。なぜあのような

お会いできて嬉しいです，モードさん

若い女性が教授などといっしょにいるのだろうか？

　その瞬間，偶然にも女性がトムキンスの方を見た。なんてことだ。トムキンスは目を逸らしたが，彼女はトムキンスに見られていたことに気づいたにちがいない。女性は上品な，かすかな笑みを投げかけると，すぐ話し相手のほうに視線を戻した。一方，教授は女性の視線を追い，その先にいたトムキンスをじっくりと観察している。トムキンスと視線があうと，教授は"どこかでお会いしましたかな？"とでもいうように，いぶかしげな会釈をした。

　トムキンスは，そばにいって自己紹介すべきだろうと思った。2度目の自己紹介というのもへんだとは思ったが，きのう出会ったのは夢の中でのことなのだ。教授はトムキンスを暖かく迎えると，一緒のテーブルで食事するよう勧めてくれた。

「これは娘のモードです」教授が女性を紹介した。
「ああ，お嬢さんでしたか」トムキンスが嬉しそうな声をあげる。
「どうかしましたか？」教授が尋ねた。
「いえ……」トムキンスは口ごもってしまった。「なんでもありません。お会いできて嬉しいです，モードさん」

モードは笑みを浮かべて手を差し出した。ふたたび席につき朝食の注文をすませると，教授はトムキンスに向き直って尋ねた。
「それで，曲がった空間についての話は理解できましたかな？　前回の講演の話ですが……」
「おとうさん」モードは穏やかにとがめたが，教授は気にせずにつづけた。しかしまたしても，これで2度目のような気がするのだが，トムキンスは第2回の講演に行けなかったことをあやまらなければならなかった。しかし教授は，トムキンスがわざわざ足を運んで講演の要旨を手に入れ，その分を取りもどそうとしたことに感心している。
「よろしい。あなたはほんとうに熱心な方だ。ひがな一日寝転がっていることに飽きたら，個人教授をしてさしあげましょう」
「おとうさん！」モードは腹を立てている。「そんなことをするためにここに来たんじゃないでしょう。この1週間はそんなこと忘れなきゃだめじゃない」
「いつも説教されてしまう」教授は笑っている。「ここに来たのは娘のアイディアなんですよ」そう言ってモードの手の甲をやさしく叩いた。
「お医者さまもゆっくり休むようにとおっしゃったでしょう？」
「まあまあ」トムキンスが割って入った。「とにかく，第1回の講演はたいへん勉強になりました」トムキンスは笑顔を浮かべ，自分

の見た相対性の国の夢の話をした。目に見えるほど潰れてしまった通りの話やら，時間の伸びの影響がひどく誇張されたことなどである。

「ほらね。わたしが言った通りでしょう」モードが教授に向かって言った。「一般の人たちに講演するのなら，もっと具体的に話さなきゃだめなのよ。普通の人たちはおとうさんの話を日常生活に結びつけて考えなきゃならないのだもの。トムキンスさんからヒントをもらって，相対性の国の話を講演に取り入れるべきだと思うわ。おとうさんの話は抽象的すぎる……そう，アカデミックすぎるのよ」

「アカデミックすぎる，ね」教授は含み笑いをして言った。「娘はいつもそう言うんですよ」

「だってそうじゃない」

「わかった，わかった」教授はしぶしぶ認めた。「そのことについては考えてみるよ。でもね，トムキンスさんのお話は正しくないんだよ。たとえ自然界の制限速度が時速30キロメートル程度だったとしても，走る自転車が潰れて見えることはないのだから」

「潰れて見えないですって？」トムキンスがけげんそうに尋ねた。

「あなたのお話のようにはね。問題は，あなたの目が何を見るかなんです。あるいはカメラでどのような写真を撮るかともいえますな——それは"同一の瞬間"にどの光が目やレンズに達するかの問題なのです。つまり，自転車の後部からの光は，前部からの光よりも長い距離を伝わってあなたの目に届くわけですから，ある特定の瞬間にその両方から届く光は，異なった時間に発せられたはずでしょう。それはつまり，自転車が別の地点にいたときに発せられた光なのです。後部からの光は，自転車後部がより遠くにあったときに発されたはずですし，そこから発されたように見えるはずなのです」

トムキンスが話について来られないようだったので，教授は一呼吸おいて考えをめぐらし，肩をすくめて言った。
「たいしたことではないのですよ。光の速度が有限なせいで，あなたの目にするものが"ゆがめられている"というだけの話です。あなたが相対性の国で実際に目にする自転車は"回転している"ように見えるはずです」
「回転しているですって？」トムキンスは驚いて叫んだ。
「そう，そういうことになるのです。縮むというよりは，回転しているように見えるのです。ですから，たとえば写真上のデータなどをあるがままに観察し，写真上の異なった部分に届いた光は異なった時間に発されたことを理解し，それについて計算してはじめて――"見る"のではなく"計算する"のですぞ――自転車は縮んでいるに違いないと考えることができるのです」
「またはじまったわ，アカデミックな屁理屈」モードがちゃちゃをいれた。
「屁理屈？　そんなものといっしょにせんでくれ……」
「部屋にもどってスケッチブックを取ってくるわ。おふたりでとことん議論なさいな。お昼にまた会いましょう」そう言うとモードは，向こうに行ってしまった。
「お嬢さんは絵をたしなまれるのですね？」トムキンスが尋ねた。
「たしなむ……」教授は心配そうに言った。「モードの前では，たしなむなんぞとは言わん方がよろしいですぞ。娘は芸術家，プロの芸術家なんですから。あれでなかなか名前が売れているのですよ。誰もがボンドストリート・ギャラリーで回顧展を開けるものじゃないでしょう。先月はタイムズ紙にも採りあげられましたしな」
「ほんとうですか！」トムキンスは跳びあがった。「それはご自慢

のお嬢さまでしょう」

「たしかに。うまくいきました，ほんとうにうまく……結果的には」

「結果的に？　どういうことでしょうか？」

「いや，たいしたことではありません。わたしが願っていたのとは，少しばかり違う結果になったというだけのことです。娘は一時期，物理学者になることを期待されていたのです。とても優秀でした——大学では数学と物理で主席をとったほどです。ところが突然，娘はすべて投げ出してしまったのです。まあそのようなわけで……」教授の声はしだいに小さくなっていったが，気をとりなおして話をつづけた。

「しかしまあ，いま言いましたように娘は成功しまして——幸せなんです。それ以上望むべきことはないでしょう」教授はダイニングルームの窓の外へ視線をやって言った。

「外に出ませんか？　今ならまだデッキチェアーも空いているでしょう，それに……」あたりにモードがいないのを確かめると，教授は意味深な顔でつけくわえた。「相対性理論の話もしたいですしな」

トムキンスと教授は浜辺に出ると，静かな場所に腰を下ろした。
「では」教授が話しはじめた。「曲がった空間について考えてみましょう。そのためには地球の表面のような，2次元の面を思い浮かべるのがいいでしょう。石油会社の社長が，自分の経営するガソリンスタンドがどこかの国，たとえばアメリカの全土に均一に分布しているかどうか調べることにしたとします。そのために彼はアメリカの中央（カンザスシティーあたりでしょう）にあるオフィスに指令を出します。オフィスの人間はカンザスシティーから一定の距離内にあるガソリンスタンドの数をかぞえ，つぎにその倍の距離内に

ある数をかぞえ，3倍，4倍……と順にかぞえます。社長は学校で円の面積はその半径の2乗に比例すると習っていましたから，ガソリンスタンドが均一に分布している場合その数は $1, 4, 9, 16, \ldots$ のような割合で増えていくはずだと考えました。ところが驚いたことに調査結果を見ると，実際に分布するガソリンスタンドの数は予想よりも少なめで，たとえば $1, 3.9, 8.6, 14.7, \ldots$ のようになっていたのです。『いったいどうなっとるんだ』社長が驚いて言います。『オフィスの連中は仕事のやり方がわかっとらんようだ。カンザスシティーの近くにばかりスタンドを建てて，いったいどういうつもりなんだ』さて，この社長の言うことは正しいでしょうか，というのが問題です」

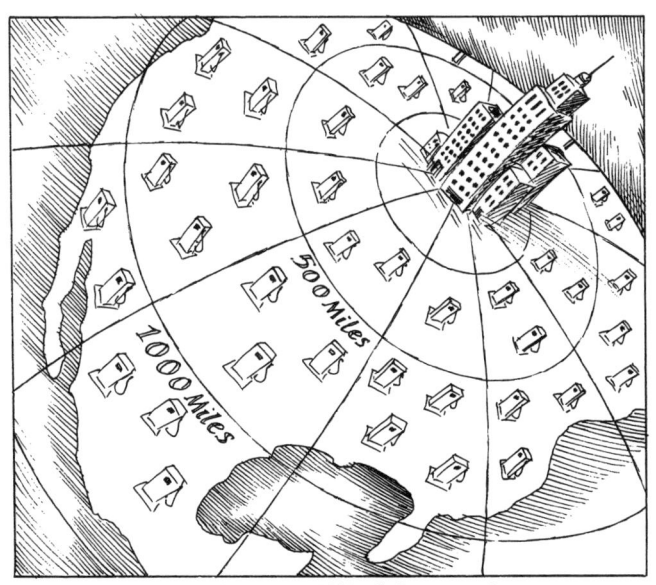

ガソリンスタンドはカンザスシティー近郊に集中している？

「正しいように思いますが」トムキンスが答えた。

「ところが正しくはないのですな。彼は地球の表面が球面であって平面ではないことを忘れているのです。与えられた半径内の面積の増え方は，球面上では平面上でよりも遅いのです。あのボールについて考えてみてください」教授はビーチボールを投げあっている父娘を指して言った。「あれを北極の印のついた地球だと考えます。北極を中心に考えると，子午線の長さの半分に等しい半径をもつ円は赤道であり，そこまでに含まれる面積は北半球の面積になります。半径を2倍にすると，地球の表面すべてを覆うことになりますが，その面積は平面上でなら4倍になるはずなのに，たったの2倍にしかなりません。南半球の面積が新たにつけ加わっただけですからな。この違いが出るのは，地表が正の曲率で曲がっているからです。わかりますか？」

「ええ，大丈夫です。でも，"正の曲率"とおっしゃったでしょう？　もしかすると"負の曲率"などというものもあるのですか？」

「あるのです」教授の視線はなにかを探すように浜辺をさまよっている。「あれだ！　あそこに見えるものがその良い例です」教授が指さしたさきには，少年を乗せたロバがいた。「鞍(くら)です。ロバのつけている鞍の表面が，負の曲率の好例です」

「鞍？」トムキンスが訊き返した。

「そう，あるいは地表が2つの山のあいだで，鞍状になっているところと言ってもいいですが。そのような鞍状になった場所の山小屋に植物学者が住んでいるとしましょう。彼は山小屋の周囲に生育するマツの木の数に興味をもっています。もし彼が山小屋から100メートル，200メートル，300メートル，……以内にあるマツの数

3——トムキンスの休暇

をかぞえたとしたら，距離の2乗よりも"速く"マツの数が増えることに気づくでしょう。さきほどの地球の表面と逆になるわけです。与えられた半径内の面積は，鞍状の表面上では平面上でよりも大きくなるのです。そのような表面は，負の曲率をもつと言われます。もしも鞍状の表面を平面上に広げようとすれば，どこかに折り目をつけなければならないでしょう。一方，地球の表面のようなものを平面上に広げようとすれば，それが伸び縮みしないかぎり，ど

峠の山小屋

こかに切れ目をいれなければならなくなるでしょうな」

「なるほど」トムキンスも納得したようだ。

「鞍状の表面に関してはもうひとつ考えなければならないことがあるのです」教授がつづけた。「球の表面積は有限（$4\pi r^2$）です。その表面はくるりとまわって自分自身につながります。ところが鞍状の表面では話がちがってくるのです。鞍状の表面は原理上，あらゆる方向に無限に広がることができるのですよ。"閉じた"曲面ではなく"開いた"曲面ということですな。もちろんわたしの挙げた例では，山を歩いて地表が正の曲率をもつ地点に出たところで，負の曲率をもつ曲面は終わりということになります。しかし，どこまで行っても負の曲率をもつ曲面を想像することもできるでしょう」

「ええ」トムキンスが答える。「しかし失礼ですが，いまのお話は当たり前のことのようにも思いますけれど，なんのためにお聞かせくださったのでしょう？」

「ああ，つまり，この話はそのままそっくり3次元の空間にも当てはめられるということです——いま話していた2次元の空間や表面だけでなくね。3次元の空間も曲げることができるのですよ」

「でも，どうやってですか？」

「さきほどと同じ理屈です。空間に均一に分布している物体があるとしましょう——ただし今回は2次元の地表に置かれたガソリンスタンドではなく，3次元の空間を考えてください。物体は星でもいいし，銀河でも銀河団でもかまいません。そしてそれらの銀河団がほぼ均一に分布しているとしましょう。つまりそれらのあいだの距離はすべて同じだということです。いいですか，自分を中心にしていろいろな距離の中にどれだけの銀河団があるか数えます。もしその数が距離の3乗に比例して増えるのなら，その空間は平らで

す。球の体積がその半径の３乗に比例して増えることはもちろんご存じでしょう，通常のユークリッド幾何学によればですが」

トムキンスは黙ってうなずいた。

「よろしい。銀河団の数がそのように増えるのなら，その空間は"平ら"である。これはまさにユークリッド的です。しかしその増え方がゆっくりであったり速かったりしたら，その空間は正あるいは負の曲率をもっているのです」

「では正の曲率をもつ場合，その空間では与えられた距離内の体積は小さく，負の曲率をもつ場合の体積は大きくなるとおっしゃるのですか？」トムキンスは思いきって言ってみた。

「まさにその通りです」教授は微笑(ほほえ)んでいる。

「しかしそうすると，もしもわれわれが存在するこの空間が正の曲率をもつとすると，体積は $\frac{4}{3}\pi r^3$ にはならず，もっと小さくなるということですか？」

「そうです。そして負の曲率をもつ場合には体積が大きくなります。ただし，小さな球で考えていたのでは，空間の曲率の違いから生じる差は微々たるものですから，認識できるほどの違いにはなりません。認識できるとすれば，それは天文学で扱われるような非常に大きな距離について観測したときなのです。それで宇宙に広がる銀河団の話をしたのです」

「途方もない話ですね」トムキンスがつぶやいた。

「たしかに」教授もうなずいた。「しかしもっと驚かされることがあるのですよ。それは曲率が負の場合，３次元の空間はあらゆる方向に無限に広がっていると考えられるのです。２次元における鞍状の面がそうであったのと同じですな。一方，曲率が正だとすると，

3次元の空間が有限であり，閉じていることになるのです」

「3次元の空間が閉じている？」

「つまり……」教授は言葉を選んでいるようだ。「ロケットに乗って北極から垂直に飛び立ち，その方角にまっすぐ飛んだとしても，最終的に逆の方角から地球に接近して南極にたどりつくということです」

「まさか……そんなことはありえないでしょう」トムキンスは驚いている。

「地球は平らだと考えた冒険家が西に向かって航海をつづけ，気がついてみたら東の方から出発点に戻ってしまっているのと同じくらいありえないでしょうな。それにもうひとつ……」

「ちょっと待ってください」トムキンスはすでに頭がくらくらしていた。

「宇宙は膨張しつづけている」トムキンスにかまわず教授はつづけた。

「さきほど話した銀河団ですが，それらはおたがいに遠ざかっていっているのです。遠ざかれば遠ざかるほど，ますますその速度を上げて遠ざかっていく。これはビッグバンのせいです。ビッグバンについてはご存じでしょうな？」

トムキンスは黙ってうなずいた。モードが戻ってきてくれないかと念じながら。

「よろしい」教授は話に夢中になっている。「宇宙のはじまりの話です。最初にひとつの点からすべてのものが飛び出した，それがビッグバンですな。ビッグバンの前にはなにもなかった。空間も，時間も，まったくなにもなかったのです。そしてビッグバンで"すべて"がはじまった。巨大な爆発の余波で，銀河団はいまだに吹き飛

ばされつづけているのです。しかしその速度は落ちつつあります。たがいの重力のせいですな。問題は、星団が重力に打ち勝つほどの速度で動いていて宇宙が無限に広がりつづけるのか、それともいつか膨張が止まり、そのあとは重力に吸い寄せられて収縮するのかということです。その収縮のことをビッグクランチと呼んでいます」

「ビッグクランチのあとは……どうなるんですか？」トムキンスが訊き返した。また興味がわいてきたのだ。

「まあ、そうなれば……おしまいです。宇宙はなくなってしまうのです。あるいは元に戻るか……それをビッグバウンスと呼んでいます。宇宙が振り子運動をするということです。膨張し、収縮し、また膨張し……と繰り返すわけですな」

「で、実際はどうなるのですか？ 永久に広がりつづけるのですか、それとも収縮してしまうんですか？」

「わからんのです。それは宇宙にどれくらいの物質が存在するかによるのです。膨張を引き止める重力は物質がもっているわけですが、どうやらこの宇宙は非常にバランスのとれた状態にあるようなんですな。物質の密度を平均したものが、いわゆる"臨界値"に近いのです。臨界値というのは、2つのシナリオを分かつ分岐点のようなものです。どちらになるかわからないというのは、宇宙に存在する物質のほとんどが光を発しないためです。恒星のように光り輝いてはいないのです。われわれはそれをダークマターと呼んでいます。光を発しないわけですから、その存在を知るのは容易ではありません。ところが宇宙に存在する物質の少なくとも99パーセントがダークマターであり、それらが密度の値を臨界値に近づけているのです」

「そうなんですか。宇宙がどうなってしまうのか知りたかったので

すが，残念です。密度のせいで，どっちに転(ころ)がるかわからないなんて，まいりましたね」

「ええ，まあ，そうとばかりも言えないのですがね。密度はどんな値になっていても不思議ではなかった。それにもかかわらず，臨界値に非常に近い値になっているというというのは，なにか深い理由(わけ)がありそうではありませんか。密度を自動的に臨界値に近づけるようなからくりが，ビッグバンの初期に存在したのだと考える人も多いのです。別の言い方をすれば，密度が臨界値に近いのは，偶然そのようになったのではなく，そうであらねばならなかったのだと。それどころか，われわれはそのからくりの正体を知っていると考えておりましてな。それは"インフレーション理論"といって……」

「また専門用語よ，おとうさん」

モードがとつぜん口をはさんだ。教授とトムキンスが話に熱中しているあいだに，後ろから近づいたのだ。

「そろそろおしまいにしたら？」

「じきに終わるから」教授はやめるつもりなどなく，トムキンスに向き直ると話をつづけた。「娘のじゃまが入ってしまいましたが，要は，これまでの話はすべて関連しているということです。ビッグクランチを引き起こすに足る物質があれば，それは正の曲率を生むに足るということであり，その結果は有限の大きさの閉じた宇宙になります。一方，十分なだけの物質がなければ……」教授は説明を途中で止(や)めると，つづきをどうぞとトムキンスにジェスチャーでうながした。

「えーと，もしも，教授のおっしゃるように，十分な物質がなかったとしたら，えーと」トムキンスはひどくまごついていた。教授の前でしくじるのが恥ずかしいというより，モードがいっしょに聴い

ているせいでどぎまぎしてしまったのだ。

「えー，密度を臨界値に近づけるに十分な物質がなかったとしたら，そのとき宇宙は無限に膨張し，それから，えー，あー，おそらく—，負の曲率になる，のかな？　そして宇宙は無限に膨張する，のかな？　えーと……」

「すばらしい！　すばらしい生徒だ！」教授が感嘆の声をあげた。

「ええ，ほんとうにすばらしいわ！」モードも感心している。「でも，密度がどうやら臨界値になっているらしいことはわかっているの。だから膨張はいずれ止まるわけ。無限の未来にだけれどね。この話はもうさんざん聞かされたわ。そろそろおしまいにして，泳ぎません？」

トムキンスは一瞬，モードの言葉の意味がわからなかった。
「え？　"ぼく"，ですか？　いっしょに泳ごうっておっしゃったのですか？」
「ふふ，わたしがおとうさんを誘ったと思って？」モードは微笑んでいる。
「あー，そのー，このままじゃ泳げませんから，水着を着てきます！」
「そうよね，もちろん何か身につけていただかないとね」モードがおちゃめに笑った。

# 4
# 曲がった空間に関する教授の講演

お集まりのみなさん，こんにちは。

本日は曲がった空間とはいかなるものか，またそれと重力とがどのように関りあっているかについてお話しいたしましょう。

曲がった線とか，曲がった面といったものを頭に思い浮かべるのは，それほどむずかしくはないでしょう。しかし，曲がった空間，曲がった3次元の空間といったらどのようなものをお考えになるでしょうか？ 曲がった3次元の空間がどのように見えるかをイメージするのは，はっきり申し上げて不可能です。というのも，それを見るためには，いわゆる"外部"から——つまりほかの次元から見なければならないからです。2次元の曲面がどのように曲がっているかを知るには，3次元の空間の中での面の形を見ることになりますが，それと同じことをしなければならないのです。しかしながら，曲がった空間について調べるにはもうひとつの方法があります。それは数学的な方法でありまして，視覚にたよらず行うことができます。

まずは2次元平面の曲がり方を考えてみましょう。ある面に描かれた幾何学模様のもつ特性が、平面上に描かれたものとは異なっているとき、その面は曲がっていると言います。その曲がり方の度合は——これを曲率と言いますが——ユークリッド幾何学の古典的な場合からのずれで判定します。たとえば、初等幾何学から明らかなように、紙の上に描かれた3角形の内角の和は180度になります。その紙を円筒形、円錐形、あるいはより複雑な形に曲げたとしても、内角の和はつねに180度のままです。したがってこれらの表面の幾何学は、紙をそのように曲げても変わることはありません。われわれはよく"曲がった面"という言い方をしますが、曲がるということの"本質"あるいは"固有"の性質という面から考えれば、そのように曲げることによって得られた面は、平面とまったく同じく平らなのであります。

　それに対して、1枚の紙を曲げることによっては、球や鞍の形にぴたりと合わせることはできません——皺にしたり、引き延ばしたりしないかぎりは。それというのも、球などの表面上に描かれた図形の幾何学は、平面上のそれと根本的に異なっているためです。ためしに地球上に3角形を描くことを考えてみましょう。そのためには"直線"に相当するものが3本必要です。曲面上の"直線"については、平面上と同様に、2点間の最短距離をとる線と定義しましょう。そのような線は大円の弧となります。とくに地球については、大円のことを大圏と言うことがあります——つまり大圏とは、地球の中心を通る任意の平面が、地球の表面と交わる線なのであります。たとえば経線はどれもみな、大圏のひとつになっております。さて、このような大圏の弧を用いて3角形を描きますと、ユークリッド幾何学の単純な法則はもはや成り立たないことがわか

ります。たとえば2本の経線と赤道に囲まれた北半球の部分は，底角に2つの直角をもち，頂角に任意の角度をもつわけですから，内角の和は明らかに180度を越えてしまいます。

　一方，鞍状の面に描かれた3角形は，内角の和がつねに180度よりも小さくなるのです。

　これでおわかりのように，ある面が曲がっているかどうかを知るためには，その面の"幾何学"を吟味しなければなりません。たんに外から観察するだけではだめなのです。形を観察しただけでは，円筒形の表面も，球の表面と同じだと考える方が多いのではないでしょうか？　ところがいまお話ししましたように，円筒形の表面は平面と同じであるのに対し，球の表面は"固有"の曲率をもっているのです。曲率，つまり曲がりというものを，このように厳密に数学的に考えることに慣れてしまえば，われわれの住んでいるこの3次元空間が曲がっているかどうかという物理学上の議論もわかりやすくなります。3次元空間が曲がって"見える"かどうか確認するために，"外部"に出る必要はありません。われわれはこの空間内にとどまって，ユークリッド幾何学の一般法則が成り立つかどうかを，実験によって確かめていけばよいのであります。

　しかしみなさんは，なぜ空間の幾何学が，いわば"常識"ともいうべきユークリッド幾何学とは異なっているなどと考えなければならないのか，いぶかしく思われるのではないでしょうか。実を申しますと，幾何学というものは，物理的状況によって変わるものなのであります。それを理解していただくために，一定の速度で回転する大きな回転盤を想像してみましょう。円盤の中心から円周上の一点に向かい，半径に沿って小さなものさしが何本か並べられているものとします。それと同じものさしが，円周上にも並べられていま

す。

　回転盤が設置された部屋の中で、じっと静止している観測者Aの立場に立ってみましょう。彼にしてみれば、回転盤を回転させますと、円周上に並べられたものさしは、その長さの方向に運動します。ですから第1回目の講演でお話ししたように、ものさしの長さは縮みます。そのため、円周に隙間なくものさしを並べようとすれば、回転盤が静止しているときよりも"多くの"ものさしが必要になるのです。一方、半径に沿って並べられたものさしは、運動の方向に対して直角に置かれていますから、長さが縮むことはありません。ですから回転しているあいだも、静止しているときと同じ本数のものさしで足りることになります。

円周に沿って並べられる定規の本数は増加する

結果として，ものさしの本数で表される円周の長さ $C$ は，常識的な円周の値 $2\pi r$（$r$ は半径）よりも長くなるわけであります。

　このように，円周に沿って並べられたものさしの長さが運動のために短くなるという現象は，観測者 A にとってはなんの問題もありません。しかし，回転盤の中心に立っている観測者 B にとってはどうでしょう。彼女はこの現象をどのように理解するのでしょうか。観測者 B が目にするものさしの本数は，観測者 A が目にするものさしの本数とまったく同じであります。したがって，半径と円周の比が，ユークリッド幾何学におけるそれと一致しないと考えるでしょう。しかし，もしも回転盤そのものが，窓もない閉ざされた部屋であって，観測者 B は回転運動に気づいていなかったとしたらどうでしょう。観測者 B は，この不思議な観測結果はなによって引き起こされたと思うでしょうか？

　観測者 B は，自分が回転運動をしていることを知らないかもしれませんが，何かおかしいことには気づくにちがいありません。というのも，回転盤上のあちこちに置かれた物体がじっとしていないからです。物体は中心から縁に向けて加速され，その加速の大きさは，中心からの距離と関係しています。別の言い方をすれば，物体は，中心から遠ざかるような力，つまり遠心力を受けているように見えるのです。遠心力というものは独特の性質をもっておりまして，中心から同じ距離にある物体に対しては，物体の質量にかかわらず，あらゆる物体に同じ大きさの加速を与えます。別の言い方をしますと，その"力"は，物体の質量に応じて自動的に強さを調節し，結果として，位置ごとに決まった加速度を与えるのです。観測者 B は，この"力"と，ユークリッド幾何学が成り立たないという状況とのあいだに，なんらかの関係があるにちがいないと考える

でしょう。

　もうひとつ，光線がたどる経路を考えてみてください。静止している観測者Aにとっては，光線の経路はつねに直線に見えます。しかし回転盤上をすれすれに進む光線の経路はどうなるでしょうか。観測者Aにとって光線の経路は直線のままですが，回転盤の表面をたどった跡は直線になりません。これは，光が円盤を横切るのにかかる時間内に，円盤がいくらか回転するせいです。回転する円盤上でまっすぐにナイフを引いてみても，キズは直線にはならず，カーブを描くでしょう。それと同じことです。ですから，回転盤の中心に立つ観測者Bにとっては，回転盤の端から端に進む光線の経路は曲がって見えることになります。光線の経路に関するこの現象や，さきほどの円周と半径に関する現象を目にした観測者Bは，なんらかの"力"が存在するせいで，こうした状況が生じているのだと考えるしかありません。

　この"力"は，光線の経路などの幾何学だけでなく，時間の経過にも影響を与えます。このことを確かめるには，回転盤の縁に時計を置いてみればよろしい。観測者Bにとっては，回転盤の中心に置かれた時計よりも縁に置かれた時計の方がゆっくりと時を刻むように見えるはずです。この現象は，静止している観測者Aから見ると，一番よく理解できます。観測者Aにとってみれば，回転盤の縁に置かれた時計は，回転盤が回転するせいで運動していますから，中心でじっと静止している時計よりもゆっくりと時を刻むわけです。それに対して観測者Bは，縁に置かれた時計が移動しているとは思っていませんから，時計が遅れるのはなんらかの"力"が存在するからだと考えねばなりません。このようなわけで，幾何学も時間の経過も，物理的な環境に左右されることがおわかりいただ

けたでしょう。

　さて，このあたりで少し異なった物理的状況に目を向けてみましょう。地上の環境に似た状況です。地上では重力のために，あらゆる物体が地球の中心に向かって引っ張られています。これは回転盤上に置かれた物体が周辺部に向かって引っ張られるのと似た状況と考えることができます。物体に及ぼされる加速度が物体の質量とは無関係であり，物体の位置のみによって決まるという性質も，両者の類似性を強めるものであります。重力による運動と加速度運動とがよく似ているということは，次の例でもはっきりと見てとれます。

　宇宙船が宇宙空間に浮かんでいて，どの星からも遠く離れているために重力の影響はないものとします。そのような宇宙船内では，宇宙飛行士を含めてあらゆる物体が重さというものをもたず，ぽかんと浮いています。そのときエンジンにスイッチが入れられ，宇宙船が動き出したとしましょう。宇宙船の内部ではどんなことが起こるでしょうか？　みなさんおわかりのように，宇宙船が加速されているあいだじゅう，あらゆる物体は宇宙船後部——これを"床"と呼びましょう——に向かって動こうとします。別の言い方をすれば，宇宙船の床があらゆる物体に近づいて来るのです。ここで宇宙飛行士が手に持っていたリンゴから手を離したとしますと，リンゴは（周囲の星と相対的に）一定の速度で動きつづけます。その速度というのは，リンゴが手から離れた瞬間の宇宙船の飛行速度です。しかし宇宙船は加速をつづけていますから，宇宙船の床はリンゴに追いつきリンゴに衝突するでしょう。その瞬間以降，リンゴは床の上にとどまり，加速によってたえず床に押しつけられることになります。

しかしながら，船内の宇宙飛行士の目には，リンゴがある加速度をもって"落ちた"かのように見えるでしょう。そして床に打ちつけられたあとは，リンゴ自身の"重さ"によって床に押しつけられているように見えるのです。ほかの物体を落としてみれば，あらゆるものが（空気抵抗を無視すれば）まったく同じ加速度で落下することにも気づくでしょう。そしてこれが，ピサの斜塔の実験でガリレオ・ガリレイが発見した自由落下の法則であることを思い出すにちがいありません。宇宙飛行士にとっては，加速する宇宙船内での現象と，地球の引力による現象とは，まったく同じものに見えるのであります。宇宙船内で振り子式の時計を使うこともできるし，棚の上に本を載せても浮き上がったりしないし，壁の釘に絵をかけることもできるのです。絵をかけるなら，アルベルト・アインシュタインの肖像画などはいかがでしょうか——座標系の加速と重力場との等価性を最初に指摘したのは彼なのですから。この単純な原則をもとにアインシュタインの展開したのが，いわゆる"一般相対性理論"です。彼の"特殊相対性理論"については前回の講演でふれました。それは，一様で一定の運動をする場合における時間と空間の作用についての理論でありました。一般相対性理論はそれに重力の作用を付け加えたものなのです。そして重力の作用を付け加えるには，さきほどお話しした，重力と加速度運動との等価性に気づくことが必要なのであります。

　一例として光線の経路について考えてみましょう。回転盤上で遠心力による加速を受けた状況では，光線の経路がカーブを描くように見えることはすでにお話しした通りです。それと同じことが，加速する宇宙船内をよこぎる光線についてもいえるのです。宇宙船内をよこぎる光線の経路は，外部の観測者には直線に見えます。光線

は，向かい側の壁の同じ高さのところに向けて発射されます。宇宙船が静止していれば，向かいの壁の同じ高さのところに当たるでしょう。しかしいまの場合，光線が宇宙船内をよこぎるあいだも宇宙船は加速していますから，向かいの壁は動いてしまいます。結果として光線は，目標とした点よりも"床"に近い点に到達することになるのです。船内の宇宙飛行士にもそのように見えます——発射された光線は，目標とした点よりも"床"に近い点に当たるのです。つまり宇宙飛行士にとっては，光線はカーブを描いて床のほうに"落下"していくわけです。そればかりか，飛行士にとっては幾何学もおかしくなってしまいます。3本の光線により形成された3角形の内角の和が180度にならず，円周の長さが$2\pi r$にならないのです。

さて，ここからが重要なポイントであります。われわれはいま，加速されている座標系においては，物体が"落下"するだけでなく，光線もカーブを描いて"床"に向かって"落下"することを知りました。でありますから等価原理に照らして，光線は"重力"によって曲げられると結論してもよいのではないでしょうか。

重力場内での光線の曲率を知るには，加速する宇宙船内で光線がどれくらい曲げられるかを考えればよろしい。宇宙船の壁から壁までの距離を$l$とすると，光がその距離をよこぎるのにかかる時間$t$は次の式で与えられます。

$$t = \frac{l}{c} \qquad (5)$$

加速度$g$でスピードを上げている宇宙船は，この時間内に距離$L$を移動します。これは初等力学により次の式で与えられます。

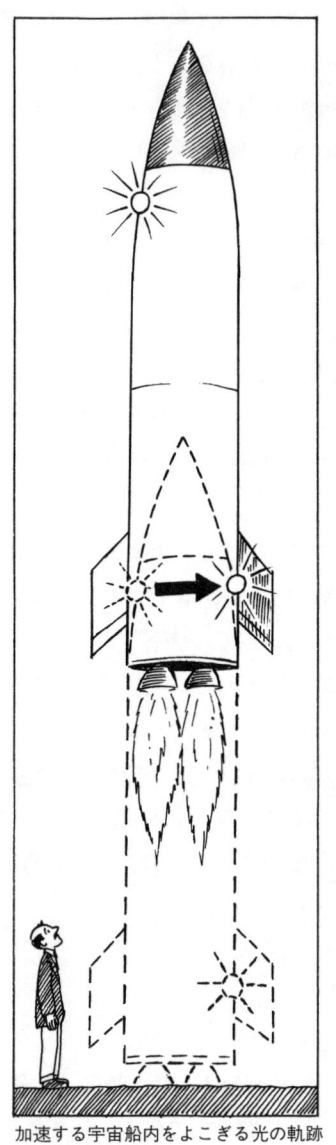

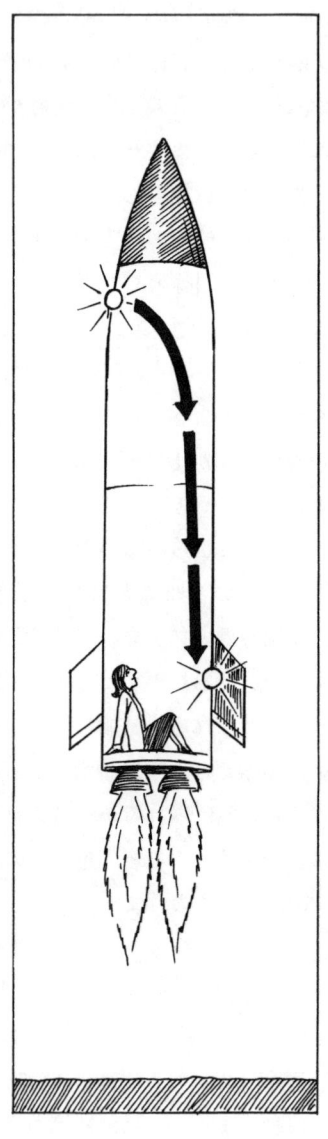

加速する宇宙船内をよこぎる光の軌跡

$$L=\frac{1}{2}gt^2=\frac{1}{2}g\frac{l^2}{c^2} \qquad (6)$$

ゆえに光線の方向の変化を表す角度は,

$$\phi=\frac{L}{l}=\frac{1}{2}gl/c^2 \qquad (7)$$

となります。ここで角度の単位は,ラジアンであります(1ラジアンはおよそ57度です)。光が重力場内を進む距離 $l$ が長くなればなるほど,向きの変化を表す角度も大きくなることがおわかりいただけるでしょう。ここではもちろん,宇宙船の加速度 $g$ は重力加速度として解釈されなければなりません。この講堂をよこぎるように光線を発射したとすると,$l$ はおよそ10メートルとなるでしょう。地球表面の引力の加速度 $g$ は9.81毎秒毎秒メートルで,光の速度は $c=3\times10^8$ 毎秒メートルですから,

$$c=3\times10^8\ m/s$$
$$\phi=\frac{1}{2}(9.81\times10)/(3\times10^8)^2=5\times10^{-16}\ \text{ラジアン}$$
$$=10^{-10}\ \text{秒} \qquad (8)$$

となります。

 ですから,このような条件下では,光の経路が曲がったかどうかをはっきり観測するのはたいへんむずかしいことがわかります。しかしながら,太陽の表面近くでは,$g$ は270毎秒毎秒メートルにもなりますし,太陽の重力場内を進む距離もたいへん大きくなります。精密な計算によりますと,太陽の表面近くを通過する光線は,

1.75秒だけ曲がるはずです。この値は実に、皆既日食の際に太陽の近くに見える星の見かけの位置と、太陽が近くにないときのそれらの星の位置との差に一致するのであります。実際には、"クェーサー"と呼ばれる天体から放射される強力な電波を用いた天文観測法の発展により、日食を待つ必要もなくなりました。クェーサーから放射され、太陽の表面近くを通過した電波が、日中でもなんなく観測できるようになったのです。クェーサーの観測は、光の曲がりに関するもっとも精密なデータを与えてくれます。

そのようなわけで、加速された系における光の曲がりぐあいは、まさに重力場でのそれに一致するということが言えるわけであります。では、回転盤上の観測者Bにより発見されたもうひとつの不可思議な作用——すなわち、回転盤の縁に置かれた時計が遅れるという現象についてはどうでしょう。重力場で観測者から離れたところにある時計も同様に遅れると考えていいのでしょうか。別の言い方をすれば、加速度の作用と重力の作用とは似ているだけでなく、まったく同じなのだろうかということです。

この疑問に答えるためには、直接的な実験を行うしかありません。そして実際それによって、重力場が時間に影響を及ぼすことが証明されるのです。加速度運動と重力場が同等であるということから予想される作用は、非常に小さなものでしかありません。科学者たちが特別な関心をもってその作用を探すようになって、ようやく発見されたほどなのですから。

さきほどの回転盤を例にとれば、予想される時計の遅れの度合をおおまかに算出することができます。初等力学により、中心から距離 $r$ にある単位質量の物体に働く遠心力は、次の公式で与えられます。

$$F = r\omega^2 \qquad (9)$$

ここで $\omega$ は,回転盤の一様な角速度を表します。単位質量の物体を中心から回転盤の縁まで動かすあいだにこの力によりなされる仕事は,

$$W = \frac{1}{2}R^2\omega^2 \qquad (10)$$

で与えられます。ここで $R$ は回転盤の半径であります。

　さきほどお話しした等価原理にしたがえば,$F$ を回転盤上の重力,$W$ を中心と縁とのあいだの重力ポテンシャルの差と考えねばなりません。

　さて,前回の講演でお話ししましたが,速度 $v$ で運動している時計の遅れ方は,

$$\sqrt{\left(1 - \frac{v^2}{c^2}\right)}$$

という因子で与えられることを思い出してください。この式は次のように近似できます。

$$1 - \frac{1}{2}\frac{v^2}{c^2} + \cdots$$

もし $v$ が $c$ にくらべて小さければ,以下の項を無視することができます。角速度の定義より $v = R\omega$ でありますから"遅れの因子"は,

$$1-\frac{1}{2}\left(\frac{R\omega}{c}\right)^2=1-\frac{W}{c^2} \qquad (11)$$

となって，時計の遅れ方が，時計の位置における重力ポテンシャルの差によって表されます。

ですから，ひとつの時計をエッフェル塔（高さ300メートル）のそばの地面に置き，もうひとつを頂上に置いたとしますと，2つの時計のあいだのポテンシャルの差はたいへん小さいので，地上に置いた時計はわずかに 0.99999999999997 という因子だけゆっくりと進むことになります。

R・V・パウンドとG・A・レブカにより行われた実験では，高さ22.5メートルの塔の上下に設置された原子時計の進み方に違いのあることが検出され，このわずかな作用が現実にあることが確認されました。この作用が存在することは，飛行機に積み込まれた原子時計と地上のそれとの進み方を比較することによっても示されています。理論的に導かれた値と観測値とを一致させるためには，飛行機の運動により引き起こされる時間の伸び（特殊相対性）だけでなく，重力ポテンシャルの差による地上の時計の遅れをも考慮しなければなりません。

しかしながら，太陽のように非常に大きな重力場を考えますと，その影響もかなり大きなものになります。地球の表面と太陽の表面とのあいだの重力ポテンシャルの差ははるかに大きいため，遅れの因子は 0.9999995 という大きな値になります。これほど大きな値になれば測定するのも容易ですし，実際，重力による時計の遅れというアイディアが最初に検証されたのはこの実験によってでした。もちろん，太陽の表面に時計を置いてその動きを観察することなど

できません。物理学者はもっとよい方法を知っているのです。分光器を用いると，太陽の表面にあるさまざまな原子の振動周期を観測することができます。そして，それと同じ元素を実験室でブンゼンバーナーの炎の中に入れて測った原子の振動周期と比較するのです。太陽の表面における原子の振動は式（11）で与えられる因子だけ遅くなり，結果としてその原子が発する光は，地球上の原子が発する光よりも振動がいくらか遅くなるはずです。つまり，スペクトルの赤い方へと移動しているはずなのです。この重力"赤方偏移"は，太陽や他のいくつかの星のスペクトルで実際に見つかっておりまして，その値は理論式から得られる値と一致しております。このことから，太陽表面上での出来事は，重力ポテンシャルの違いにより，地球の表面上での出来事よりもいくらかゆっくりと進行することが証明されたのであります。

このような観測結果から，加速度の作用と重力の作用とは等価であることが示されました。ではこれを念頭において，もう一度曲がった空間の話に戻ることにいたしましょう。

さて，覚えておいでのことと思いますが，加速している座標系の幾何学は，ユークリッド幾何学とは異なり，そのような空間は曲がっていると考えなければならないのでした。あらゆる重力場は，加速している座標系に等価なのですから，重力場の存在する空間はすべて曲がっているともいえるわけであります。あるいは一歩すすめて，"重力場とは，空間が曲がっていることの物理的現れである"と言ってもよいでしょう。

重力は質量のあるところに発生します。ですから，空間の各点における曲率は質量の分布によって決められ，重い物体のそばでもっとも大きくなるはずです。曲がった空間の性質や，曲率がどのよう

に質量の分布に依存するか説明する複雑な数学の話は割愛しますが,空間の曲率は1個の数で決まるのではなく,10個の数で決まるのだということだけは申し上げておきたいと思います。その10個の数というのは,いわゆる重力ポテンシャル $g_{\mu\nu}$ の成分でありまして,さきほど式(10)の $W$ で表した古典物理学における重力ポテンシャルを一般化したものであります。これに対応して,それぞれの点における曲率は, $R_{\mu\nu}$ で表される10個の曲率半径によって表されるのが普通です。それらの曲率半径は,つぎのアインシュタインの基礎方程式によって物質分布と結びつけられます。

$$R_{\mu\nu}-\frac{1}{2}g_{\mu\nu}R=-8\pi GT_{\mu\nu} \qquad (12)$$

ここで $R$ は,また別の種類の曲率でありまして,曲率が生じる原因となる $T_{\mu\nu}$ という項は,密度,速度,それに質量から生じる重力場の性質によって決まる量です。また, $G$ はおなじみの重力定数であります。

この式が成り立っていることは,たとえば水星の運動の研究などにより証明されております。水星は太陽にもっとも近い惑星でありまして,その軌道はアインシュタインの式の影響をもっとも受けやすいのであります。水星の軌道の近日点——つまりその楕円軌道上でもっとも太陽に近づく点——は,空間内の一点にはとどまらず,太陽との位置関係に応じて毎回規則的に移動しております。この歳差運動は,他の惑星の重力場および水星の運動による特殊相対論的な質量の増加などによるものと考えられています。しかしその運動は角度にして100年あたり43秒だけ理論との食い違いがありまして,それをニュートンの引力の法則で説明することはできません。

ところが一般相対性理論を使えば，この食い違いをぴたりと説明できるのです。

この観測結果や，今回の講演でお話ししました他の実験結果から判断して，この宇宙でわれわれが目にすることをもっともうまく説明する重力理論は一般相対性理論であるということが言えるのであります。

今回の講演の最後に，公式(12)から導かれる興味深い結論をもう2つばかりご紹介いたしましょう。

この宇宙には質量が均一にばらまかれていると考えてみましょう。つまり，星や銀河や銀河団が均一にばらまかれていると考えるのです。すると，個々の星や銀河などの近くでところどころ曲率が大きくなるのは別にして，宇宙には，質量全体としての効果から生じる全体としての曲率があると考えなければなりません。要するに，大きな距離にわたって空間がゆったりと曲がっていると考えられるのです。数学的にはいろいろな解が存在しますが，そのうちのいくつかは，空間をどこまでも進んで行けば，しまいには元の場所に戻るような空間，したがって有限の体積をもつ空間に対応します――おおよその感じとしては，球のようなものと考えていただければよいでしょう。また別の解は，曲がってはいるが，閉じるほどには曲がっていない空間に対応しています。そのような空間は無限に広がり，どこまで行っても空間の端というものはありません――つまりこの講演の最初にお話しした，鞍状の面のような空間であります。

公式(12)から導かれる重要な結論の2つ目は，そのような曲がった空間は，膨張または収縮していなければならないということです。これは物理的には，空間を満たしている物体（銀河団など）が

たがいに遠ざかるか,あるいは逆にたがいに近づいていることを意味します。さらに,体積が有限の閉じた空間においては,膨張の次には収縮が起こるということを示すことができます。そして,その次にまた膨張が起こり,そのまた次に収縮が起こる可能性もあるのです——ここから出てくるのが,いわゆる振動する宇宙というアイディアです。一方,無限に膨張する"鞍状"の空間は,永遠に膨張をつづけることになります。

　こうしたさまざまな数学的可能性のうち,われわれの生活する宇宙空間はいったいどれに対応しているのかという問題は,現在も活発に議論されている問題であります。この問題を解決するためには,銀河団の運動を,減速のペースまで含めて観測するしかないのかもしれません。そのためには宇宙に存在するすべての質量を考えに入れ,それによる膨張速度の減衰がどれほどになるかを計算することになりましょう。しかしこれまでのところ,天文学的に確実な証拠は得られておりません。この宇宙がいま現在膨張していることに間違いはないのですが,いつの日か収縮に転じるのかどうかという問題,つまり宇宙の大きさは有限なのか無限なのかという問題に関しては,今日なお,はっきりとした結論は出ていないのであります。

# 5
# 閉じた宇宙のトムキンス

　その日の夕方，ビーチホテルでは教授とモードがおしゃべりに花を咲かせていた。宇宙論かと思えば芸術論と，2人は2つの話題を自在に行き来していた。トムキンスもできるかぎり会話に加わろうとはしたのだが，ほとんど聞き役にまわっていた。それでも愉しかった。彼はモードに魅力を感じていた。このような女性にはこれまで出会ったことがなかったのだ。しかしいつしか眠気をもよおしたトムキンスは，おいとまして自分の部屋に引き上げることにした。階段を上がって部屋に戻ると，彼はさっさとパジャマに着替えてベッドに転がりこみ，毛布にくるまった。脳細胞は疲れはて，あらゆるものがまぜこぜになっていた。

　ベッドに横たわっていると，ひとつのイメージが繰り返し頭に浮かんだ。トムキンスの好奇心をかきたてる宇宙論のひとつ，閉じた宇宙の話だった。北極から出発してまっすぐに行くと南極にたどりつくという，あれだ。少なくともその宇宙は，大きさが有限であるらしい（トムキンスには，無限の大きさをもつ開かれた宇宙という

のがイメージできなかった)。なるほど教授は，宇宙の密度が臨界値になっているという証拠を知っているようだった。もしそうなら，宇宙をどこまでも進んでゆくと元いた場所に戻ってしまうという，奇妙な旅をすることもないだろうし，いまは膨張している宇宙がいずれ収縮に転じ，しまいにはビッグクランチを起こすこともないのだろう。しかし，教授が間違っているかもしれないではないか。宇宙に予想以上にたくさんのダークマターがあったとしたら？ それに，それに……。

急に寝心地が悪くなり，トムキンスの思考は中断された。スプリングの効いたベッドの上ではなく，何か硬いものの上に寝ているような妙な感じがする。毛布から顔を出し，あたりを窺ってみた。するとなんとしたことか，トムキンスは屋外の冷たい岩の上に横たわっているではないか。ホテルが消えてしまったのだ！

岩肌には緑色の苔がむし，岩の割れ目のところどころに草むらができている。目の前の空間はうすぼんやりと明るく，ひどくほこりっぽい。いいや，映画で見たことのあるアメリカ中西部の砂嵐でもこれほどひどくはなかったはずだ。トムキンスは砂ぼこりを吸い込まないように，ハンカチをマスクのように結んだ。

しかしあたりには，砂ぼこりよりも危険なものがあった。彼の頭よりも大きな岩が，ときどきびゅーんと飛んできては，トムキンスのそばの地面にぶちあたるのだ。さらに，直径10メートルもあろうかと思われる岩が向こうの方を飛んでいるのさえ見えた。

もうひとつ不思議なのは，高い場所にいるようなのに，遠くを眺めても地平線が見えないことだった。トムキンスは，あたりを少し探検してみることにした。そうして岩の表面を這いはじめると，岩の表面がやけに鋭く曲がりこんでいることに気づき，落ちないよう

にと岩の出っ張りにしっかりとしがみついた。そうして這い進むうち、トムキンスはおかしなことに気づいた。自分は、やけに鋭く曲がりこんだ岩の表面を這い進んでいる。あまりに急勾配なので、あとに残してきた毛布も見えないほどだ。ところが下に落ちてしまう気配がない。岩の表面にしっかりと吸い寄せられているのだ。いくらか大胆になったトムキンスは、さらに先を目指した。そのうちに彼は、180度ほども這ってきたにちがいないと考えた。つまり出発した地点の"真下"にいるということだ。それなのに、あたりをつつむ砂ぼこりの空間に落ちてしまう気配がない。出発した場所から考えれば、自分はさかさまになっているはずなのだ。そのとき、トムキンスはあることに気がついた——この岩は、何にも支えられていないらしい、と。これは惑星なのだ！ さっき向こうの方を飛んでいた大岩と同じ、小さな惑星なのだ！

その瞬間、誰かの足にぶつかりそうになった。それはなんと、教授の足だった。教授はそこに立って、夢中になって手帳になにかを書きとめている。

「おや、トムキンスさんではないですか。ここで何をなさっておいでです？ 探し物でも？」教授はいつものように落ち着いたものだ。

トムキンスは地面にへばりついているのが恥ずかしくなり、用心しながら立ち上がってみた。落ちてしまうでも、空中にさまよい出るでもないことがわかったトムキンスは、ほっと一息ついた。どうやら事のしだいがわかりかけてきた。そういえば学校時代に、地球は太陽のまわりを回っている丸くて大きな岩なのだと教わったことがあった。あらゆるものが地球の中心に向かって引き寄せられ、どこに立っていたとしても"落っこちる"心配はないのである。そし

なんだか寝心地が悪いぞ

ていま彼は，この新しい"惑星"の中心に向かってしっかりと引き寄せられているのだ。住人がたった2人という，ちっぽけな惑星。
「こんばんは」トムキンスはやっと口を開いた。「ここで教授にお会いするとは，心強いかぎりです」

教授は手帳から視線をあげて答えた。
「ここでは"こんばんは"などとは言わんのですよ。そもそも太陽がないのですから」そう言うとまた，手帳に目を落とした。

トムキンスはどうしていいかわからなくなった。全宇宙でたったひとりの人間に会えたと思ったら，なにやら忙しそうにしていて相手にしてもらえないのだから。そのとき小さな隕石が飛んできて，彼に救いの手を差しのべた。隕石が音を立てて教授の手帳に当たり，吹き飛ばしてしまったのだ。手帳は彼らの惑星を離れて宇宙空間に飛んでいってしまった。
「なんてことだ」トムキンスが声をあげた。「大事なものでなければいいんですが。この程度の重力では，もう引き戻せないでしょう」そう言ううちにも手帳はさらに遠ざかり，小さな点になってしまった。
「心配はいりません」教授が答えた。「なぜかというと，われわれが今いるこの空間は大きさが無限ではないのですよ。ええ，もちろん学校で，宇宙の大きさには限りがないということは習ったでしょう。それに平行線は絶対に交わらないこともね。しかしそれは，いまわれわれがいる宇宙には当てはまらないのです。普通の宇宙というのはもちろん，非常に大きなものです。現時点で直径およそ100,000,000,000,000,000,000,000キロメートルくらいの大きさがあります。まあ，無限といってもいい大きさでしょうな。もしそこで手帳を失くしたとすると，それが手元に戻ってくるのには想像

を絶する長い時間がかかるでしょう——まあ，その宇宙が閉じた宇宙だと考えればですが。ところがここでは状況がいささか異なるのです。手帳が吹き飛ばされる直前に計算したところによると，この宇宙の直径は 10 キロメートルほどしかないのですよ。それでも膨張してはいるようですが。ですから 30 分もかからずに，手帳は戻ってくるでしょう」

「手帳があの奇妙な旅をするとおっしゃるんですか？　まっすぐ進んでいるのに元にもどってくると？　先日おっしゃった，北極を出発して……」

「南極に到着するという話ですな？　その通りです。まさにそれと同じことがわたしの手帳に起こるのです。隕石に当たって軌道を逸らされなければの話ですが」

「この小さな惑星の重力とは関係ないのですか？」トムキンスが尋ねた。

「ええ，まったく関係ありません。ここの重力ということで言えば，手帳は重力をふりきって宇宙に飛び出してしまったのです。さあ，この双眼鏡で手帳を見てごらんなさい」

　双眼鏡を覗きこむと，砂ぼこりでもうろうとした視界のかなたに教授の手帳が飛び去っていくのが確認できた。手帳を含むあらゆる物体が，遥かかなたで赤っぽく見えることにトムキンスは驚かされた。しかしそれだけではなかった。

「手帳がこちらに向かってきていますよ！」トムキンスが興奮して叫んだ。「どんどん大きくなってきます！」

「そんなはずはありませんよ。まだまだ遠ざかっているはずです。ちょっと双眼鏡をかしてごらんなさい」教授は双眼鏡を受け取ると，目を凝らして覗きこんだ。「ああ，やはり遠ざかっています。

まるで戻ってきているかのように大きくなって見えるのは、閉じた球形空間の特殊な集光作用のせいですな」
　教授は双眼鏡を顔から離し、白髪まじりの頭に手をやった。
「どう説明したらいいでしょうね……そうだ、こう考えてみてください。水平方向に向かう光線はつねに地球の表面に沿って進むと考えるのです。大気による屈折のため、とでもしておきましょうか。そのような状況で、長距離ランナーがわれわれから遠ざかっていくとします。強力な双眼鏡があれば、彼がどれほど遠くに行こうとずっとその姿を見ることができるはずです。さて、地球の表面でまっすぐな線といえば子午線ですが、子午線は一方の極から広がり、赤道を越えるともう一方の極に向かってまとまっていきますね。もしも光線が子午線に沿って進むとしたら、どちらか一方の極にいるあなたからランナーの姿は、赤道に着くまで少しずつ小さくなって見えるでしょう。しかし赤道を越えると彼の姿は少しずつ大きくなってくるはずです。あなたには彼が戻ってくるかのように見えるでしょう、後向きにではありますがね。そしてランナーがもう一方の極に着くと、彼の姿はまるであなたの脇に立っているかのように大きく見えるはずです。しかしもちろん、彼に触れることはできません。球面鏡の像に触れられないのと同じことですな」
「さて」教授はつづけた。「2次元的に曲がった地球の表面を進む光線のこのふるまいから、われわれが今いる、この奇妙に曲がった3次元空間の中で光線がどんなふるまいをするか考えてみましょう。実際、手帳の像はそろそろ目の前にくるはずですぞ」
　教授がそう言ったとき、手帳の像はわずか数メートル先にあり、近づいてきているように見えた。もう双眼鏡が必要ないほどに大きく見える。しかし奇妙なことにその輪郭はぼやけて色あせており、

表紙になんと書かれているのかも読み取れない。手帳全体が，ピントはずれで現像不足の写真のように見えた。

「いま見えているのは手帳の像であって，本物が目の前にあるわけではないのです」教授が説明してくれた。「この宇宙の半分を旅してきた光が，ひどく歪（ゆが）められていることがわかるでしょう。それに，手帳の向こうに小さな惑星がすけて見えるのもおわかりでしょう」

トムキンスは手をのばして手帳をつかもうとしたが，なんの手応えもなくそれを突き抜けてしまった。

「それは無理ですな。手帳そのものはいま，この宇宙の"反対側"の極の近くにあるのですから。ここに見えるのはたんなる像なのです。そしてその像は，実際には2つあります。2つめの像はあなたのすぐ後ろにありますが，2つの像が重なった瞬間，本物の手帳はきっかり反対側の極にあるのです」

トムキンスは教授の話を聞いてはいなかった。彼は初等光学で，凸面鏡や凹面鏡あるいはレンズを使うと，物体の像はどのように結んだかを思い出そうと一所懸命だったのだ。しかしとうとうそれを諦（あきら）めたころには，2つの像は反対の方向に遠ざかりつつあった。

「それで，こうした奇妙な現象はすべて，空間に存在する物質のせいなのですね？」われに返ったトムキンスが尋ねた。

「その通りです。われわれが立っているこの小さな惑星は，このあたりの空間を曲げております。そのおかげでわれわれはこの表面上に繋（つな）ぎ止められておるわけですな。しかしそれだけではなく，この惑星の引力はこの宇宙のすべての質量とともに全体としての曲率を生み出し，さきほどのレンズ作用を引き起こしているのです。じつを言えば，一般相対性理論の話をするときは，このような引っ張る

"力"の話はやめて，曲率でものごとを考えるのですよ」
「では宇宙に何も物質がなかったとしたら，学校で教わった幾何学も成り立つし，平行線は交わらないのですね？」
「ええ。しかしそれを確かめる人間もいなくなるわけですな」

そうこうするうちに，手帳の像はふたたび元の方向に遠ざかり，そしてふたたび近づきはじめていた。しかし今回は前よりもずっと不明瞭で，それが手帳かどうかもはっきりしないほどだ。教授によればこれは，今回の光が宇宙を一回りしてきたせいだという。
「もしもわれわれの惑星の反対側を訪ねたとしたら」教授はそう言うとトムキンスの手をとり，数メートル歩いた。そこはもう，惑星の反対側である。
「どうです？」と言って，教授は指さした。「わかったでしょう？ わたしの手帳が帰ってきました。いままさに宇宙一周の旅を終えようとしているのです」勝ち誇ったような笑みを浮かべると，教授は腕をのばして手帳をつかみ，ポケットにしまいこんだ。
「この宇宙の困ったところは，砂ぼこりや石がたくさん飛び交っているため世界を見通せないことです。われわれの周囲に形のはっきりしない影があるのに気づいたでしょうか？ おそらくあれは，われわれや周囲の物体の像なのです。ただ，砂ぼこりや空間が不規則に曲がっているせいでひどく歪められていますから，どれがどれかもわからんのですな」
「同じことが普通の宇宙でも起こるのでしょうか？ わたしたちが慣れ親しんでいるあの宇宙でも」トムキンスが尋ねた。
「おそらく起こらんでしょうな。宇宙の密度が臨界値に近いというわれわれの考えが当たっていればですが。でも……」教授は目を輝かせている。「こんなことをあれこれと考えるのは愉しいでしょ

う？」

　2人が話しているうちに、空のようすはだいぶ変わってきていた。砂ぼこりが薄らいできたようだ。トムキンスはハンカチのマスクをとった。飛び交う石はずいぶんとまばらになって、岩に突き当たる勢いも衰えた。それだけでなく、遠くを飛んでいた大岩もさらに遠ざかり、ほとんど見えないほど小さくなっていた。

「だいぶ過ごしやすい環境になりましたね。でも、ずいぶん冷えこんできたようです」トムキンスは毛布を取り上げ、身体に巻きつけた。そして教授の顔を見て尋ねた。

「どうしてまわりの環境が変わったのか、説明していただけますか？」

「お安いご用です。われわれのいるこの小宇宙は膨張しています。われわれがここに来たときから考えれば、直径にして10キロメートルから200キロメートルぐらいは大きくなっているでしょう。わたしはここに来てすぐに、遠くのものが赤く見えることから、空間が膨張していることに気づいたのですよ」

「ああ、そういえば、遠くのものはすべて赤っぽく見えました。でも、なぜそれで膨張しているとわかるのですか？」

「簡単なことですよ。近づいてくる救急車のサイレンの音は高く聞こえるのに、遠ざかるときには音が低く聞こえるのを経験したことがあるでしょう。あれはいわゆるドップラー効果といいまして、音の高さ、つまり振動数は、音を発するものの速度によって変わるということです。全宇宙が膨張しているなら、あらゆる物体は観測者からの距離に比例した速度で遠ざかっていきます。ですから、そのような物体から発された光の振動数は低くなり、光学的には赤みがかって見えることになるのです。遠い物体ほど高速で遠ざかります

から，より赤く見えるわけですな。われわれの故郷である普通の宇宙もまた膨張していますから，この赤くなり具合——"宇宙赤方偏移"というのですが——を観測して，遠くの銀河までの距離を概算することができます。たとえば一番近い銀河のひとつ，アンドロメダ星雲の赤くなり具合は 0.05 パーセントでして，これは光が 80 万年かかって達する距離に相当します。しかし，現在の望遠鏡で見えるもっとも遠くの銀河はおよそ 500 パーセントも赤みがかっていて，これを距離に換算しますとおよそ 10 億光年になります。"光年"というのは読んで字のごとく，光が 1 年かかって達する距離のことですな。10 億光年もの距離からやってくる光は，宇宙が現在の 5 分の 1 以下の大きさのときに生まれたものです。われわれの宇宙の現在の膨張率は 1 年に 0.00000001 パーセントほどですが，それにくらべてこの小宇宙の膨張率は格段に大きく，1 分間に 1 パーセントの割合で膨張しています」

「この宇宙の膨張はいつか止まるのでしょうか？」トムキンスが尋ねた。

「もちろん止まりますとも。前に講演で話しましたが，このような閉じた宇宙の膨張は必ずいつか止まることになっておるのです。そして次に収縮がはじまります。ここのように小さな宇宙の膨張は，せいぜい 2 時間ほどで止まるでしょう」

「2 時間ですか」トムキンスが繰り返した。「しかし，ということは，もうじき……」トムキンスにもそれがどういうことかわかったのだ。

「そうです。この宇宙はいま，最大限に膨れあがっておるのです。ですからこんなに寒くなったのですな」

全宇宙を満たす熱放射は，いまや非常に大きな体積に広がってい

る。そのため、2人のいる小惑星にもごくわずかの熱しかやってこないのだ。温度はほとんど氷点まで下がっている。
「幸いにも、もともとかなりの放射があったので、これほど膨張してもいくらかの熱がやってくるのです。そうでなければ、非常に温度が下がって周囲の空気も液化し、われわれは凍死していたかもしれませんな」
　ふたたび熱心に双眼鏡を覗きこんでいた教授が声をあげた。
「やっぱりそうだ。すでに収縮がはじまっております。またじきに暖かくなりますぞ」
　双眼鏡を手渡されたトムキンスも、空を観察してみた。遠くの物体の色がすべて、赤から紫へと変わっていた。教授によるとこれは、すべての天体が彼らに向かって動きだしたためだという。そのときトムキンスは、近づいてくる救急車のサイレンの音が高く聞こえるという話を思い出していた。
「また暖かくなるのは大歓迎です」トムキンスは凍える手をこすりあわせながら言った。しかしその瞬間、トムキンスの頭にある考えが浮かび、不安な面持ちで教授に尋ねた。
「宇宙が収縮をはじめたのなら、さっき飛びまわっていたような大岩が集まってきて、じきにわたしたちを圧し潰してしまうんじゃないでしょうか？」
「お気づきのようですな」教授は落ち着きはらっている。「でもその心配はいらないのです。考えてもごらんなさい、そうなる前に温度が非常に高くなって、われわれは蒸発してしまうでしょう。とにかく横になって、できるだけ長く観察することですな」
「そんな……パジャマ姿でさえ、もう暑くてたまりません……」トムキンスは悲しげな声をあげた。

暑さはじきに耐えられないほどになってきた。砂ぼこりは密度を増し，トムキンスの身体をつつみこむ。息ができないほどだ。まるで布団蒸しにされたような暑苦しさから逃れようともがいたトムキンスの頭が，とつぜん心地よい冷気の中に飛び出した。ほっと一息つくトムキンス。
「いったいどうなったのですか？」教授に呼びかけたが，応えがない。そのかわりに夜明けの薄明かりの中に浮かび上がったのは，ホテルの寝室だった。トムキンスは安堵のため息をついて，毛布から這い出した。苦しい夢の跡のように，毛布はくしゃくしゃになっていた。
「よかった……この宇宙はまだ膨張をつづけているんだ」安心したトムキンスは洗面所に向かった。
「もう少しで湯気のように消えてなくなるところだった」熱い湯気のたつタオルを顔に当て，トムキンスはひとりつぶやいた。

# 6
# 宇宙のオペラ

　休暇の最後の晩となった。トムキンスとモードは波打ち際で，最後の散策を愉しんでいた。はじめて顔を合わせてからまだ1週間しかたっていないとは信じられない。内気なトムキンスは，最初のころこそモードと言葉を交わすのにどぎまぎしていたが，今ではおたがいの理解も深まり，会話もはずむようになっていた。モードは実に興味の幅が広かった。そしてトムキンスは，自分が彼女といっしょにいて愉しいだけでなく，モードも愉しんでくれているようなのがうれしかった。トムキンスにはその理由が思い浮かばなかったが，たぶん，いつか教授の口から漏れたことと関係があるのかもしれない——モードは，将来を嘱望されるエリート実業家との縁談が流れたせいで，ひどく落ち込んでいたというのだ。モードはトムキンスの平凡な，しかし堅実なところに安らぎを感じているのかもしれない。

「きみのおとうさんが，ぼくにまったく新しい世界を開いてくれた。世界がこんなにも驚きに満ちていることに気づかない人間が大

勢いるなんて，なんだか寂しい話だね」天の川を見上げながらそう言うと，トムキンスは小石を手にいっぱい拾い上げ，海面から顔をのぞかせている岩に向かって投げた。それからモードをちらりと見て，言った。
「きみのスケッチを見てみたいんだけど」
「言ったでしょ？　人に見せるようなものじゃないって。わたしのスケッチは，アイディアを描きとめるものなの。たんなるアイディアなのよ。それだけ。いろんな場所の"感じ"を描きとめておくの。他人が見てもなんだかわからないと思うわ。アトリエに戻って手を加えてはじめて，なんらかの意味をもつの。それに，場合によってはまったく形にならないこともあるし」
「それじゃ，いつかきみのアトリエにお邪魔してもいいかな？」
「もちろんよ。来てくれなきゃ，がっかりだわ」
　そうこうするうちに，2人はホテルに戻ってきた。トムキンスが飲み物を注文し，2人は海を見渡せるパティオに腰を下ろした。この景色も今夜で見納めだ。
「おとうさんから聞いたけど，きみは物理学の道に進もうとしていた時期があったんだって？」
「あら，それは違うわよ」モードが笑って答えた。「願望ね。父の」
「うん。でもきみは，物理が得意だったんだろう？」
「まあね」モードが肩をすくめた。
「じゃ，なぜ……」
「なぜ……って」モードは少し考えて，「わからないわ。たぶん，反抗したかったんじゃないかしら。それに，あのころは女の子が科学に興味をもつなんて普通じゃなかったのよ。生物学ならともかく，物理学は……ね。まわりの目やなにかを気にしたのかもしれな

いわ。でも今は違う。少なくとも，女の子が物理学をやってもそれほどへんじゃないもの」
「今でも物理に詳しいのはなぜ？」
「詳しいだなんて。ほとんど忘れちゃってるわ，天文学と宇宙論以外はね。この2つについては今も勉強を続けているの。勉強していると，思い出すわ……」モードは気をもたせるようにトムキンスの顔を見た。
「思い出すって，何を？」
「いっしょにオペラを観にいきましょうか」
「オペラ？　どういうこと？」
「ふふ，本物のオペラじゃなくって……素人の書いたオペラ。ずいぶん前に，父の研究室にいた人が書いたの。ビッグバン宇宙論と定常宇宙論との対決を描いたオペラ」
「ていじょう？　なんの話？」
「定常宇宙論は，この宇宙がビッグバンによってはじまったという考えを否定しているの」
「でもそれは事実なんだろう？　きみのおとうさんが宇宙の膨張について詳しく話してくれたよ。ビッグバンの結果，すべての銀河が今でもおたがいに遠ざかっているって」
「でも，それだけではなんの証明にもならないのよ。昔，フレッド・ホイル，ハーマン・ボンディ，トミー・ゴールドという3人の物理学者がいて，この宇宙はつねに新しくなっているという説を唱えたの。銀河が遠ざかっていくのと同じ速度で，それまで銀河のあった空間に新しい物体が創られるというのよ。それらが集まってまた新たな星や銀河を形作り，それらが飛び去っていったあとの空間にはまた新しい物質が創られ……と続くわけ」

「じゃ，最初の最初はどうやってはじまったんだい？」トムキンスは興味をそそられたようだ。

「はじまらなかったのよ。最初なんてないの，はじまりなんてなかったの。宇宙はつねにこのような状態にあったし，これからもずっとそうだというのよ。はじまりも終わりもない世界。だから定常宇宙論と呼ばれているの。この世界は本質的に，いつも同じ状態だというわけ」

「へえー，面白い話だね。うん，なんかそれって，当たってるような気がする。そうじゃない？　ビッグバン理論はそういう感じがしないものねえ。ある瞬間に宇宙がはじまったのはなぜなんだろう，どうしてその瞬間でなけりゃいけないんだろう，って疑問に思うもの。ビッグバン理論って，なんかその……独断的な感じがするじゃない。でも，はじまりがないってことなら……」

「ちょっと待って。あんまり話を進めすぎないで……。定常宇宙論はもうないんだから。ドードーのように絶滅したのよ」

「なあんだ」トムキンスはがっかりだ。「どうしてさ？　定常宇宙論のどこがそんなに悪いわけ？」

　モードが答えようとしたとき，教授がホテルの玄関から出てきて，翌朝は早いぞと言った。部屋に戻ろうとするモードにトムキンスがあわてて尋ねた。

「オペラの話はどうなったの？」

「ああ，そうだったわ。土曜の午後8時に，父がいつも講演をする大講堂で。物理学科が"宇宙のオペラ"をリバイバル上演するの。定常宇宙論の50周年記念なんですって。たぶんそれは口実だろうけど，けっこう面白いのよ。そこでまた会いましょう」そう言うとモードは教授を追ってホテルに入っていった。さっと振り向い

て，トムキンスに向かってふざけるように投げキスをしながら。

　会場にはかなりの数の観客がつめかけていた。教授とモードとトムキンスが席についたころには，ほぼ満席になっていた。
「プログラムに目を通しておいた方がいいわ。じきに照明が落とされるから，急いでね。でないと誰が何の役だからわからなくなってしまうわよ」
　モードに促されてトムキンスは，入り口で手渡されたチラシにすばやく目を通した。なんとかあらすじの最後まで読んだとたん，劇場は闇に包まれ，一段高い舞台の袖の狭い空間に押しこめられた6人編成の楽団が，序曲「プレチピテヴォリッシメヴォルメンテ（可能なかぎり速く）」を奏ではじめた。観客のほとんどを占める学生たちのさかんな喝采につづき，舞台を包みこんでいた間に合わせの緞帳が引き上げられると，観客の誰もが手で目を覆った。舞台上の照明がまばゆく煌めいていたからだ。劇場全体が光の海になってしまったかと思わんばかりの強烈な照明だった。
「まぬけな舞台係が！　ヒューズが全部飛んでしまうぞ！」教授が小声で，しかし激しい口調でつぶやいた。しかしそれは杞憂に終わった。"ビッグバン"の煌めきが徐々に消えていくと，残された暗闇に激しく回転する輪転花火の光線が浮かび上がった。おそらくビッグバンのあとに形成された銀河団を表現しているのだろう。
「今度は火をつけおった！　こんな馬鹿げたことを許可すべきではなかった」教授はいきりたっている。
　モードは教授の腕をぽんと叩いて，"まぬけな舞台係"が非常の際に備えて消火器を手に，舞台の袖に待機していることを知らせた。その間，学生たちは花火大会を見る小さな子供のように感嘆の

声をあげていたが、白いカラーのついた黒い神父服を身にまとった男が登場すると、さっと静かになった。プログラムによればこの男がベルギーの天文学者ジョルジュ・ルメートル師で、膨張する宇宙、ビッグバン理論を最初に提唱した人物ということだ。彼はひどい訛(なま)りのある発音でアリアを歌いはじめた。

*ルメートルのアリアは大きな喝采を浴びた*

(威厳をもって)
おお、原初の原子、
すべてを含む原子よ、
汝(なんじ)は小さな断片になれり。
そして銀河は生まれいでぬ、
原初のエネルギーを含みて。
おお、放射性原子、
すべてを含む原子よ、
おお、宇宙の原子、
神の御業(みわざ)よ。

長き進化は告げる，
全能の仕掛け花火は，
すべて灰に帰すと。
われらは灰燼(かいじん)の上に立ち，
消えゆく太陽に向かいて，
おお，想えよ，忘るな，
輝ける起源。
おお，宇宙の原子，
神の御業よ。

ルメートル神父のアリアが終わると、観客が、とくに学生たちが大歓声をあげた。彼らはすでに一杯ひっかけているにちがいなかった。つづいて登場したのは背の高い男で、プログラムによれば、ジョージ・ガモフということである。ロシアに生まれ、のちにアメリカに渡った物理学者だ。彼は舞台中央に立って歌いはじめた。

　　（陽気に、酔っぱらったように）
　　神父さま、私たちの考えは、
　　いろんな点でよく似ています。
　　そう、宇宙はゆりかごの時代から、
　　膨らみつづけてきたのです。
　　そう、宇宙はゆりかごの時代から、
　　膨らみつづけてきたのです。

　　しかし宇宙が運動をはじめたとは、
　　私は思っておりません。
　　今にいたる道のりも、
　　私の見方は違うのです。
　　今にいたる道のりも、
　　私の見方は違うのです。

　　最初にあったのは中性子流体、
　　原初の原子ではありません。
　　それに宇宙は無限です。
　　昔から無限だったのです。
　　それに宇宙は無限です。

昔から無限だったのです。

はてしなき天空は崩れ，
ガスはしぼんで固まった。
はるかな昔――（コーラス：何十億年もむかし），
物質密度は最大になった。
はるかな昔――（コーラス：何十億年もむかし），
物質密度は最大になった。

そして宇宙は輝きに満ちた。
さあ，ここが宇宙の正念場。
ああ，光は物質に勝っていた，
リズムがメロディーに勝つように。
ああ，光は物質に勝っていた，
リズムがメロディーに勝つように。

放射はトラック1台分，
物質はスプーン1杯分，

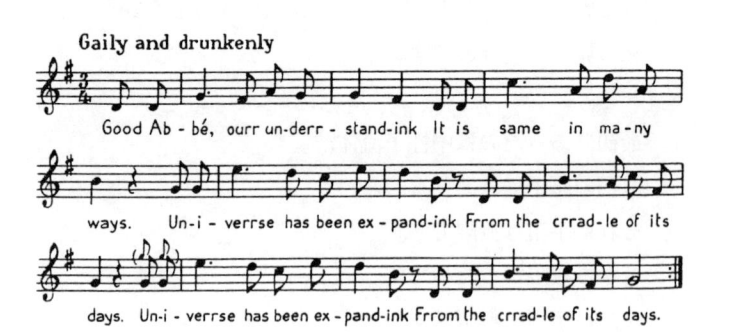

**Gaily and drunkenly**

Good Ab - bé, ourr un-derr - stand-ink It is same in ma-ny ways. Un-i - verrse has been ex - pand-ink Frrom the crrad-le of its days. Un-i - verrse has been ex - pand-ink Frrom the crrad-le of its days.

インフレーションが起こるまでは，
ああ，大いなるインフレーション。
インフレーションが起こるまでは，
ああ，大いなるインフレーション。

光はだんだん弱まった。
そして何億年も過ぎ去った。
物質には豊富な供給源，
そして光に勝ってゆく。
物質には豊富な供給源，
そして光に勝ってゆく。

そして物質は凝集した。
(コーラス：ジーンズ仮説のいうように)
巨大なガス雲に分かれ，
原始星雲を形成した。
巨大なガス雲に分かれ，
原始星雲を形成した。

原始星雲は分裂し，
闇の中に飛び散った。
そこから星が生まれ出て，
夜空は光に満たされた。
そこから星が生まれ出て，
夜空は光に満たされた。

まわるまわる銀河はまわる，
　星はいつか燃えつきる。
　われらが宇宙は希薄になって，
　冷たく暗く，生命も消える。
　われらが宇宙は希薄になって，
　冷たく暗く，生命も消える。

　つぎはフレッド・ホイルの出番だった。明るく輝く銀河のあいだから，ホイルはふいに姿を現わした。そしてポケットから輪転花火を取り出し，火をつけた。花火が回転をはじめると，彼はその生まれたばかりの銀河を誇らしげに差し上げ，アリアを歌いはじめた。

　(威厳をもって)
　神かけて，宇宙は，
　時の中に生まれしにあらず。
　それは現在，過去，未来のいずれにも在った。
　そう，ボンディ，ゴールド，私は言ったのだ。
　おお宇宙よ，永久に変わらじ。
　われらは謳う，定常宇宙を。

　古りにし銀河は，
　燃えつきて舞台を去る。
　宇宙は現在，過去，未来のいずれにも在った。
　いずれにも在った，銀河は年古りても。
　おお宇宙よ，永久に変わらじ。
　われらは謳う，定常宇宙を。

銀河は生まれる，

かくて歴史は繰り返す。

（コーラス：お気の毒さま，ルメートルよ，ガモフよ）

**Majestically**

The u-ni-verse by Hea-ven's de-cree, Was ne- - - ver formed in time gone by, Was nev-er formed in time gone by in time gone by. But is, has been has been shall ev-er be For so say Bon-di, Gold and I Stay, O Cos-mos O Cos-mos stay the same We the stea-dy state pro-claim.

すべては昔のままに，未来へとつづく。
　　　おお宇宙よ，永久に変わらじ。
　　　われらは謳う，定常宇宙を。

　しかし，ホイルの歌う「おお宇宙よ，永久に変わらじ」との感動的な賛歌にもかかわらず，小さな"銀河"のほとんどがすでに消えてしまっていることは誰の目にも明らかだった。
　そしてついにオペラがフィナーレを迎えると，すべての演者が舞台に上がり，興奮の終曲となった。

　　（ライル，ホイルに向かって）
　　　お気の毒だね，長年かけて，
　　　骨折り損とはこのことだ，
　　　私の言葉を信じなさい，
　　　定常宇宙は時代遅れさ。
　　　私の目に狂いがなけりゃ。

　　　ごらんよ，私の望遠鏡は，
　　　あなたの望みをうち砕き，
　　　あなたの教義をくずかごへ。
　　　あなたに言ってきかせよう
　　　われらの宇宙は膨張してる，
　　　日ごとに希薄になっている。

　　（ホイルが答えて）
　　　やめなさい，

ルメートルなんぞの受け売りは，
　　それともガモフに聞いたのか。
　　忘れることだ，あのろくでなし。
　　ビッグバンも一緒に忘れなさい。
　　やつらの肩もつ義理はなし。

　　聞きなさい，
　　宇宙に終わりはないのだと，
　　はじまりだってないのだと，
　　ボンディ，ゴールド，私は言うぞ，
　　いつまでだって言ってやる，
　　すだれ頭になろうとも。

（ライル，青筋を立てながら）
　　なにを言う！
　　遠い宇宙が見えないか，
　　はるかな宇宙が見えないか，
　　島宇宙がぎっしりだ！

（ボイル，沸騰する）
　　だまれ，だまれ！
　　朝な夕なに，新たに，
　　物質は生まれる。
　　宇宙の眺めは定常だ！

（ライル，つづける）

バカ言え，ホイル。
いまにその鼻，
へし折ってやろう。
そしていつかは，
わからせてやろう。

　上演が終わると，コヴェント・ガーデンで一番人気のオペラでもかくやと思われるほどの大喝采とスタンディング・オベーションが湧き起こった。しかし，間に合わせの緞帳が引っ掛かって開かなくなってしまったため，カーテンコールは行われなかった。じきに会場から観客の姿はなくなった。もちろん若い観客たちは，学生会館のバーに向かったのだ。
「モード，明日はなにか予定があるかい？」会場を出るとき，トムキンスが尋ねた。
「とくにないわ。コーヒーでも飲みにアトリエへいらっしゃる？ 11時でいかが？」

# 7
# ブラックホール，ヒート・デス，ブローランプ

「ここにちがいない」モードからもらった簡単な地図を見ながらトムキンスはつぶやいた。目の前の門に"ノートン農場"と書いてあるわけではなかったが，奥のほうにツタのからまった大きな農家が見える。トムキンスのイメージしていたものとは少し違うけれど，ともかく中に入って尋ねてみることにした。そのとき，トムキンスの目にモードの姿が飛びこんできた。屈みこんで花壇の雑草を抜いている。トムキンスはモードに声をかけ，挨拶を交わした。

「なかなか立派なところだね」トムキンスは感心して言った。「絵がこんなにお金になるとは知らなかったよ。画家ってのは屋根裏部屋みたいなところで，腹をすかしながら，芸術を追い求めるものじゃなかったの？」

それを聞いたモードはきょとんとしていたが，やがて急に笑いだした。

「ここがすべてわたしのものだとでも？ そんなわけないじゃない。ノートン一家が売りに出してからは，いろんな人が部分的に所

有しているの。わたしの家はそこよ」モードが指したのは、わりと最近建て増しされた部分だった。「さあ、入って。気楽にくつろいでね」

お湯が沸(わ)くまでのあいだに、モードが自分の家をさっと案内してくれた。狭いけれど居心地のよさそうなところだった。それから2人は居間のソファに腰を下(お)ろして、コーヒーとビスケットをいただいた。

「それで、昨夜のオペラは愉(たの)しめた？」モードが尋ねる。

「そりゃもう、最高だったよ。もちろん、意味がわからないところもあったけど、でもすごくおもしろかった。ただ、ひとつだけ……」

「なに？」

「うん、定常宇宙論がどうなってしまったのか、家に帰ってから気になって気になって……。すごく理屈に合った理論だと思うんだけど……」

「父の前ではそんなことを言わないほうがいいわね」モードは微笑(ほほえ)みながら言った。「あのオペラの上演を許可してもらうために、どれほど苦労したことか……。父は学生たちを混乱させたくなかったのよ。科学は美しいかどうかではなく、実験によって判定されるべきだって——これを言いだすと、父はすごくうるさいの。理論が美しいかどうかは関係ないのよ。実験結果がそれを否定したなら、どんなにすばらしい理論も捨てなければね」

「で、その否定的な実験結果というのは、きみがこのあいだ言っていたほどに強力なのかい？」

「もちろんよ。事実はびっくりするくらい強力にビッグバン宇宙論を支持しているわ。そもそも、この宇宙は時間の流れとともに変化

しているの。そしてその変化を"見る"ことだってできるのよ」
「変化を見るだって？」トムキンスは眉をひそめた。
「そう。光の速度は有限で、遠くの天体から光が届くまでには、それなりの時間がかかるってことは覚えているでしょ？ だから、はるかかなたの宇宙を見るということは、はるかな過去を見てるってことになるの。たとえば太陽の発する光は……」モードは窓の外に目をやりながら話をつづけた。「地球に届くのに8分かかる。ということは、わたしたちは8分前の太陽を見ていることになるわね——いま、この瞬間の太陽じゃなくて。アンドロメダ星雲のような、もっと遠くの天体に関しても同じことが言えるわ。アンドロメダ星雲の写真を見たことがあるでしょう？ どんな天文学の本にも載っているはずよ。あの星雲はおよそ100万光年の距離にあるから、本に載っている写真は100万年前のアンドロメダ星雲の姿というわけ」
「うん、それで？」
「つまりね、マーティン・ライルという人が、望遠鏡で宇宙を覗くと、遠くの宇宙ほど一定体積内に含まれる銀河の数が多いことに気づいたの。これは言いかえれば、時間をさかのぼるほど、銀河の数が増えるということよ。もう想像がついたでしょうけど、この宇宙が時間とともに膨張して希薄になっているなら、昔はもっと混み合っていたはずでしょう」
「オペラの終わりの方で、たしかそんなことを言っていたね」
「ええ。それだけではなくて、今では銀河の性質そのものが時とともに変わっていくことがわかっているの。ビッグバン直後に、銀河が形成されて今よりもずっと明るく燃えていた時期があって、そういうふるまいをする銀河は"クェーサー"と呼ばれているわ。クェ

ーサーは，はるかかなたの宇宙にしか見つからないの——つまり，はるか昔に存在し，今は存在しないということね。これもまた，定常宇宙論の考え方には合わないのよ」
「なるほど。だんだんそんな気もしてきたよ」
「まだ終わりじゃないのよ。宇宙初期の原子の存在比の話もあるの」
「原子の存在比……？」
「ビッグバンで生まれたさまざまな粒子の比率のことよ。ビッグバンの初期にはなにもかもが高温で，あらゆるものがものすごい速度で飛び交い，おたがいにぶつかりあっていたの。その時期に存在したのは，中性子や陽子といった原子核を作っている粒子と，電子，それにいくつかの基本的な素粒子だけだったのね。原子核も存在し

あらゆる天文学の本に載っている

なかった。というのは、中性子と陽子が融合して原子核ができたかと思うまもなく、またもや衝突でばらばらに破壊されてしまったからよ。その後宇宙が膨張して温度が下がると、衝突の力も弱まった。そうなってはじめて、いったん形成された原子核が生き延びられるようになったの。それが"宇宙初期の原子核合成"というわけ。そのまんまのネーミングね」

「でも、そんなことはいつまでも続かなかったわ——中性子と陽子が次々に吸収されて、原子核がどんどん大きくなるなんてことはね。それは時間との競走だったのよ。温度はどんどん下がりつづけた。そして温度が低くなりすぎると、陽子や中性子が融合して原子核を作るだけのエネルギーがなくなってしまう。それだけでなく、宇宙が膨張しているせいで物質の密度も低くなってしまうから、衝突の機会もどんどん減ってしまったの。こうした理由から核反応が起こらなくなり、重い原子核の比率がもはや変化しない状況にたどりついたわけ。その比率がフリーズアウト存在比——つまり、"締め出しが起こった時期の存在比"と呼ばれていて、最終的に形成される種々の原子の比率を決定したのよ」

「それで、面白いのはここからなんだけど、今日の宇宙の物質密度がわかれば、ある時期の宇宙がどんなようすだったか、とくに原子核合成の時期にどんなふうだったかを導き出すことができるの。それはつまり、フリーズアウト存在比を理論的に導き出せるということよ。やってみると、質量の77パーセントが水素（もっとも軽い元素）、23パーセントがヘリウム（2番目に軽い元素）、そして他の元素がごく微量含まれることがわかるのだけれど、なんとこの値が、今日の星間ガスの原子の存在比にぴたりと一致しているのよ！」

「なるほど、きみの勝ちだ。ビッグバン宇宙論の勝ちを認めるよ」トムキンスはしぶしぶ認めた。

「でも、一番説得力のある証拠をまだ出してないんだけど」モードはますます調子が出てきた。

「きみ、なんだか、おとうさんに似てきたよ」

モードはもはや、トムキンスの言うことなど聞いていない。

「それは宇宙背景放射のことなの。ビッグバンが高温だったとしたら、とても明るい火の玉みたいになるはずなのよ——核爆弾が炸裂すれば、目の眩むような閃光が飛び出すのと同じことね。問題は、ビッグバンから飛び出したその放射がどうなってしまったかよ。宇宙のどこかにあることは確かよね、ほかに行き場はないのだから。もちろん、今はもう目の眩むような閃光ではないわ、温度はだいぶ下がっているから。現在の波長は、マイクロ波ぐらいになっているはずなのよ。ガモフの計算によると、ほら昨夜登場した人よ、その波長を温度に置き換えれば、およそ7Kになるということだったの。7Kというのは、絶対零度よりも7度高いということね。で、実際、彼は正しかったのよ。電波天文学者のペンジアスとウィルソンが、1965年にビッグバンの中心部の残骸を偶然に発見したのだけれど、その温度は2.73Kだったの。これはガモフが予想した数値と非常に近いといえるわ」

トムキンスは無言で思索に耽っていた。モードが心配そうに尋ねた。

「大丈夫？　理解できた？」

トムキンスはわれに返ってうなずいた。

「うん、うん、大丈夫、よくわかったよ、ありがとう。だけど……」

「だけどなに？」

「うん，水素やヘリウムや電子やビッグバンの放射はイメージできるんだけど，その先はさっぱりなんだ。現在のこの世界はいったいどうやってできたんだろう。太陽や地球はどこから現れたんだろう。きみやぼくだって，水素とヘリウムだけでできてるわけじゃないだろう？」

「わたしに120億年の歴史を語れというわけね？ どれくらいの時間をいただけるのかしら？」

「3分ぐらいでどう？」トムキンスがそう言うと，モードは笑った。

「やってみるわ。準備はいい？」

「ちょっと待った」そう言ってトムキンスは腕時計に目をやった。「よし。さあどうぞ」

「じゃあ，いくわよ。ビッグバンの数分後に存在したのは，水素と，ヘリウムの原子核と，電子だった。30万年後になるといくらか温度が下がったので，電子は原子核と結びつけるようになり，原子が生まれ，宇宙はガスで満たされた。そのガスの密度はほぼ均一だったけれど，そうでない箇所もあったの。密度にむらがあったわけね。密度の高いところは重力も大きいから，ガスがそのまわりに凝集しはじめた。ガスが集まれば集まるほど，その部分の重力が大きくなるから，ますますまわりのガスを引き寄せる。その結果，あちこちにガス雲が生まれたの。ガス雲の内部には，小さな渦のような流れがいくつも生まれ，渦はたがいに押しあいへしあいして，温度が上がった──気体を圧縮すると，必ず温度が上がることは知っているでしょう？ そうして高温になったところで，ついに核融合がはじまり，そこから星が生まれたの。それからおよそ10億年後，

ガス雲には星がきらめき，銀河が生まれた。実を言えば，この順番は逆だった可能性もあるの。先に銀河の雲が形成され，そこから星が生まれたのではなく，星が先に生まれ，それらが集まって銀河を形成した可能性もあるのよ。この点はいまだによくわかっていないの。でもいずれにせよ，星が誕生したわけ。そして星は，核融合によってエネルギーを生み出した。核融合が起これば，エネルギーが放出されるだけでなく，重い原子核もどんどんできていくわよね。こうして，のちのち地球が生まれたり，わたしたちの身体を作ったりするのに必要な原子ができたのよ。でも恒星の核融合は，いずれ燃料切れになるわ。太陽のような中ぐらいの大きさの恒星ならおよそ100億年で燃えつきて，最期が近づくと大きく膨らんで，いわゆる"赤色巨星"になるの。赤色巨星はいずれしぼんで"白色矮星"になり，徐々に温度を下げて冷たい燃えかすになってしまう。でも，巨大な星の最期はもっと派手で，爆発しちゃうのよ。いわゆる超新星爆発ね。その爆発によって，新しい物質——重い原子核なんかが生まれるわけ。それらは星間ガスと混ざりあって凝縮し，第2世代の星になる。ここではじめて，地球のように岩でできた惑星が登場するの。第1世代の星には，そういうものはなかったわけね。それから自然選択による進化がはじまり，地球上の化学物質はあなたやわたしになった。以上，宇宙の塵から生まれたわたしたちの物語でした！」

　そしてモードはすかさず言った。
「これで終わりよ！　何分かかった？」
　トムキンスはにっこり微笑んだ。
「2分ちょいというところかな」
「上出来ね。それじゃあと1分，ブラックホールの話をするわ」

「ブラックホール？」

「ええ。ブラックホールというのは,とても大きな星が爆発した残り物なの。さっき言ったように,星が爆発すると物質を放り出したりもするんだけど,放り出さなかった分はぐしゃっとつぶれてブラックホールになるの」

「ブラックホールって,要するになんなの？ もちろん名前は知っているけど……」

「重力がものすごく強くて,なにものもそこから逃げられない——それがブラックホールの正体よ。星を作っていた物質が,つぶれて一点になるの」

「一点？ 文字通りの意味でかい？ ほんとの点？」

「ええ,点よ。星を作っていた物質がその点に集中し,まわりは想像を絶する強力な重力場に取り巻かれているの。重力があまりにも大きいので,ある距離よりも近づいたものは——光でさえも——二度と外には出られなくなる。だから黒く見えるわけね。その距離が"事象の地平線"よ。事象の地平線よりも内側に入ったら最後,中心の一点に引き寄せられてしまうのよ」

「なんてことだ」トムキンスがつぶやいた。「それで,ブラックホールの向こう側には何があるんだい？」

「向こう側？ "向こう側"はないはずよ。中心に落ち込んだ物質は,そのままそこにとどまるのだから。ああ,そういえばいろいろな仮説があって,わたしたちの宇宙とよその宇宙をつなぐトンネルのようなものがあるともいうわ。よその宇宙への出口は"ホワイトホール"になっているというけど,仮説の域を出ないわね」

「でも,ブラックホールが実際に存在するというのは間違いないんだね？」

「ええ。強力な証拠もあるし，しかも，星が崩壊してできたものだけじゃなくて，星雲の中心にもあるのよ，100万個ほどの星をも飲み込んでしまったかもしれない巨大なものがね」

ここまでくると，モードを見つめるトムキンスの目には賞賛の色が浮かんできた。

「どうしてそんなに見つめるの？」モードも気づいたらしい。

「いや，その，きみはなんて物知りなんだろうと思って……」

モードは軽く肩をすくめて答えた。

「わからないわ。たぶん，あれのおかげかも」

モードの視線のさきには本棚があり，科学雑誌がぎっしりと並べられていた。

「では，最後の質問です，アインシュタインさん」トムキンスが冗談めかして言った。「すべての物体は最後にどうなるのでしょうか？　宇宙は今後どうなるのでしょう？　きみのおとうさんによると，永遠に膨張をつづけるような，でもいつか膨張が止むような話だったんだけど……」

「それが正解よ——インフレーション宇宙論が正しくて，宇宙の密度が臨界値になっていればね。膨張が止まるころまでには，核エネルギーがすべて消費しつくされ，星もすべて死に絶え，その多くは銀河の中心にあるブラックホールに吸い込まれ，宇宙は凍りついて活力をなくしているはずだわ。"ヒート・デス（熱的死）"と呼ばれる状態ね」

「なんだか背筋の凍えるような名前だね」トムキンスは身震いしている。

「あら，ごめんなさい」モードは明るく言った。「でも，そうなるずっと前にわたしたちは死んでお墓に入っているでしょうね……話

題を替えましょうか」
「そうだね。悪かったよ，気を遣わせちゃって」
「いいのよ。それより，なにか聞くなら今のうちよ」モードはくすりと笑った。「来週になったら，なんの力にもなってあげられなくなるから」
「来週？　来週なにかあるのかい？」
「父は来週の講演で量子論について話すんでしょう？」
「そのはずだけど……」
「量子論はわたしの守備範囲外なの。健闘をお祈りするわ。ところでわたしの作品なんだけど，ほんとうに見たいの？」
「え？　きみの作品？　もちろん見たいさ。どこに置いてるんだい？　アトリエは遠いのかい？」
「いいえ，すぐそこ。庭の向い側の古い納屋を使わせてもらっているの。ここを選んだ第一の理由がその納屋だったのよ。必要なのは家じゃなくて，納屋だったのだから」

　モードのアトリエはすばらしかった。トムキンスはこんな場所を見たのははじめてだった。モードの創造物——それは絵などと呼んでいいものではなかった——は，すばらしく独創的だった。作品は額に収められ壁に掛けられてはいたけれど，そこにはあらゆる種類の素材が使われていた。石膏，木材，金属の管，薄い石板，小石，ブリキの缶，……。さまざまな素材が一つにまとめられ，精巧で力強いコラージュになっているのだ。
「すばらしい！」トムキンスは感嘆の声をあげた。「なんと表現したらいいかわからないけれど，とにかくすばらしい。でもね……」トムキンスはためらいながら言葉をついだ。「理解できたとは言えないと思うんだ。ほんとうに理解できたとはね。だけど気に入った

よ」最後のひとことには気持ちが込められていた。

モードは微笑んで答えた。

「作品は物理理論じゃないんだから理解されるためにそこにあるわけじゃないのよ。感じることが大事なの」

トムキンスはある作品の前に立ち，しばらくのあいだ静かに鑑賞していた。そしてとつぜん口を開いた。

「観る者はこの作品と関係を築かなければならない——相互作用と

でも言おうか。観る者が自分自身のなにかを注ぎこむことなしには——つまり自分自身の体験との関連性において見ないかぎりは——この作品は完成しない。きみの言いたいのはそういうこと？」

モードは曖昧に肩をすくめた。

「最新作はそれよ」モードはトムキンスが鑑賞していた作品をあごで指して言った。「あなたには何が見える？」

「これ？　……海岸だね。いろいろなものが波に洗われている。陽に焼かれごつごつして、古びて見える。それぞれのものに、それぞれ語るべき歴史があるようだ。そして今、たまたまこうして一カ所に集まり、同じ場所、同じ時を共有している」

モードはトムキンスをじっと見つめていた。それは今まで目にしたことのない表情だった。トムキンスは急に自分が馬鹿なことを言ってしまったような気がした。

「すまない、馬鹿なことを言ったみたいだ。展覧会のパンフレットの読みすぎかな。街なかで働いていて便利なのは、お昼休みにギャラリーや展覧会に足を運べることなんだ」トムキンスは言い訳にこれ努めている。「美術が好きなんだよ——全部が全部、好きだとは言えないけれど。いまどんなものが話題になっているか、気にするようにはしているんだ」

モードはただ微笑んでいる。

「教えてくれないか」トムキンスがつづけて尋ねた。「この風雨にさらされたような効果はどうやって出すんだい？　火の中から拾い上げたようにも見えるじゃないか」そう言って石膏に埋められた黒焦げの木材を指した。

「やってみせてあげるわ。でも気をつけて」モードはいたずらっぽく答えた。

モードはマッチを擦(す)ると，近くのテーブルの上にあったブローランプに火をつけた。そしてそれを手にすると，唸(うな)りをあげる炎を一枚の絵の表面に浴びせかけた。見る見るうちに木材の部分が赤くなっていく。じきにアトリエは煙でいっぱいになった。危険を感じたトムキンスは納屋の戸を開け放ち，煙を外に出してやった。そしてモードの方を振り向いたトムキンスは，心をつかまれて動けなくなった。モードの顔，それは作品制作に没頭する人間のそれだった。トムキンスはそのときはじめて，彼女に恋している自分に気づいたのである。

# 8
# 量子ビリヤード

今回の教授の講演に集まった聴衆は、前回までにくらべると少なくなっていた。明らかに姿を消してしまった人もいる。しかしそれでもなお、それなりの人数の参加者がいた。席について講演がはじまるのを待つあいだ、トムキンスは、量子論はむずかしいというモードの言葉を思い出し、自分はきちんと理解できるだろうかと心配になってきた。しかし彼は、なんとしても理解してやるぞと固く心に決めていたのだ。それどころか、量子物理学については自分がモードに教えてあげられるようになるかもしれないという、淡い期待さえ抱いていたのである。

やがて教授が壇上に姿を現した……。

お集まりのみなさん、こんにちは。

これまで2回の講演では、物理的な速度には上限のあることが発見され、時空に関する19世紀的な考え方が根本的に再構築されるに至ったというお話をいたしました。

こうして物理学の基礎のところが批判的に分析されたわけですが，批判的分析はこれで終わったわけではなく，さらに驚くべき発見と結論が待ちうけていたのです。わたしが言わんとしているのは，"量子論"と呼ばれる物理学の一分野のことであります。そして量子論というのは，空間や時間の本性といったことではなく，むしろ物質の相互作用や運動を扱う分野なのであります。

　古典物理学においては，2つの物質のあいだの相互作用は，いくらでも必要なだけ小さくすることができ，実際，ゼロにさえできるのは自明のことと見なされていました。たとえば，ある反応プロセスで発生する熱量を測定するとしましょう。そのために温度計を使うとすれば，温度計そのものを暖めるためにいくらかの熱が奪われますから，正確な測定はできなくなります。しかしそうした場合でも，小さな温度計を使うか，ごく微小な熱電対(ねつでんつい)を用いるかすれば，必要な精度で測定することが可能だと考えられていたのです。

　このように，物理的なプロセスはどんなものであれ，必要な精度で観測できるものと考えられていたため，この問題をことさらに取り上げようとする者はひとりとしておりませんでした。ところが，20世紀のはじめになって多くの実験事実が積み上げられてまいりますと，とうとう物理学者たちも，状況はそれほど簡単ではないと結論するに至ったのです。そして事実，自然界の相互作用には，これ以上小さくはできない限界が存在するのであります。自然界におけるこの精度の限界は，日常生活では無視できるほど小さなものにすぎません。しかしながら，原子や分子といった微小な力学系の相互作用ともなりますと，その限界が非常に大きな意味をもつようになるのです。

　さて1900年のこと，マックス・プランクというドイツの物理学

者が，物質と放射が平衡に達するための条件について考えておりました。そうするうちにプランクは，驚くべき結論に達したのであります。それまでは，物質と放射の相互作用は連続的に起こるものと考えられておりました。ところがプランクは，もしも物質と放射の相互作用が連続的なものならば，両者は決して平衡状態には到達しないことに気づいたのであります。そこでプランクはこう考えました。物質と放射とのあいだでは，エネルギーは連続的に流れるのではなく，むしろつぶつぶのエネルギーが次々とぶつかってくる際の"衝撃"としてやりとりされるのではないだろうかと。つまり，相互作用の基本要素というべき1回分の衝撃は，ひとかたまりのエネルギーになっているということです。物質と放射が平衡に到達できるためには，そして実験事実と合うようにするためには，1回の衝撃でやりとりされるエネルギーの量と，エネルギーを運んでいる放射の振動数とのあいだに，簡単な数学的関係を持ちこむ必要がありました——1回の衝撃のエネルギーと放射の振動数とのあいだに，単純な比例関係が成り立つ必要があったのです。

プランクはその比例定数を，$h$という記号で表しました。すると，やりとりされるエネルギーの最小値は——それをエネルギーの"量子"というのですが——，

$$E = hf \qquad (13)$$

となります。ここで$f$は放射の振動数を表します。定数$h$は，$6.6 \times 10^{-34}$ジュール秒という値をもち，一般に"プランク定数"と呼ばれております。$10^{-34}$が，

$$1/10,000,000,000,000,000,000,000,000,000,000,000$$

を表すということはご存じでしょう。プランク定数の値がこれほど小さいために，われわれが日常生活のなかで量子現象に気づくことはないのであります。

このプランクの考えをさらに発展させたのは，かのアインシュタインでした。アインシュタインは，放射は"エネルギーのかたまり"として打ち出されるだけでなく，そのエネルギーのかたまりは，物質に対して局所的に──つまり，まるで粒子のように──引き渡されるという結論に達したのであります。言いかえると，個々のエネルギーのかたまりは，壊れたり崩れたりしないということです──それまでエネルギーは，広い範囲に分散するものと考えられていたのでした。この粒子のようなエネルギーのかたまりのことを，"光量子"または"光子"と呼びます。

さて，光子も運動をしている以上，エネルギー $hf$ のほかに運動量ももっていなくてはなりません。相対論的力学によれば，光子の運動量は，エネルギーを光の速度 $c$ で割ったものに等しいはずです。光の振動数 $f$ とその波長 $\lambda$ とのあいだには，$f=c/\lambda$ という関係がありますから，光子の運動量は，

$$p=hf/c=h/\lambda \qquad (14)$$

と書くことができます。ここからわかるように，光子の波長が長くなればなるほど，その運動量は小さくなるわけです。

この光量子仮説と，光量子がもつエネルギーや運動量に関する説の正しさをみごとに証明したのは，アメリカの物理学者アーサー・コンプトンの実験でした。コンプトンは，光子と電子が衝突するようすを調べておりました。そうするうちに，光線の作用によって運動を与えられた電子は，あたかも式(13)と(14)によって与えられ

たエネルギーと運動量をもつ粒子に衝突されたかのごとくふるまうことがわかったのです。光子自身もまた,電子と衝突したあとには振動数がいくらか変化しますが,これもまた理論から予想されたものと非常によく一致したのでした。

このように物質との相互作用に関するかぎり,光をはじめとする電磁放射が量子的な性質をもつということは,しっかりと確立された実験的事実だと言えるのであります。

この量子という考え方をさらに発展させたのが,デンマークの物理学者ニールス・ボーアでした。ボーアは 1913 年に,"力学系の内部運動はすべて,飛び飛びのエネルギーの値しかとらない" という仮説を打ち出しました。そうだとすると,内部運動の状態を変えるためには有限回のステップを踏むことになり,そのたびに離散的な量のエネルギーが放出されたり,吸収されたりすることになります。ボーアがこのような考えをもつようになったのは,原子内電子がエネルギーを放射するとき,そのスペクトルが連続的でなく,離散的になっていた,すなわち "線スペクトル" になっていたためでした。言いかえると,放出されたエネルギーは,式(13)で示されたような,ある特定の値しかとらないのであります。そんなことが説明できるのは,ボーアの仮説が正しい場合だけ——この場合で言えば,原子内電子のエネルギー状態に関する仮説が正しい場合だけ——なのです。

力学系がとりうる状態を定義する数学的規則は,放射の場合にくらべてはるかに複雑になりますので,ここでその話に立ち入ることはいたしませんが,ただ次のことだけは申し上げておきたいと思います。すなわち,電子などの粒子の運動を記述する際に,それが "波" としての性質をもつと考えなければならない場合が出てくる

ということです。このことをはじめて示したのは，原子構造の理論的研究を行っていたフランスの物理学者，ルイ・ド・ブロイでありました。ド・ブロイは，波がある空間内に閉じこめられていると——たとえばオルガンのパイプ内の音波や，ヴァイオリンの弦の振動など——ある限られた振動数または波長しか許されないことに気づいたのです。波がその空間の中にすっぽり収まらなければならないことから，いわゆる"定在波"が生まれます。そこでド・ブロイは，原子内電子になんらかの波が付随しているなら，その波は原子核のまわりに閉じ込められているのだから，その波長は，定在波に対して許される値をとるにちがいないと主張しました。さらに，(14)と似た式でこの波長を電子の運動量と関連づけると，

$$p_{粒子} = h/\lambda \quad (15)$$

となり，電子の運動量，ひいてはエネルギーが，許された一定の値しかとりえないことがわかるのです。そしてこれにより，原子内電子のエネルギー準位は離散的な値をとること——つまり飛び飛びの値をとること——ひいては，その放射のスペクトルが線スペクトルになることが説明できるのであります。

　物質粒子の運動が波の性質をもつということは，その後，数々の実験によりはっきりと立証されました。電子のビームが小さな穴を通ると"回折"を起こすことや，分子など比較的大きくて複雑な粒子でさえ"干渉"現象を起こすことなどが明らかになったのです。物質粒子が波の性質を示すなどということは，もちろん，古典的な運動の概念からはまったく理解できませんでした。ド・ブロイ自身でさえ，不自然な観点からこのことを考えざるをえなかったのです。彼は，粒子になんらかの波が"伴って"いて，その波が粒子に

対して運動のしかたを"指図する"のではないかと考えたのでした。

　物質粒子が波としての性質をもつということは，波長ももつということです。しかし，定数 $h$ の値が非常に小さいために，基本粒子の中ではもっとも軽い電子でさえ，波長はきわめて短いものにしかなりません。放射が穴を通り抜けようとするとき，その波長が穴のサイズにくらべて短ければ，回折はごくわずかしか起こりません。その場合，放射はほとんど広がることなく，すっきりと穴を通り抜けることになります。サッカーボールがゴールポストのあいだを通り抜けても，回折による方向の変化が見られないのはそのためです。粒子の波としての性質が重要になるのは，原子や分子の内部といった，微小な世界での運動にかぎられます。そのような小さな世界では，物質の内部構造を知るうえで，物質の波としての性質がきわめて重要な役割を果たすことになるのです。

　微小な力学系は離散的状態をもつと申しましたが，そのことをもっとも直接的に証明したのが，ジェームズ・フランクとグスタフ・ヘルツの実験でした。彼らはエネルギーをいろいろに変えながら電子を原子に衝突させ，入射電子のエネルギーが一定の飛び飛びの値をとった場合にだけ，原子の状態がはっきりと変化することを確認したのです。また，電子のエネルギーがある限度より小さくなると，原子にはなんの影響も及ぼしませんでした。なぜなら，おのおのの電子によって運ばれるエネルギーの量が小さすぎるために，原子をその最初の量子状態から，次の量子状態にまで上げることができなかったからであります。

　さて，このような新しい考え方を古典力学との関係でとらえるためにはどうすればいいでしょうか？

運動ということに関していえば，古典力学の基本概念は次のようなものです。粒子は，ある与えられた瞬間に空間内のある位置を占め，軌跡に沿った位置の時間変化を特徴づけるはっきりした速度をもつ，ということです。つまり，位置，速度，軌跡という3つの量は，古典力学という体系の基礎なのであり，ほかのすべての概念と同じように，われわれの身の回りの現象を観測することによって作られたものなのであります。しかしながら，すでにお話しした空間と時間に関する古典的概念のときもそうだったように，いまだ探求されていない新しい領域に踏みこむ場合には，位置，速度，軌跡という概念もまた根本的な変更を受けなければならないと覚悟すべきでありましょう。

　ここで，こんな質問をしてみましょう。「運動する粒子が軌跡を描くという考え方を，あなたはなにゆえに受け入れるのでしょうか？」つまり，粒子がある与えられた瞬間にどれかの位置を占め，時間が経つにつれてくっきりとした1本の線を描くという考え方を，正しいと信じる理由をお尋ねしているわけです。おそらくみなさんは，こうお答えになるでしょう。「運動を観察するとそのように見えるからです」と。そう，軌跡という古典的な概念は，まさに運動を観察するという方法から生まれたのでした。しかしわれわれはここで，その方法でほんとうに確かな結果が得られるのかどうかを吟味してみることにいたしましょう。そのためにまず，ひとりの物理学者が感度の高い装置を使用して，実験室の壁から投げ出された小さな物体の運動を追跡しているものと想像してみてください。観測者は物体の動きを"見て"観測しようとしています。もちろん，運動物体を見るためには照明を当てなければなりません。ところが一般に，光は物体に圧力を及ぼしますから，その運動をかき乱

す怖れがあります。そこで，観測する瞬間にだけフラッシュライトを使うことにいたしましょう。まずはじめに，軌跡上の 10 カ所だけを観測することにします。そこで，10 回照明を当てたことによる光の圧力の全効果が，この実験に必要とされる精度を越えないように弱い光源を選びます。こうすれば，物体が落下するまでに 10 回だけ照明を当て，必要な精度で軌道上の点を 10 カ所求めることができるでしょう。

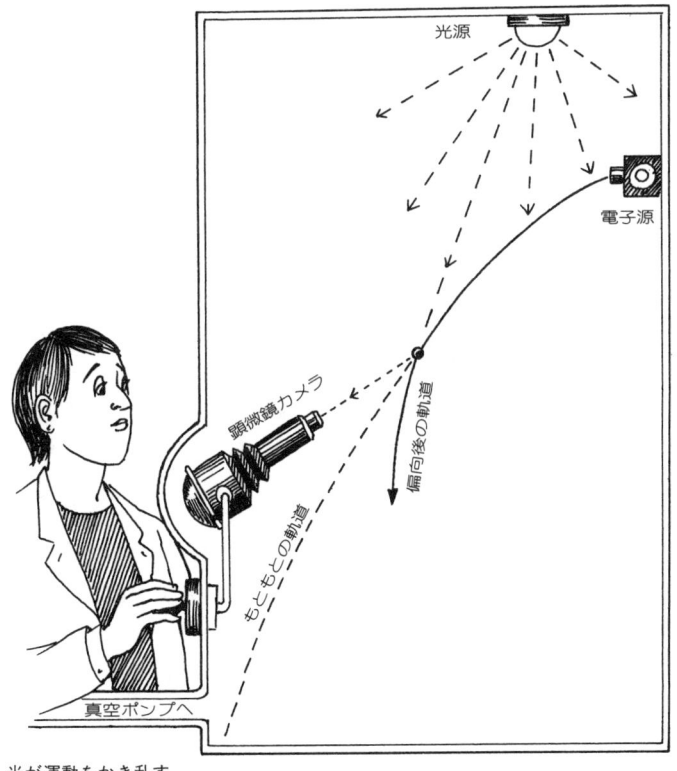

光が運動をかき乱す

さて、この実験を一歩進めて、より正確な軌跡を求めることにします。そこで今度は100カ所で測定することにしましょう。連続して100回も照明を当てれば運動をそれなりにかき乱すことになるでしょうから、第2の実験装置では、さきほど使ったフラッシュの10分の1の強度のフラッシュを用います。さらに第3の実験では、1000カ所の点を観測することにして、最初の照明の100分の1の強度の照明を用います。このように照明の強度をたえず減らしてゆきますと、生じうる誤差が最初に選んだ限度を超えないようにしつつ、軌道上の点をいくらでもたくさん求めることができます。この方法はきわめて理想化されてはいますが、原理的には実行可能であります。そして、「運動体を見る」ことによって運動の軌道を調べるということは、厳密に論理的に言うならば、まさにこの方法を使うことにほかならないのです。そしてみなさんもおわかりのように、古典物理学の見地からすれば、この方法にはまったくなんの問題もありません。

　しかしながら、ここに量子的な制限を持ち込んだらどうなるでしょうか。つまり、放射の作用は、光子という形でしか伝わらないという事実を考慮したらどうなるかを調べてみるのです。さきほどは、運動物体を照らす光はつねに適当に小さくできると考えましたが、こんどは、照明の強度は、光子ひとつ分よりも小さくはできないと考えなければなりません。光子はどれもみな、運動物体から跳ね返されるか、吸収されるかのいずれかです。光子のかけらというものはないのですから。

　さて、観測者はこう考えるかもしれません。式(14)によれば、光子と衝突することで受ける作用は、光子の波長が長くなるにつれて小さくなるのだから、観測の回数を増やすのに応じて長い波長の

光を用いればよいだろうと。ところが，そうするとまた別の問題が生じるのであります。ある波長の光を使った場合，その波長よりも短いところは細かく調べられないということはよく知られております。ペルシャの細密画を描くのに，家の壁を塗るための刷毛(はけ)を使うわけにはいかないのと同じことであります。ですから，長い波長の光を使うほど，各点の位置はあいまいにしか決定できず，ついには各点の位置があやふやになって，実験室のどこにあるかもわからない，あるいはそれ以上の広い領域にわたってわからなくなってしまいます。つまり，観測点を増やそうとして光子の波長を長くすれば，各点の位置があいまいになるというジレンマが生じるのです。このようなわけで，古典物理学者たちが考えていたような，数学的な線のようなくっきりとした軌跡は，決して得られないのであります。せいぜいのことろ，ぼんやりとした幅の広い帯のようなものにしかなりません。

さて，いまお話しした方法は光学的なものでしたが，力学的な方法を用いることも可能です。そのために，小さな力学的記録装置を考案したとしましょう。たとえば小さな鈴をバネの先にとりつけ，物体がそばを通過したときに記録するようにしておきます。このような鈴を，運動体が通ると思われる空間にたくさん配置しておきます。そうしておけば，物体が通過すると"鈴が鳴って"軌道を示してくれるでしょう。古典物理学では鈴をいくらでも小さく，感度を高くすることができますから，無限に小さい鈴を無限にたくさん設置するという極限の場合には，これまた必要なだけの精度で軌道を構築できることになります。ところが，力学系に量子的制限が加わると，またもや状況があいまいになってしまうのです。まず，鈴の舌の位置が，鈴そのものの空間内に制限されているために，限られ

たエネルギー状態しかとれなくなります。もしも鈴が小さすぎると、舌を鳴らすために運動物体から奪うべき運動量が大きくなり、粒子の運動はそれに応じて大きく乱されることになります。一方、鈴が大きければ撹乱(かくらん)は小さくなりますが、各点の位置があいまいになります。こうして得られた軌道は、またしても幅の広い帯のようなものになってしまうのです。

このように見てまいりますと、みなさんは、もっと手の込んだ方法を使えば軌道を確定できるのではないかと思われるかもしれません。しかし、ひとこと付け加えさせていただくと、いまお話ししたことは、2つの実験方法を調べたというよりも、物理学の測定法にあるもっとも一般的な問題を理想化した話だったのです。いかなる

バネにとりつけられた小さな鈴

測定法といえども，突き詰めればいまお話しした2つの方法に帰結し，結局は同様の結果をもたらします。つまり，正確な位置と軌道などというものは，量子の法則によって支配される世界には存在せず……

　講演もこのころにさしかかると，トムキンスは鉛のように重い瞼（まぶた）を持ち上げておくという試練に耐えきれなくなり，ゆっくりと船を漕（こ）ぎだした。

　カウンターでビールを受け取り，椅子に掛けようとしたとき，トムキンスはビリヤードの玉が弾（はじ）ける音を聞いた。そういえばパブの奥にはビリヤードの台があったな，と思い出したトムキンスは，ちょっと覗（のぞ）いてみることにした。ビリヤード・ルームでは，ワイシャツ姿の男たちが自分の順番を待ちながら，賑（にぎ）やかに飲んだり話したりしている。トムキンスは台のそばでゲームを眺めることにした。
　トムキンスの目にしたのは奇妙な光景だった。プレーヤーのひとりが台に玉を置き，キューで突いた。するとなんとしたことか，玉が"広がり"だしたのだ。玉の輪郭がぼんやりとしてどんどんと形が崩れていくさまは，"広がる"としか言いようのないものだった。まるでひとつの玉が転がるのではなく，たくさんの玉が重なりあうようにして台の上を転（ころ）がっていくように見える。トムキンスはこうした光景をこれまで何度も目にしていたが，たった1杯の酒も飲んでいないうちに目にしたことはなかった。だからなぜこんなことになっているのか，見当もつかなかったのである。
「ふーむ，あの"ぼやけた"玉は，はたして他の玉に当たるのだろうか？」とトムキンスは考えた。

これはまさに確率波だ

玉を突いたプレーヤーは見るからに腕が良さそうだった。転がった玉は彼の思惑どおり他の玉に正面からぶつかり，普通の玉同士がぶつかったときと同じ大きな音を立てた。そして転がっていた玉と静止していた玉の両方が（トムキンスにはどっちがどっちか区別できなかった），あらゆる方向にすごい勢いで飛び散ったのだ。まったく変だ。今やぼやけた玉が――2つどころか，無数のぼやけた玉が　　衝突の方向から 180 度の範囲内に転がっていくように見える。まるで衝突地点から波が広がっていくかのようだ。そして球が一番たくさん転がっていくように見えるのは，衝突の方向である。
「これはまさに，確率波の好例ですな」背後で耳慣れた声がした。肩越しに振り向くと，教授が立っている。
「先生でしたか。よかった，おそらくあなたならここで起こっていることがおわかりでしょう」
「もちろんです。この店のご主人は，わたしなら"誇大量子効果症"とでも言うものにかかった球を使っているようですな。もちろん，自然界の物体はすべて量子法則にしたがいますが，プランク定数（量子効果の大きさを表す数値）は，それはそれは小さいのです――普通はね。しかし，ここにある玉では，プランク定数が非常に大きくなっている。おそらく 1 くらいでしょうか。これはとても都合がよろしい。われわれはこの目で量子現象を見ることができるのですから。普通ならこの手の現象は，きわめて高度に洗練された観測を行ったうえで，推論によって理解するしかないのです」
　教授は思案顔でつづけた。
「こちらのご主人がどういうルートでこの玉を手に入れられたのか，非常に興味がありますな。厳密に言えば，われわれの世界には存在しないはずのものなのです。どんな物体に対しても，プランク

定数は同じなのですから」

「ほかの世界から持ち込んだのかもしれませんね」トムキンスが言った。「ところで、この玉はどうしてこんなふうに広がるのですか？」

「ああ、それはその玉の位置が確定していないせいです。玉の位置を正確にとらえることはできず、せいぜい"だいたいはこのへんに"とか"どこかほかの場所にもいくらかある"くらいのことしか言えないのです」

「では、この玉は実際に、つまり物理的にいろいろな場所に存在するということですか？」トムキンスはにわかには信じがたいようすだ。教授はためらいがちに答えた。

「そうだとも言えるし、そうでないとも言えるのです。そうだと言う学者たちもいますが、ぼやけているのは玉の位置に関するわれわれの"知識"だ、と言う学者たちもいます。量子物理学における解釈問題はこれまでずっと論争の的(まと)だったのです。今日にいたってさえ、意見が一致しないのですよ」

トムキンスは、ぼやけた玉をまじまじと見つめてつぶやいた。

「まったく不思議なこともあるものだ」

「しかし逆に」教授の口調には力がこもっている。「これはまったく当たり前の現象だとも言えるのです——この世界のあらゆる物体にいつも起こっているという意味でね。ただこの世界では、定数 $h$ がきわめて小さいというだけのことなのです。われわれの通常の観測方法が粗雑すぎるために、この基本的なあいまいさに気づかないのですな。そしてそれが、物体の位置と速度には絶対的な値があるという誤った思い込みにつながるのです。つまり、現実問題として位置と速度を"決定できない"——"無限"の精度で求められない

――ことは認識しておるのですが，それをたんに測定技術がお粗末なせいにしてしまうわけです。しかし実を言えば，この2つの値は"根本的に"ある程度まであいまいなものなのです」教授は話をつづけた。

「ただ，この2つのあいまいさの"バランス"を変えることは可能です。たとえば位置の精度を上げようとすれば，速度の精度が下がります。いっぽう，速度の精度を上げれば，位置の精度が犠牲になります。プランク定数がこの2つのあいまいさのあいだの関係を支配しているわけですな」

「わたしにはきちんと理解できているかどうか……」トムキンスがつぶやいた。

「いや，実際にはきわめて簡単な話なのですよ。これをご覧なさい。この玉の位置にはっきりとした制限を設けてみましょう」

 ぼやけた玉は台の上をのろのろと転がっている。それを教授はゲームの開始時に使う木でできた3角形の枠の中に入れた。すると玉は枠の中で暴れているように見えた。3角の枠の中が，ぼやけた象牙の玉でいっぱいになった。

「どうです！ 玉の位置を3角の枠内に制限しました。さきほどまでわれわれにわかっていたのは，玉が台の上のどこかにあるということだけでしたね。それに枠内に限定された玉の速度をご覧なさい。速度の不確定さは跳ね上がりましたね」

「玉が暴れるのを止めることはできますか？」トムキンスが尋ねた。

「できません。物理的に不可能です。空間に閉じ込められた物体はすべて，ある運動をするのです。われわれ物理学者は，それを"ゼロ点運動"と呼んでいます。そういった物体が静止していることは

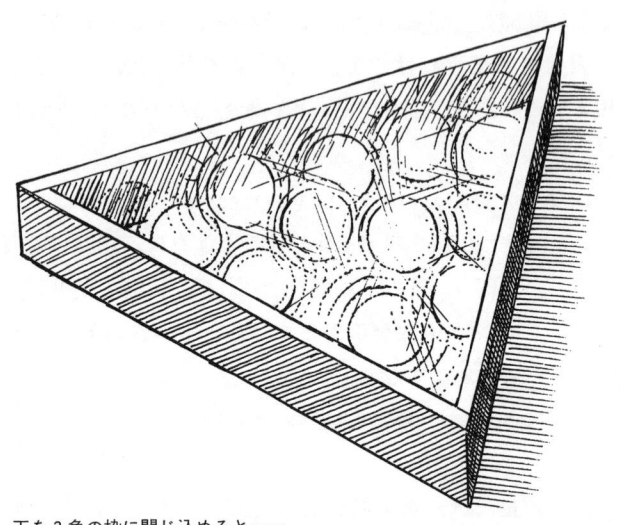

玉を3角の枠に閉じ込めると……

不可能なのです。もしも物体が静止すれば、われわれはその速度を確実に知ることができるでしょう。速度ゼロというわけです。しかし物体の位置がかなり確実にわかっている場合——この3角形に閉じ込められた玉のようなものですが——われわれはその速度を知ることができないのです」

枠の中で、まるで檻(おり)に閉じ込められたトラのように動きまわっている玉を見ているうちに、非常に不思議なことが起こった。玉が枠から出てしまったのだ！ 玉は枠の外に出て、台の向こうの方へと転がっていく。しかし問題は、どうやって枠の外に出たかである。玉は枠を跳び越えたわけではなく、枠から"しみ出た"のだ！

「ほほう」教授が興奮して声をあげた。「ご覧になりましたか？ これは量子論のもたらすもっとも興味深い現象のひとつなのです。つまり、物体が壁をすり抜けて逃げ去るだけのエネルギーをもって

いれば，その物体を限られた空間内にいつまでも閉じ込めておくことは不可能だということです。そうした物体は遅かれ早かれ"しみ出て"逃げてしまうのですよ」

「そんな……それでは動物園に行くこともできませんね」トムキンスの頭には，ライオンやトラが檻から"しみ出る"イメージが鮮やかに浮かんだ。それから，また別の考えも浮かんだ。車が車庫から"しみ出て"しまったらどうしよう？ おなじみの中世の幽霊のように，車が車庫の壁をすり抜けて，通りを走り去ってしまうイメージが浮かんだ。車の保険はそうした事態までカバーしてくれるのだろうか？

トムキンスはこの考えを教授に話し，それから尋ねた。

「どれくらいの時間があると，車が壁から"しみ出る"のでしょうか？」

教授はすばやく暗算をして答えた。

「およそ 1,000,000,000...000,000 年ほどでしょう」

トムキンスは銀行の仕事で大きな数字に慣れていたとはいえ，教授の答えにゼロがいくつあるのか判断がつかなかった。しかし，車がしみ出す心配をする必要はないくらい，十分に長い数字だったのは間違いない。

「ところで通常の世界にはこの玉のような物体はないわけですが，そんなに長い時間がかかるとしたらどうやってそれを観測するのでしょう？」

「そう，通常の物体がこのような離れ業をやってのけるのをじっと待つのは馬鹿げていますな。量子法則による現象は，原子や電子といったきわめて小さな物質を扱っている場合にのみ，実際に観測することができるのです。そのような微小な粒子にとって量子作用は

車が車庫からしみ出てきたらどうしよう？

たいへんに大きく、普通の力学はまったく使い物になりません。たとえば2つの原子の衝突などは、まさしくさきほどの"誇大量子効果症"の玉の衝突のように見えるでしょう。さらに言えば、原子内の電子の運動は、枠に閉じ込められた玉の"ゼロ点運動"にそっくりなのですな」
「ということは、電子は原子からよく逃げ出すのですか？」
「いえいえ」あわてて教授が答えた。「そんなことはありません。さっきわたしが言ったことを思い出してください。壁をすり抜けて

逃げ去るだけのエネルギーがあればと言ったのです。電子は，電子自身のもつ負の電荷と原子核内の陽子がもつ正の電荷とのあいだに働く引きあう力によって，原子内に閉じ込められています。電子はこの力から逃げられるだけのエネルギーをもっていませんから，原子から逃げ出すことはありません。しみ出すところを見たいのなら，原子核を調べるとよいでしょう。原子核はアルファ粒子から成っているのですが，しみ出す現象がある程度見られるのです」

「アルファ粒子？」トムキンスが訊き返した。

「かつてヘリウムの原子核につけられた名前です。ヘリウムの原子核は，2つの中性子と2つの陽子から成っています。これが非常に強く結びついておりまして，4つの粒子がすばらしく効率よくまとまっているのですな。それはともかく，いま言いましたようにアルファ粒子は非常に強く結びついていますから，ある状況下では重い原子核が，個々の中性子と陽子としてではなく，アルファ粒子の集合体のようにふるまうのです。アルファ粒子は原子核内を飛びまわっていますが，原子核の粒子を一つにまとめている短距離引力によって原子核内に閉じ込められております。通常はそうして一つところにとどまっているわけですが，アルファ粒子はときとして逃げ出すことがあるのです。アルファ粒子を閉じ込めていた引力の及ぶ範囲外に出てしまうわけです。そして今度は，自らの正電荷と，元いた原子核の正電荷とのあいだに働く斥力（せきりょく）だけを受けるようになり，アルファ粒子は吹き飛ばされてしまうのです。これは“原子核崩壊”の一つのタイプなのですが，車庫の車の話とよく似ておりますな。アルファ粒子の方が，車よりも早く逃げ出すというだけのことです」

このとき，トムキンスは腕に不思議な感触を覚えた。腕がゆすら

れているようだ。女性が小さな声で「シーッ」と言っているのが聞こえる。

目を開けると、それは講堂の長椅子で隣にすわっている女性の声だった。彼女はトムキンスの腕を軽く叩いている。女性は、気持ちはわかるといった面持ちでささやいた。「あなた、いびきをかきはじめていましたよ」

われに返ったトムキンスは、口の動きだけで女性に礼を言った。どれくらいのあいだ寝ていたのだろう。たぶん、眠りながらも無意識のうちに講演を聞いていたのかもしれない。ヘッドホンで聞きながら寝ているあいだに、外国語をマスターしてしまったという話を思い出した。なにはともあれ、教授の話はまだつづいている。

さて、さきほどの実験の話に戻って、量子条件によってもたらされた制限を数学的に表してみましょう。すでにわれわれは、どんな観測方法を使おうとも、運動物体の位置と速度の推定値のあいだには、あちらを立てればこちらが立たずの関係があることを見てまいりました。光学的方法では、力学における運動量保存の法則から、粒子と光子が衝突すれば、粒子の運動量に光子の運動量と同程度の不確定さが生じます。ですから式(15)を使って、粒子の運動量の不確定さを、

$$\Delta p_{粒子} \fallingdotseq h/\lambda \qquad (16)$$

で表すことができます。これと粒子の位置の不確定さが波長($\Delta q \fallingdotseq \lambda$)によって与えられることを考え合わせますと、

$$\Delta p_{粒子} \times \Delta q_{粒子} \fallingdotseq h \qquad (17)$$

という関係が得られます。"鈴"を用いた力学的観測では、運動する粒子の運動量は、鈴の舌によって奪われた量だけ不確定になります。舌は鈴の内部に閉じ込められておりますから、その運動量は鈴の大きさ$l$に比例した波長となるはずであります。ゆえに、式(15)から、$\Delta p_{粒子} \fallingdotseq h/l$となります。そして、この場合の位置の不確定さが鈴の大きさで与えられる（$\Delta q \fallingdotseq l$）ことを考え合わせれば、ふたたび式(17)に到達するのです。プランク定数に関係して、この２つの不確定さのあいだに普遍的に成り立つこの関係性は、ドイツの物理学者ヴェルナー・ハイゼンベルクによってはじめて定式化されました。そのため式(17)は、"ハイゼンベルクの不確定性原理"として知られております。このことから、位置をはっきりと知ろうとすれば、それだけ運動量（速度）が不確定になり、またその逆も言えるということは明白でありましょう。運動量は、運動する粒子の質量と速度の積で与えられることを思い出しますと、

$$\Delta v_{粒子} \times \Delta q_{粒子} \fallingdotseq h/m_{粒子} \qquad (18)$$

という形に書き換えることができます。われわれが通常取り扱うような物体においては、この不確定性はきわめて小さなものでしかありません。わずか0.0000001グラムの埃(ほこり)の粒子でさえ、位置・速度ともに0.00000001パーセントまで正確に測定することができるのです。ところが電子（質量は$10^{-30}$ kg）の場合、積$\Delta v \Delta q$の値は$10^{-4}$ m²/s程度にならなければなりません。原子内電子の速度は$10^6$ m/sを越えることはありません——さもなければ電子は原子から逃げ出してしまうでしょう。したがって、電子の速度はこの制限速度内の精度で定められねばなりません。そうしますと、式(17)より、位置の不確定さは$10^{-10}$メートルになります。そこでわれわ

れは，原子1個のサイズはこの程度だろうと考えることになるのです。そして実際この数値は，観測されている原子のサイズに一致するのであります。こういうわけでみなさんも，ハイゼンベルクの不確定性原理の効用がよくおわかりになったのではないでしょうか。原子内の力の強さ（したがって，電子の最大速度）を知ることにより，われわれは原子の大きさを概算できたのですから！

今回の講演では，運動に関する古典的概念が，根本的な変更を余儀なくされたということをお話しいたしました。厳密に定義されたエレガントな古典的概念が過去のものとなったいま，この不確定性の大海原を物理学者たちがいかに泳ぎ渡るのだろうかと懸念される方もおいででしょう。量子力学を厳密に数学的にご紹介することは，この講演の目指すところではありませんが，興味をおもちの方のために簡単な解説をしておくことにいたしましょう。

一般論として，物質粒子の位置を数学的な点により，また運動の軌道を数学的な線により定義することができないとすれば，ほかの数学的記述方法を用いなければならないのは明らかでありましょう。実はそのために，連続関数（流体力学に用いられるようなもの）が用いられるのです。この関数により，空間に"広がっている"物体の"存在密度"を定義できるようになります。

しかしながら，"存在密度"を表すこの関数が，普通の3次元空間において物理的実在性をもつ，といった誤った考えはもたないようにご注意願います。実際，たとえば2個の粒子の運動を記述するのであれば，第1の粒子がある位置に存在し，同時に第2の粒子が他の位置に存在するという問題を取り扱わねばなりません。このためには6個の変数——つまりは2粒子の座標でありますが——をもつ関数を用いねばなりませんが，6個の変数を3次元空間

に"押し込める"ことはできません。もっと複雑な系になれば、さらに多くの変数をもつ関数を用いなければなりません。このように、量子力学の"波動関数"には、古典力学における多粒子系の"ポテンシャル関数"や、統計力学における系の"エントロピー"と似たところがあります。これはただ運動を"記述"したり、与えられた条件のもとでの特定の運動の結果を予測するのに役立つものにすぎないのです。たとえば、電子ビームが衝立に開けられたスリットを通り抜けて回折し、その先にあるスクリーンにたどりつくようすを記録するとしましょう。波動関数を用いれば、スクリーン上の異なる位置に到達する電子の相対確率が計算できます。こうして電子の到達が、局在化した量子、つまり粒子として記述されるのです。

　物質粒子の波動関数 $\psi$ のふるまいを最初に方程式として表したのは、オーストリアの物理学者エルヴィン・シュレーディンガーでした。わたしはここで、シュレーディンガーの基礎方程式の数学的証明に立ち入ろうとは思いませんが、その方程式を導き出したときに課された要請について簡単に述べておきましょう。なかでももっとも重要な要請は、きわめて異様なものでありまして、「物質粒子の運動を記述する関数が、"波動"としてのあらゆる性質を示すようにこの方程式を与えねばならない」というのです。

　ですから、関数 $\psi$ のふるまいは、一方の面を熱された壁の中を伝わる熱のようなものではなく、むしろ壁を伝わる力学的な歪み、つまり音波のようなものといえましょう。数学的には、この要請から、方程式はかなりはっきりと限定された形をもつことになります。この基本条件に、「量子効果が無視できるほど大きな質量をもつ粒子に当てはめる場合には、方程式が古典力学の方程式に等しく

ならなければならない」という要請を付け加えると、方程式を求める問題はたんなる数学の演習問題となってしまいます。

結局、方程式はどんな形になるのだろうかと興味をもたれる方もいらっしゃるかもしれません。それはこういう形になるのです。

$$\nabla^2 \psi + \frac{4\pi m i}{h} \dot{\psi} - \frac{8\pi^2 m}{h^2} U\psi = 0 \qquad (19)$$

ここで、$m$ は粒子の質量、関数 $U$ は粒子に作用する力のポテンシャルを表します。この式は、与えられた力の分布における運動の問題に一定の解を与えます。この"シュレーディンガーの波動方程式"は原子の世界の現象に適用され、もっとも洗練された、論理的に矛盾のない記述を発展させることになったのです。

さて、今回の講演を終える前に、行列（マトリックス）についてひとこと付け加えさせていただきたいと思います。量子力学について多少興味をおもちの方でしたら、これまでの話とはまったく異なるアプローチの方法があることをご存じかもしれません。わたしとしては正直なところ、どちらかというとこの行列が嫌いでして、これを使わずにやっていきたいのです。しかし完璧を期す意味で、いちおう簡単にご説明いたしましょう。

1個の粒子あるいは複雑な力学系の運動は、さきに述べましたように、常に一定の連続波動関数によって表されます。これらの関数はしばしば複雑な形をしており、複雑な音の響きが単純な和音をいくつも重ねたものになっているのと同じように、多くの単純な振動、いわゆる"固有関数"によって表すことができます。複雑な運動の全体が、異なる成分の振幅によって表せるわけです。その成分——音でいえば倍音——の数は無限ですから、振幅を表す無限の表を、

$$\begin{array}{cccc} q_{11} & q_{12} & q_{13} & \cdots \\ q_{21} & q_{22} & q_{23} & \cdots \\ q_{31} & q_{32} & q_{33} & \cdots \\ \cdots\cdots\cdots\cdots\cdots\cdots\cdots\cdots & & & \end{array} \qquad (20)$$

の形に書かねばなりません。このような比較的簡単な数学的演算法則にしたがう表のことを，"行列"と呼びます。人によっては，波動関数そのものを取り扱わず，行列によって演算することを好みます。つまり，ときに"行列力学"と呼ばれるこの力学は，通常の"波動力学"の数学的変形にほかならないのです。

時間が迫ってまいりました。相対性理論との関連で量子論がさらに発展していったところまでお話しできないのはたいへん残念であります。この発展は，おもにイギリスの物理学者ポール・ディラックの研究によってなされましたが，非常に興味深いさまざまな結果をもたらし，きわめて重要な実験上の発見を導くことになったのです。いずれこれらの問題に戻って論ずる機会もあるかもしれませんが，本日のところはここまでといたします。

#  9
## 量子サファリ

ピピッ……ピピッ……ピピッ……ピピッ……

安眠を妨げられたトムキンスは毛布の中から腕をのばし，目覚まし時計の上っ面をひっぱたいた。月曜の朝だ，また仕事がはじまるのだ，という思いが寝ぼけた意識にじわじわとしみ込んでくる。しかし彼はふたたび深く枕に顔をうずめ，しつこい目覚ましの音が再開されるまで，定例となった最後の10分間の睡眠へと落ちていった……。

「ほら，トムキンス君，もう起きる時間ですぞ！　飛行機の時間に遅れてしまうじゃありませんか！」教授だった。大きなスーツケースに手をかけてベッドの脇に立っている。

「え？　……なんですって？」目をこすりながらベッドの上で起き上がったトムキンスは，わけがわからないといったふうにつぶやいた。

「われわれはサファリに行くんですよ。忘れたわけじゃないでしょうね？」

「サファリ？」
「ええ，量子のジャングルを探検するんじゃありませんか。あのパブのご主人が親切にも，象牙のビリヤードの玉をどこで手に入れたか教えてくれたんですよ」
「象牙？　しかし今では象牙狩りは禁止されているはずですが……」

トムキンスの言うことにはとりあわず，教授はスーツケースのサイドポケットをまさぐっている。
「これだ！」教授は地図を取り出した。「これです，ごらんなさい。赤く印をつけておきました。わかりますか？　その地域にある物質はすべて，非常に大きなプランク定数の値をもっているのです。そこに探検に行こうというわけですよ」

目的地までの旅には特筆すべきこともなく，遠い異国の地に飛行機が着陸するまでにどれくらいの時間がかかったかすら，トムキンスの意識にはのぼらなかった。教授の話では，ここがその神秘の量子地域に一番近い町ということだ。
「われわれにはガイドが必要ですな」教授が言った。しかしまもなく，ガイドを雇うのはむずかしいことがわかった。土地の人々は量子地域に行くことを怖れ，そこに近づきすらしないことがわかったのだ。しかしついに，人々の臆病をあざ笑う，多少がさつで向こう見ずな少年がトムキンスたちのガイドを買って出たのだった。

一行はまず市場に寄って，携行する品を買い求めた。
「背中に乗れる象を借りなきゃだめだぞ」少年が言った。

目の前の巨大な象を見るなり，トムキンスは不安になった。あの上に乗らねばならないなんて……。
「ちょっと待ってくれ。できればぼくは乗りたくないな。象には一

度も乗ったことがないし、ぼくには無理だと思う。馬ならまだしも、象は無理だよ」そう言った瞬間、ほかの店で売られているロバがトムキンスの目にとまった。トムキンスの顔がぱっと輝いた。
「ロバじゃどうだろう？　あのくらいの大きさの方が、ぼくは好きだな」
　少年は嘲るように笑いながら答えた。
「ロバに乗って量子のジャングルに行くって？　冗談じゃない。暴れ馬に乗るようなもんだ。あっというまに振り落とされちまうよ。その前にあんたの股（また）をすり抜けちまわなければの話だけどね」
「なるほど」教授がつぶやいた。「わたしにはわかってきましたよ。この子が言うことはもっともです」
「そうですか？」トムキンスは納得（なっとく）しない。「象商人とぐるになってるにちがいありませんよ。騙（だま）そうとしてるんだ。必要もないのに買わせようとしてるんですよ」
「いや、われわれには象が必要なんです。先日のビリヤードの玉のように、そこいらじゅうに広がってしまう動物の背には乗ることができませんからな。何か重いものにつかまっている必要があるのです。そうすることで、ゆっくりと動いていても運動量が大きくなり、結果的に波長は小さくなります。いつだったかお話ししたように、位置と速度の不確定性はすべて物体の質量に依存します。重ければ重いほど、不確定さは小さくなるのです。通常の世界において、埃（ほこり）の粒子にさえ量子法則の作用が見られないのはそういう理由からなのです。電子や原子、分子にはその作用が見られます。しかし普通の大きさの物体には見られません。一方、量子のジャングルではプランク定数が大きくなります。しかしそれでも、象のように重い動物にはっきりとした作用を及ぼすほどに大きくはないので

す。量子象の位置に関する不確定さは、詳しく調べてみないとわからない程度でしょう。輪郭が少しばかりぼやけているように見えるでしょうが、その程度のことです。時間が経つにつれて、この不確定さはだんだんと大きくなっていくでしょう。おそらくはそのせいで、量子ジャングルに住む歳老いた象の毛は長いという言い伝えが生まれたのでしょうな」

教授はしばらく値段の交渉をした末に折り合いをつけ、2人は象の背中に括りつけられたカゴによじ登った。ガイドの少年は象の首のあたりに腰を下ろし、3人は神秘のジャングルへと向かった。

それから1時間ほどして、3人はジャングルにたどりついた。ジャングルに踏み入ってみると、風もないのに木々の葉がカサカサと音を立てている。トムキンスは、どういうことなのかと教授に尋ねてみた。

「ああ、それはわれわれが見ているからですよ」

「見ているから？ いったいどういうことです？ 葉っぱが恥ずかしがっているとおっしゃるんですか？」

「そんなことは言っておりませんよ」教授は微笑んでいる。「つまり、観察をすることにより、その対象に対して影響を与えずにはすまされないということです。ここの太陽光線はどうやら、われわれが家で受けていた太陽光線よりも多くの光子を含んでいるようですな。ここのプランク定数は大きいですから、かなり騒々しい世界になりそうです。穏やかな運動といったものは、ここには存在できないのです。たとえば犬を軽く撫でてやろうとすると、犬はなにも感じないか、首の骨が折れてしまうかのどちらかでしょう」

一行がジャングルをゆっくり進むあいだも、トムキンスは考えこんでいた。

「それでは、誰も見ていなければどうなるのですか？　すべて普通に戻るのですか？　ああ、いや、つまり、あの葉っぱどもも普通にしているのかということですが」

「そんなことはわかりません」教授は思慮深く答えた。「誰も見ていないのなら、葉っぱがどうしているかわかる人もいないでしょうに」

「科学というよりは哲学的な問題だとおっしゃるのですか？」

「そうお考えになってもよろしいのですが、いずれにせよ意味のない質問ではありませんか？　ひとつはっきりしているのは、少なくとも"科学"の名においては、"実験で検証できないことについて話さないようにしよう"というのが根本原則なのです。近代のあらゆる物理理論はこの原則にもとづいています。哲学の領域では多少異なるかもしれません。哲学者の中には、その先を求める方もおられるでしょう。たとえばドイツの哲学者イマヌエル・カントは、"われわれの目にどう見えるか"ではなく"もの自体"として物質の特性を考えることに多くの時間を費やしました。しかし近代の物理学者にとっては、位置や運動量といった測定結果のみが意味をもつのです——このように観測可能な量のことを"オブザーバブル（観察できるもの）"と言っています。近代物理学はすべて相互の関係性の上に築かれるものでありまして……」

突然、ブーンという音が聞こえてきた。その方向を見ると、黒い大きな虫が飛んでいる。アブの2倍はありそうだ。いやな感じがした。頭を低くしているようにと、ガイドの少年が大声で叫んだ。彼はハエ叩きを取り出し、向かってくる虫を叩き落とそうとしている。しかし虫はだんだんと姿をぼやけさせ、象と3人を包みこむぼんやりとした雲のようになっていった。少年は力まかせにハエ叩

きを振り回している——雲の濃い部分を狙っているようだ。

バシッと音がした。うまく当たったようだ。その瞬間, 3人を取り巻く雲は消え去り, 虫が吹き飛ばされるのが見えた。虫の死骸は大きな弧を描いて薮の中に落ちていった。
「うまいぞ！」教授が声をあげた。少年は得意げに微笑んだ。
「なにがなんやら, さっぱりわからない……」トムキンスがつぶやく。
「いや, たいしたことではないのですよ」教授が答えた。「虫は非常に軽いですから, 時間の経過とともにその位置がどんどん不確定さを増していったのです。そしてついには"虫の確率の雲"となってわれわれを包みこんでしまったのですな。原子核が"電子の確率の雲"に囲まれているのと同じことです。そうなると, われわれにはもう虫の正確な位置はわかりません。ただし, 確率の雲が濃いところほど, 虫が見つかる可能性は高ということは言えます。この子が雲の濃いところをめがけて叩いていたのを見たでしょう？ あれは非常によい判断だったのです。そうすることで, 虫とハエ叩きとが出会う確率を高めたというわけですな。ご覧になったように, 量子の世界では的にぴたりと狙いをつけることも, 絶対に当たると確信することもできないのです」

ふたたび象の歩みを進めながら, 教授が付け加えた。
「まったく同じことが, われわれの通常の世界でも起こっているのです。ただしその規模はずっと小さいのですがね。原子核の周囲での電子のふるまいは, 象を取り囲んだように見えた虫のふるまいにいろいろな点でよく似ています。原子内電子に光子を当てようとして成功する確率は, 少年が虫を叩き落とせるかどうかの確率とどっこいどっこいでしょう。すべては確率にかかっているのです——ギ

「虫の確率の雲」に包まれてしまった

ャンブルのようなものですな。原子に光線を当てようとしても，ほとんどの光子は外れ(はず)てしまうでしょう。原子とはなんの相互作用もせずに通り過ぎてしまうのです。われわれにできることはと言えば，1つでもいいから原子に当たってくれと祈ることだけなんです」

「軽く撫でられるだけで死んでしまうという，量子の世界の可哀想(かわいそう)な犬のようなお話ですね」トムキンスはそう感想を述べた。

　そうこうするうちに一行はジャングルを抜け，開けた土地を見渡す高台に出た。眼下に広がる平原を，こんもりと茂った樹木の帯が真っ二つに分けていた。樹木は河岸に沿って生えていたが，河床は干上(ひあ)がっている。

「ご覧なさい！　ガゼルがいますぞ。それもあんなにたくさん！」右の方角で静かに草をはむガゼルの群を指して，教授が目を輝かせて言った。

　しかしトムキンスは，樹木の帯の反対側にいるものに注意を引かれていた。2頭の雌ライオンだ。すると，ほんの少し離れたところに別の雌ライオンの群がいることに気づいた。そしてまたその近くにも別の……。ライオンの群は樹木の帯と平行に，1本の帯となって群れているのである。さらに，それぞれの群の間隔はまったく同じときている。いったいどうなっているのだろうとトムキンスは思った。それは月曜から金曜まで毎朝彼が経験する，駅のプラットフォームの光景を思い出させた。7時5分の電車に乗る通勤客は長い経験から，電車のドアがどこに止まるかを正確に知っているのだ。開くドアのまん前に立っていなければ，席に座れるチャンスはない。そのようなわけでトムキンスのようなベテラン通勤客は，プラットフォーム上で一定の間隔をおいて群れかたまっているのであ

駅のプラットフォームで見る光景に似ている

る。

　ライオンの群はすべて，樹木の帯に開いた2つの狭い隙間へと，期待に満ちた視線を送っている。いったいなにが起ころうとしているのかとトムキンスが尋ねようとした瞬間，はるか右の方で騒ぎが起こった。隠れていた1頭の雌ライオンが，突然草原に姿を現したのだ。それを見るなりガゼルたちは逃げだした。彼らは一目散に，樹木の帯の2つの隙間をめがけて走っていく。

　樹木の帯の反対側にガゼルたちの姿が現れたとき，驚くべき光景がトムキンスの目に飛びこんできた。ガゼルたちは一団となって逃げるでもなく，散り散りばらばらに逃げるでもなく，それぞれ列をつくって走りだしたのである——そしてそれらの列の目指す先には，それぞれ雌ライオンの群が待ち受けている！　ライオンの群に到達すると，神風ガゼルたちは当然のごとく襲われ，食べられてしまった。

「いったいどうなっているんだ？！」トムキンスは仰天して叫んだ。

「見た通りですよ」教授がつぶやいた。「目を離せない光景でしたな。まったくヤングのダブルスリットの言う通りになりました」

「ダブル……なんですって？」

「おお，これは失礼。またしても専門用語でしたな。つまり，衝立に開いた2つのスリットに向かって光線を照射するという実験がありまして，もしも光線がスプレーから飛び出すペンキのように粒子でできているとしますと，衝立の向こう側にはそれぞれのスリットから1本ずつ，2本の光線が出てくるはずなのです。しかし，もしも光線が波でできているとすれば，それぞれのスリットが波の発生箇所となります。衝立の向こう側で波は広がり，おたがい

に重なりあいます。そして2つの波の山や谷が重なりあって、干渉を起こします。ある方向に対しては波の列の歩調が揃いません。つまり、一方の波の山と、もう一方の波の谷とが出会い、おたがいを打ち消しあって、その方向には波が生じなくなるのです。われわれはこれを"相殺的干渉"と呼びます。別の方向に対しては逆のことが起こります。つまり波の列の歩調が揃い、山と山、谷と谷が出会います。そしてそれらはたがいに強めあい、その方向に対してはとくに大きな波が送り出されるのです。これをわれわれは"建設的干渉"と呼んでいます」

「では、隙間の向こう側では、建設的干渉となる方向には光線が飛び、相殺的干渉となる方向には光線が飛ばないということですか？」トムキンスが尋ねた。

「その通りです。しかも光線は2本だけとは限りませんぞ。何本もの光線が、同じだけの間隔をあけてたくさん並ぶのです。それらの光線が飛び出す角度は、最初に照射された光線の波長と2つのスリットの間隔によって決まります。そして3本以上の光線が飛び出すことから、それは粒子ではなく波であるということが証明されるのです。これが"ヤングのダブルスリット実験"と呼ばれているものです。というのも、物理学者のヤングがこの実験によって、光線が波でできていることを示したからです。さて、いま目の前で起こった出来事は」教授は眼下で繰り広げられた残酷な光景を指してつづけた。「ガゼルたちもまた、波と同様のふるまいをするということを示しています」

「わたしにはどうもよくわからないのですが、ガゼルはどうして自殺しなけりゃならないのです？」トムキンスは当惑顔で尋ねた。

「彼らにはどうしようもないのですよ。彼らの行く先は、干渉パタ

ーンによって決まっているのです。スリットから反対側に出たガゼルたちには，どの方向に走るかを決めることはできません。前もってわかっているのは，ある方向への確率は高く，別の方向への確率は低いということだけです。ガゼルたちはともかくスリットを通り抜け，あとは運にまかせるしかありません。彼らにとって不幸なのは，ライオンたちが百戦錬磨のハンターだということです。彼らはガゼルが，だいたいどれくらいの重さで，どれくらいの速さで走るかを知っているのですな。それらがガゼルの運動量を決定し，しかるのちに走るガゼルの群の波長を決定します。ライオンたちはまた，樹木の帯に開いた2つのスリットのあいだの距離を知っていますから，食料が届く地点を計算することができるのです」

「あのライオンたちは数学が得意だとおっしゃるんですか？」信じられないといった顔でトムキンスが訊き返した。

教授は笑っている。

「いやいや，それはないと思いますがね。キャッチボールをする子供たちが放物線の軌道計算に長けているのと同じですな。おそらくは本能的に判断しているのでしょう」

眼下に目をやると，ガゼルの群を脅して逃げるようにしむけた雌ライオンがライオンたちの群のひとつに加わり，分け前をもらっているのが見えた。

「いやあ，すばらしいですな」教授はうれしそうだ。「あの雌ライオンがゆっくりとスリットを通り抜けるのを見ましたか？　明らかに彼女は，ガゼルよりも自分の体重が重いことを計算していますよ。ゆっくりと動くことで，ガゼルと同じ波長になるようにしているのです。そうすればガゼルたちと同じ方向へ回折され，食料のある場所へ間違いなく到達できる。進化生物学者たちもフィールド調

査をすれば，環境に適応した動物たちの生態を研究できるのではないですかな……」

教授の言葉をさえぎるように，ハチの飛ぶような音が聞こえてきた。

「気をつけて！」ガイドの少年が叫んだ。「また虫が襲ってきたよ！」

トムキンスは慌てて身を屈め，上着をかぶって頭を守った。しかしそれは上着ではなく，シーツだった。量子の虫の羽音と思ったものは，目覚まし時計の音だったのである。

# 10
# マクスウェルの魔物

　それからの数カ月間，トムキンスとモードはいっしょにアートギャラリー巡りをし，展示作品を批評しあった。トムキンスは，新しく学んだばかりの量子物理学の不思議さをモードにも教えてあげようと，できるかぎりのことをした。数字に強い彼はまた，モードが仕事のことでディーラーやギャラリーのオーナーたちと交渉するのを助けてやり，自分が彼女にとってたいへん価値のある人間であることを証明していた。

　そうこうするうち，トムキンスは勇気をふりしぼってモードに結婚を申し込み，うれしいことに彼女はそれを承知してくれたのだ。2人はノートン農場に新居をかまえることにした。そうすればモードがアトリエを手放さずにすむからである。

　ある土曜の午前，2人は昼食に招いたモードの父が現れるのを待っていた。モードはソファにすわり，『ニューサイエンティスト』の最新号を読んでいた。トムキンスはダイニングテーブルに陣取り，モードの所得申告のために帳簿を整理していた。作品の材料を

買ったときの領収書の山を調べながら、トムキンスが言った。
「早めに退職して、妻の稼ぎで暮らしていくのは無理のようだね——少なくとも今すぐは」
「あなたの稼ぎだけで2人が食べていくのも無理だわね」モードは雑誌から目を離さずに答えた。

トムキンスはため息をつき、領収書を集めて書類箱に片づけた。それから新聞を手にとり、ソファに腰を下ろした。色付きの別刷りをめくっていると、ギャンブルに関する記事に目がとまった。
「モード、これだよ」しばらくしてトムキンスが声をかけた。「ぼくたちに必要なのは、"絶対儲かるギャンブル法"」
「ふーん」モードが気のない返事をよこした。まだ雑誌を読んでいる。「誰のアイディアかしら？」

絶対負けないギャンブル

「ここに書いてある」

「あら,新聞に? じゃあ間違いないんでしょう」疑っているようだ。

「まじめな話だって。ちょっと聞いてくれよ。まず1番目の馬に賭けるんだ。賭ける金額は,勝てば1ポンドの儲けになるようにしておく。勝てばそれでOK。儲かった1ポンドを銀行に入れる」

「で,負けたら?」

「もし負けたら,2番目の馬に賭ける。ただし,今回勝てばさっきの負け分を取り戻したうえに,さらに1ポンドだけ儲かるように掛け金を増やすんだ。勝てばそのうちの1ポンドを銀行に入れる。これで1ポンドの損もないだろう? もし2回目も負けたら,3回目はそれまでの2回分の負けを取り戻したうえに,さらに1ポンド儲かるように掛け金を増やすんだ。3回目で勝てば,やはり1ポンドの儲けになる。簡単だろう? この手でいけば,何度負けようと怖くない。しまいには,それまで負けていた金額を全部取り戻したうえに,さらに1ポンド儲かるんだ」

「でも,儲けが1ポンドじゃあね」まだ納得していないようだ。

「これはたんなる第一歩さ」トムキンスは興奮している。「続きがあるんだ。こう書いてある。銀行に入れた1ポンドには手をつけずに,同じ手順をはじめからもういっぺん繰り返す。まず1ポンド儲かるように賭けて,負けた場合は,負け分プラス1ポンドが手に入るように掛け金を増やす。次に勝つまでこれを繰り返せば,いずれは銀行に入れるべき2ポンド目が手に入るというわけだ。この時点で,預金高は2ポンドだ。これを繰り返せば,3ポンド,4ポンドと,どこまでも増やしていける。どうだい!」トムキンスは得意満面だ。

「うーん，どうなのかしら」モードはどうも確信できないようだ。「絶対に儲かるギャンブルなんてものはないって，父がいつも言っていたのよ」

「どうして？　どこに問題があるっていうんだい。いいさ，ぼくが証明してやるよ。さっそくやってみればいいんだ」そう言ってトムキンスは競馬のページを開き，目をつぶって紙面に指を突き立てた。

「デモンノヨロコビ。ヘイドック競馬場で2時半の発走。まあどれでもいいんだけどね。よし。さっそく近所の馬券売り場に行ってこよう」

トムキンスは立ちあがり，上着をはおって玄関に向かった。しかしちょうどそのとき，玄関のチャイムが鳴った。モードの父親だ。

「おや？　出かけるのかね？」教授が尋ねた。

トムキンスは教授にいきさつを話した。

「なるほど。昔からあるアレですな」教授はあたりさわりのない返事をすると，トムキンスの脇をすり抜けてモードと話しはじめた。ポカポカと心地のよい日和(ひより)だったので，3人はパティオに出ることにした。

「"絶対儲かるギャンブル法"か……まったく耳タコですな」教授が多少非難めいた口調でつぶやいた。

「そんなものがあるわけないと思われるのはわかります」教授の後ろを歩きながらトムキンスは言った。「でも，これは違うんですよ。損しないことが保証されているんです。勝つことに"なっている"んですから。間違いありませんよ」

「間違いないですと？」教授はにっこり微笑(ほほえ)んだ。「では，間違いがないかどうか見てみましょう」記事にさっと目を通して，教授が

口を開いた。

「この方法の特徴は、負けるたびに掛け金を増やさなければならないという規則にありますな。もしも勝ち負けが必ず交互に起こるのであれば、元手の金は増えたり減ったりを繰り返すでしょう。そして、増える金額は、その直前に減った金額よりも、わずかだけ大きくなります。当然ながら、元手の金は時間とともに増え、いずれは大金持ちになるでしょうな」

「そうでしょう?」とトムキンス。

「しかし、あなたは気づいていないようだが、ものごとはそんなに規則的に起こるものではないのですよ。じつを言えば、勝ち負けを交互に繰り返す確率は、ずっと勝ちつづける確率と同じくらい低いのです。ですからわれわれは、何度かつづけて勝ったり負けたりした場合にどうなるかを考えなければならんのです」

「ギャンブラーたちはよく"勝ち運がついてきた"などと言いますが、たしかに連続して勝つこともあるでしょう。しかし1度に1ポンドの儲けでは、最終的な儲けもたいしたものにはなりません。一方、負け運につかれると、あなたはたちまち困った状況に追いこまれますぞ。前回の負けを取り戻すために増やさねばならない賭け金が膨大な額となり、それを調達できないあなたはじきにゲームから降りなければならなくなるのです。たとえば、賭け率が5分(賭け金1ポンドに対し、配当が1ポンド)で5回連続して負けたとしますと、それまでの負けを取り戻したうえに1ポンドの儲けが出るようにするには32ポンド賭けなければなりません。10回連続で負けたとしますと賭け金を1024ポンドに、15回連続で負ければ32768ポンドを賭けなければなりません――それもたったの1ポンドを儲けるためにです! 元手の変化を示すグラフを考えてみ

ると、たまにちょっとだけ上昇する部分はあるものの、そのあいだに急激に落ち込む部分ができるでしょう。勝負をはじめたばかりのころは、この曲線の長く緩やかな上昇部分にのって、金が少しずつですが着実に増えていくのを見て快感に浸るということもあるかもしれません。しかしもっと儲けようと勝負をつづけていくと、とつぜん負けがやってきて、有り金全部を賭けて、それを失ってしまうような状況に落ち入るのです」

「ポイントは、無限に大きい財布はないということです。いかなるギャンブラーといえども、元手には限りがありますからな。いくら元手があったとしても、そこには必ず限りがあるのです。平均化の法則というのがありましてな、負けがこんできて元手をすべて失ってしまうときが必ずくるのです。一般論として、この方法でも他の似たような方法でもかまいませんが、元手が倍増する確率は、元手をすっかり失くしてしまう確率とまったくいっしょです。言いかえれば、最終的に勝つかどうかは、コイン投げに全財産を賭けるのと同じだということです。倍増か、文無しかです。このようなギャンブル法のご利益といえば、勝負を長引かせ、より多くの快楽と苦悩を与えてくれることだけですな」

「もちろんここまでは、胴元が切りくずしをやっていないと仮定しての話ですぞ。しかしそんなことはありえませんから、事態はより悪くなるというわけです。実際のところ、この絶対儲かるギャンブル法でハッピーエンドが保証されているのは、胴元だけですな」

「ということは、金を失う確率が儲かる確率をわずかに上回っているということですか？」トムキンスはすっかり意気消沈している。

「まさにその通りです。さらに言えば、これはギャンブルの勝ち負けといった、言ってみればそれほど重要でないことにかぎらず、一

見したところ確率の法則とは関係のなさそうなさまざまな物理現象にもあてはまるのです。ついでに言えば、確率法則を出し抜くような方法を考え出せれば、それでお金儲けをするよりもずっと面白いことができるのです。ガソリンなしで走る車、石炭や石油なしで動く工場、そのほかにもいろいろ夢のようなことができるでしょう」

「ほんとうですか？」トムキンスは興味を示し、ソファの上で居ずまいを正した。「そういう機械のことは、何かで読んだことがあります。永久機関と言いましたっけ？ でも、燃料なしで動く機械なんてものはありえないでしょう。何もないところからエネルギーは創(つく)り出せませんからね」

「まったくもって、あなたの言う通りです」教授は満足げにうなずいた。無謀なギャンブルから義理の息子の気持ちをそらし、自分のお気に入りの物理の話題にもってくることができたのだから。

「この種の永久運動は——"第1種永久運動機関"と呼ばれているのですが——エネルギー保存の法則に矛盾してしまうため、存在できません。しかしわたしの言っている無燃料機械は、それとは違ったタイプのものなのです。それらは通常、"第2種永久運動機関"と呼ばれておりましてな、何もないところからエネルギーを創り出すのではなく、大地や海や大気といった周囲の熱源からエネルギーを"取り出す"のです。たとえば、石炭や石油を燃やすかわりに周囲の水から熱を取り出し、それでボイラーを働かす汽船をイメージしてみればよろしい。そういう機械が作れるかどうかは、冷たいものから暖かいものへと熱を移動させられるかどうかにかかっておるのです——もちろん、それは通常の熱の移動とは逆なのですが」

「すごいアイディアですね」トムキンスは夢中になっている。「海水を汲み上げて熱を取り出し、その熱でボイラーを稼働(かどう)させて、あ

とに残った氷の塊は海に捨てるという機関を作ればいいのですね。学校で習った覚えがあるのですが，1リットルの水が氷になるときは，同じく1リットルの水を沸点近くまで高めるほどの熱が放出されるそうじゃないですか。そうだとすると，毎分数リットルの海水を汲み上げれば，かなりの大きさのエンジンを稼働させるだけの熱が集められますね。これはうまい考えじゃありませんか」

「お昼の支度ができたわよ」モードがダイニングルームから声をかけた。すっかり話に夢中になっていたトムキンスと教授は，モードが食事の支度に席を立ったことにすら気づいていなかったのだ。2人はダイニングルームに向かった。

「モード，ギャンブルの話はもうやめたよ」席に着くなりトムキンスが言った。「おとうさんがほんとうに確実な方法を教えてくださったんだ」

しかしサラダを自分の皿にとりながら，トムキンスはふと手を止めて眉をひそめた。そして教授に向かって尋ねた。

「でも……こんなうまい考えを，今まで誰も考えつかなかったのでしょうか？」

教授が笑みを浮かべて答えた。

「考えついてはいたのですよ。実用性ということでいえば，この第2種永久運動機関も，何もないところからエネルギーを創り出す機関と同じくらいにすばらしいものです。なにしろ燃料代のことも，エネルギー資源のことも心配しなくてもいいのですからな。ただしこの機械は，第1種の機関と同様，実現不可能なのです」

「どうしてですか？」

「確率の法則のせいですよ。さきほどの"絶対負けないギャンブル法"をだめにしたのと同じ法則ですな」

「すみませんが,どこがどうつながっているのやら……。確率の法則がどういうふうに関係するのでしょうか?」

「それはですな,熱に関係するプロセスは,それ自体が確率に支配されているからなのです。そういう意味で,競馬やサイコロ賭博,ルーレットといったギャンブルに非常によく似ています。冷たいものから暖かいものへと熱が移動することを期待するのは……そうですな,胴元の銀行からあなたのポケットへお金が移動するのを期待するようなものですな。あるいは,何もしないのに塩が勝手にわたしの皿にふりかかってくるのを待つようなものとでも言いましょうか」

「は? しお?」

「シリル」モードはそっとトムキンスの名を呼ぶと,塩の容器をあごで指し示した。

「こりゃ失礼」トムキンスはすまなそうに塩を教授に渡した。「気がつきませんで……」

「話題を変えたらいかが? とりあえず,お食事中は」モードが穏やかにたしなめた。

　食後のコーヒーは,戸外で愉しむことになった。教授はトムキンスに頼んでウイスキーをたらしてもらった。「食後にときたまいただくのです。ふだんはお昼にこれほど食べませんからな。これで胃が楽になるんですよ」

「話の続きをいかがですかな」日光浴用の寝椅子に横になると,教授が秘密めかしてトムキンスにささやいた。それを耳にしたモードが穏やかに言った。

「今日は土曜日ってことはご存じでしょう? 週末には仕事の話をしないものよ」

しかし2人はモードを無視して確率の話に戻ってしまった。
「熱に関してはどのぐらいご存じですかな？」教授が尋ねる。
「少しばかり。でも詳しくはないです」
「よろしい。つまりは原子と分子がめちゃくちゃに動きまわるという話です。あらゆる物質は原子でできているということはご存じでしょうな？　原子がいくつかくっついて、分子になるということは？」
　トムキンスはうなずいた。
「結構。分子の運動が激しいほど物体は暖かくなります。分子の運動はきわめて不規則ですから、確率法則に支配されます。おびただしい数の粒子から成り立っているひとつの系の状態としてもっとも確率の高いのは、全エネルギーが各粒子におおよそ均等に分配された状態なのです。もしも一部が加熱されると——つまりその部分の分子が、周囲よりもすばやく運動するようになるということですが——まわりの粒子とでたらめに衝突を繰り返すうちに、余分にもっていたエネルギーは他の粒子に均等に分配されてゆくでしょう」
「しかしながら、こうした衝突はまったくでたらめに起こりますから、たまたま一部の粒子だけが、他のすべての粒子を犠牲にして、すべてのエネルギーをせしめてしまうこともありうるわけです」
「ということは、温度が上がるということですね？　一部分の温度だけが上がり、そしておそらく他の部分の温度は下がるのですね？」トムキンスは思いきって言ってみた。
「その通り。そして、物体の一部だけに熱エネルギーが自然と集まってしまうということは、温度勾配に逆らって熱が移動することに相当するのです——冷たい部分から暖かい部分へと熱が移動するのですな。この可能性は、少なくとも原理的には否定されません。

しかし，熱がそのように自然に集まるという現象が起こる確率を計算しますと，あまりに小さな数値になってしまうので，事実上起こりえないと言ってさしつかえないのです」

「なるほど，わかったような気がします。第2種永久運動機関は"理論上"はあってもおかしくはない。"絶対"にありえないわけではないけれども，その確率はきわめて低く，たとえばサイコロを2個ふって100回つづけて6のぞろ目が出るようなものだとおっしゃるのですね？」

「そう，その考え方でよろしいですぞ。ただし確率はそれよりもずっと小さいのですがね。実際問題として，自然界の法則に逆らうようなことに賭けて勝てる確率というものは，適切な言葉が見つけられないほど小さなものなのです。たとえば，ダイニングルームの空気がすべて自然にテーブルの下に集まってしまって，ほかはみな真空状態になる確率を計算してみましょう。あなたが一度にふるサイコロの数とダイニングルームの空気分子の数が対応しますから，まずはその数を知らなければなりません。大気圧のもとで，1立方センチメートルの空気に含まれる分子の数はおよそ$10^{20}$個（1のあとに0が20個続くということ）ぐらいでしたな。ですからダイニングルーム全体での空気分子の数は$10^{27}$個ほどになるでしょう。テーブルの下の空間はおよそ……全体の1パーセントとしましょう。そうしますと，個々の分子がテーブルの下にあって，ほかの場所にない確率は100分の1になりますな。ということは，すべての分子が一度に全部テーブルの下にある確率を計算するには，100分の1かける100分の1かける100分の1，といった具合に部屋中の分子の数だけ掛け合わせなければなりません。その結果は$10^{54}$回に1回くらいの確率になります」

「ひええ，そんなものに賭けるのはよほどのギャンブラーですね」

「そういうことです。テーブルの下に空気が集まったために窒息死するなどということが起こらないということは，請け合ってもいいですぞ。それだけでなく，あなたの飲んでいるコーヒーの上半分が沸騰して蒸発し，下半分が氷になって残るなどということも起こらないでしょう」

2人は顔を見合わせて笑った。

「しかしそれでも，妙なことの起こる"可能性"はあるわけですよね？　ちがいますか？」

「もちろんありますとも。地面の分子が偶然にも一斉（いっせい）に上方向に熱運動しはじめたために，あそこにある植木鉢がとつぜん空中に飛び上がってパティオの外に放り出される可能性も，完全に否定することはできません」

「そういえば，きのうそんなことが起こったわね？」モードがちゃちゃをいれる。「ねえ，シリル。あなたが車をバックさせていたら，ゴミバケツが……」

「わかった，わかったよ」トムキンスがさえぎる。

「なに？　なにがあったのかね？」教授が尋ねた。

「なんでもないんですよ」トムキンスが慌（あわ）てて答えると，教授は含み笑いをしながら言った。

「ゴミバケツになにが起こったかはともかく，それはマクスウェルの魔物のせいではなさそうですな」

「マクスウェルの魔物？　なんのことですか？」

「ジェイムズ・クラーク・マクスウェル。有名な物理学者です。彼は統計学的な魔物という概念を導入しました。ちょっと面白いでしょう？　彼は，今われわれが話していたようなことを説明するため

184

にその魔物を用いたのです。マクスウェルの魔物はとてもすばしこくて，個々の分子を観察し，その運動方向を自在に変えられるということになっています。もし実際にそんな魔物がいたら，すばやく運動する分子をある方向へ，運動ののろい分子をその逆方向へと向けることができるでしょう。そうすることで彼は温度勾配に逆らって熱を移動させることができるのです。これは熱力学の第2法則，すなわち"エントロピー増大の法則"に逆らうことになりますな」
「エントロピー？　なんですか，それは」
「ある物理的物体，または物体の系における分子運動の乱雑さの程度を言い表すために用いられる専門用語です。例を挙げますと，すべての空気分子がダイニングテーブルの下に集まっているという状況は，非常に整然とした配置といえます。空気の分子が部屋中に乱雑に散らばっている状態は，非常に無秩序な状態です。あるいはこのパティオの床の表面の分子を例にとりますと，それらがすべて上向きにそろって振動しているのであれば，それは非常に整然とした状態です。異なった方向に振動するようにしてやれば，それは無秩序な状態といえます。いま言った整然とした状態はエントロピーが低く，無秩序な状態はエントロピーが高いというのです。そして分子間の衝突というものは，本来めちゃくちゃなものですから，常にエントロピーを増大させるのです。そのようなわけで，統計的な集合はどんなものであれ，完全に無秩序の状態こそが，もっともありうる状態になるのですな」
「それはつまり，ものごとを本来の性質にまかせて放っておくと，きちんと片づくよりはとり散らかってしまう傾向があるということですか？」トムキンスが尋ねた。
「ええ，そのように言うこともできますな」

「おとうさんがそういう言い方をするのはね，いかにも科学的に聞こえるようになの」寝椅子の上で眠そうにのびをしながらモードが言った。陽の光が当たらないよう顔に帽子をのせ，くぐもった声で付け加えた。「でもエントロピーなんていう専門用語で煙にまかれたりしないようにね」

「ありがとう，モード」教授はモードのちゃちゃ入れには寛容だ。「お話ししたように，もしマクスウェルの魔物に一働きさせることができるなら，有能な牧羊犬が羊の群を好きなところへ追い込めるように，分子運動に一定の秩序を与えるのはわけのないことでしょう。するとエントロピーは減少します。もう一点付け加えますと，ルートヴィヒ・ボルツマンが導入したいわゆるH定理により……」

話し相手が大学院生ではないことを，教授は忘れているようだった。「一般化されたパラメーター」とか「準エルゴード系」といった異様な専門用語をあやつって話を進めながら，熱力学の基本法則とギブス統計との関係をきわめて明快に説明しているつもりらしい。トムキンスは義理の父が自分にはわかりそうもないことをしゃべるのに慣れていたので，コーヒーをちびりちびりと飲みながら，せいぜいわかったふうを装っていた。

しかしモードの方は，もううんざりだった。睡魔に襲われ，目を開けているのがつらくなってきた。まだ皿洗いがすんでいないことに気づいたモードは，眠気を振りはらうためにキッチンに戻って食器を積み上げることにした——男性陣に皿洗いをやってもらうための準備である。

「奥様，なにかご用でございますか」モードがキッチンに入ると，品よく燕尾服を着こなした長身の執事がお辞儀をして言った。

「いいえ，お仕事をつづけてちょうだい」モードは答えた——どう

して執事なんて雇えるようになったのかしらと、ぼんやり考えながら。もしかすると夫が競馬で大儲けしたのかもしれないし、永久運動機関の特許をとったのかもしれないわね。執事はすらりと背が高く、肌は南欧系の魅力的な色をもち、鼻先は少しとがって、緑色を帯びた目には奇妙な、しかし強烈な光が宿っている。彼はどうやら食器を洗い、皿拭きを終えたところのようだ。モードは、男の額に対称的に２つ並んだ奇妙なこぶに興味を惹かれた——黒髪に半ば隠れてはいるけれど。彼の外見は、驚くほどメフィストフェレスに似ていた。

「夫はいつ、あなたを雇ったのかしら？」モードが尋ねた。なにか言わずには落ち着かなかったのだ。

「いえ、わたしは雇われたわけではありません」男は丁寧にふきんをたたみながら答えた。

「実を申しますと、わたしはわたしの意志でここにやってきたのです。ものごとをきちんと整頓するのが大好きなものですから。とり散らかっていることには耐えられないのです。わたしは、あなたのりっぱなお父上にわたしが架空の存在ではないことをご覧に入れようとやってきたのですが、キッチンに入りましたら、流しがぞっとするような状況にあるのが目に入ったものですから……悪気はなかったのですよ、もちろん。いつかは誰かがきれいになさるのだろうと信じてはおりましたが、誘惑に抗しきれなかったのです。わたしは、ともかくものごとに秩序をもたせなければ気がすまないのでして、それがわたしの性分と申しましょうか。いささか不自然な性分ですが。自己紹介が遅れました。わたくし、マクスウェルの魔物と申します」

「ふぅ」モードが安堵の息を漏らした。「それならいいのよ。わた

しはまたてっきり……」
「わかっております。よく彼と間違われますので。ご心配はいりません，わたしはまったく無害ですから。やるとしても，せいぜいちょっとしたいたずらぐらいのものです。実際にいま，お父上に一つ仕掛けようとしていたのです」
「どんないたずらかしら？　父はどう思うかしら……」モードが少し心配そうに言った。
「案ずることはありません，ちょっとしたお遊びですから。エントロピー増大の法則が破られるところをご覧に入れたいだけなんです。それにあなたにもそのことを知っていただきたいのです。わたしにご同行願えますか？」

　モードの返事を待たずに，男は彼女のひじをつかんだ。とつぜん，周囲がおかしくなった。見慣れたキッチンの光景がすごいスピードで大きくなりはじめたのだ。あるいは男とモードが縮みだしたのかもしれない。椅子の背が視界のすべてをさえぎったかと思うと，あたりはふたたび静かになった。気づくとモードは空中に浮かんでいた。男が彼女の腕をしっかりと支えている。テニスボールほどの大きさの，ぼんやりとした球が2つずつペアになって，かすかな音を立ててすぐそばを飛んで行った。球はあらゆる方向に飛んでいる。ミサイルのように自分に当たるのではないかと思うと，モードは怖くなってきた。
「あれはなに？」モードは男に尋ねた。
「空気の分子です」マクスウェルの魔物が答えた。「あそこを飛んでいるのが酸素。そしてこちらが……危ない！」男は手慣れたようすで2つの球の向きを変え，ぶつかるのを避けた。「あれが窒素です」

下に目をやると、魚釣りの舟のようなものが見える。舟のデッキは何か震えるものでびっしりと覆われている。魚の群が甲板上でキラキラ光っているような光景だ。しかし近づいてみると、それらは魚ではなく、たくさんのぼんやりした球だった。しかし空中を飛んでいるものとは異なり、激しく振動している。男は優しく、しかししっかりとモードをエスコートして、さらに近くに寄っていった。ここまで近づくと、球が決まったパターンもなくランダムに振動しているのがわかった。表面に浮かび上がってくるもの、沈んでゆくもの。ときどき、大きなスピードで表面に浮かび上がってきたものが、仲間の引力を振り切って空中に飛び出してしまう。また、空中を飛んでいた球がこの"スープ"に飛びこみ、幾千という他の球の中に消えていくところも見える。

　スープを詳しく観察してみると、球には2種類あることがわかった。ほとんどはテニスボールのようなものだったが、より大きく細長いラグビーボールのようなものもある。球はすべて半透明で、内部には複雑な構造があるように見えた。それがなんであるかはモードにはわからなかった。

「ここはどこ？　まさか地獄じゃ……」モードがおずおずと尋ねた。

「もちろん違います」男は間髪を入れずに答えた。「さきほど申し上げたでしょう、わたしは彼ではないと。わたしたちはたんに、あなたのお父様が準エルゴード系のお話を終えたら口になさろうとしているウイスキーの表面を詳しく観察しているだけです。小さくて丸い球は水の分子です。大きくて細長いのがアルコールの分子。分子の数の比率を測ってみれば、ご主人がお作りになった飲み物の強さがおわかりになるでしょう」

魚ではなかった

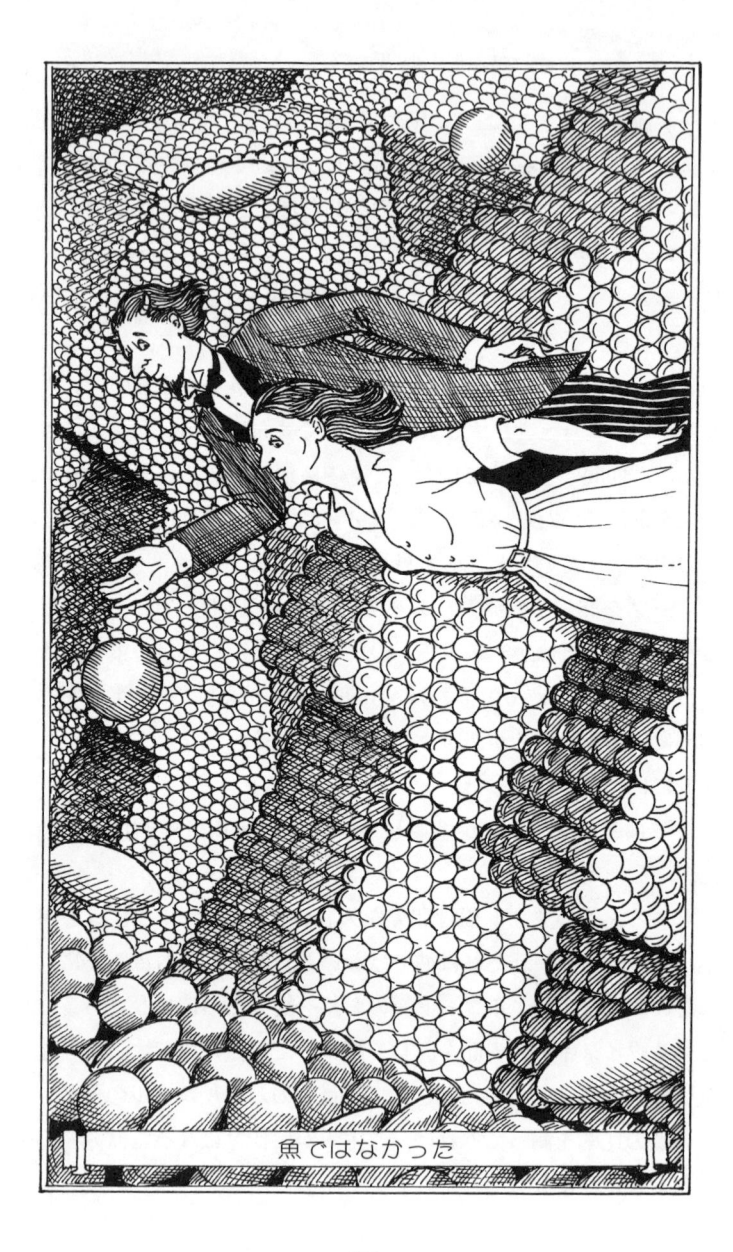

そのとき，モードは水中を泳ぎまわる2頭のクジラのようなものを見つけた。

「あれは，原子のクジラ？」モードはそちらを指さして尋ねた。

　男はモードの指し示したものを見て，笑いながら答えた。

「いえ，違います。大麦ですよ。炒り大麦の細かなかけらです。あれがウイスキーに独特の風味と色を与えているのです。それぞれのかけらは，複雑な有機化合物の分子が何百万，何千万と集まってできています。非常に大きくて重いのはそのためです，といっても個々の分子とくらべればの話ですが。彼らの動きは面白いのです。跳ねまわっているでしょう？　ご覧になれますか？」

「ええ。どうしてあんなに跳ねるのかしら」

「周囲の分子が彼らに衝突するからです。分子は熱運動からエネルギーを得ます。そして大麦のかけらに衝突するのです。分子1個の衝突による衝撃はたいしたことはありませんが，ある瞬間をとってみますと，かけらの一側面よりも逆の側の方により多くの衝撃が集まることがあり，それは完全にランダムに起こります。そうして衝撃が全体として，大麦のかけらを瞬間的に一定の方向に押すのです。次の瞬間にはまた別の方向に押され……と続いて，あのように跳ねまわっているわけです」

「実のところ，物質が運動する分子からできているという熱運動理論の最初の直接的な証拠はここから得られたのです。分子は顕微鏡で見るには小さすぎますが，大麦のかけらほどの大きさの粒子であれば見ることができますからね。さらに，"ブラウン運動"と呼ばれる，あのジグザグ運動を見ることもできるのです。ですから，その跳ねる軌跡の範囲を測定し，統計的な分析をほどこせば，個々の分子を実際に見なくとも分子の運動エネルギーに関する情報が得ら

れるわけです。賢いやり方でしょう？」

つぎに男は，モードを液体の表面近くのすぐ上のところに連れていった。無数の分子がレンガを積むように規則正しくびっしりと並ぶ，透(す)きとおった巨大な塊が見える。そのなめらかな壁面は，ウイスキーの海からまっすぐにそそり立っている。

「なんてすばらしい眺めなの。まるでガラスでできたビルのようだわ」

「ガラスではなく，氷です」男が答えた。「お父上のウイスキーグラスに浮かぶ氷の塊の一部を見ているのです。しばらくここに腰掛けていてください。仕事を片づけてしまいますから」そう言うと，男はモードを氷の塊の端に腰掛けさせた。まるで救助を待つ登山家といったあんばいだ。

テニスのラケットのような道具を手に，男はウイスキーの海へ飛び込んでいった。男は泳ぎながら，周囲の分子をぴしゃりと叩(たた)いている。機敏に泳ぎまわり，あちこちで分子の流れの向きを変えている。モードにははじめのうち，男のやっていることの意味がわからなかった。しかし突然，彼の戦略が明らかになった。すばやく運動する分子たちがグラスの一定の場所に導かれ，運動ののろい分子たちはその反対側に集められたのである。男の敏捷(びんしょう)な行動には賞賛を禁じえないものがあった。すばやい判断とすばらしい技術。目の前に展開されているものにくらべれば，ウィンブルドンのチャンピオンなど赤んぼうのようだとモードは思った。

ほんの数分で男のしたことの結果は明らかとなった。ウイスキーの海の表面の半分は運動ののろい静かな分子たちで覆われ，もう半分は騒然としている。蒸発作用により液体の表面から飛び出す分子の数もどんどんと増えている。そして今や，何千という分子がいっ

ウイスキーが……沸騰している

しょに飛び出すものだから、液体の表面を破る大きな泡のようになっている。泡の数は増え、男の姿も振り回すラケットも、怒り狂った分子の集団の中に埋もれて見えないほどだ。

「急いで！　逃げないとやけどします！」とつぜんモードの脇に現れた男はそう叫ぶと、モードのひじをしっかりと握って飛び立った。パティオの上に浮かんだモードには、下に父親と夫のいるのが見えた。父親は驚いて跳び上がっている。

「なんてことだ！」ウイスキーグラスをまじまじと見つめた父親がうろたえたようすで声をあげた。「沸騰している！」

たしかにグラスの中のウイスキーからはフツフツと泡が立ち、濃い湯気が空中に立ちのぼっていた。

「ご覧なさい！」教授の声は畏怖の念に震えていた。「エントロピ

ーの法則には統計的ゆらぎがあるということをお話ししましたが，目の前でそれが起こっているではありませんか。信じがたい偶然によって，おそらくは地球ができて以来はじめて，高速に運動する分子たちが表面の一部に集結し，水がひとりでに沸騰しはじめたのです。今後何十億年経とうとも，このような驚くべき現象を目にするのは，おそらくわれわれだけに違いありませんぞ。なんという幸運！」

このようすを上から眺めていたモードは，グラスから立ちのぼる湯気の雲に包まれはじめた。そしてじきに視界は完全にさえぎられてしまった。周囲が蒸し暑く，息苦しくなってきた。呼吸もままならない。モードは苦しくなって，もがきはじめた。

「大丈夫かい，モード？」トムキンスの声だ。彼はモードのひじを持って軽くゆすっている。「帽子のせいで息苦しいんだね？」

モードは夢から覚めると，顔の上から帽子をとった。夕陽が目にまぶしい。

「ごめんなさい」モードがつぶやく。「寝てたのね」

モードは寝椅子に横になったまま，最近友人が言った言葉を思い出していた。結婚した2人はだんだん似てくる……。トムキンスがみるような夢を自分もみるようになるのは，はたしていいことなのか悪いことなのか。

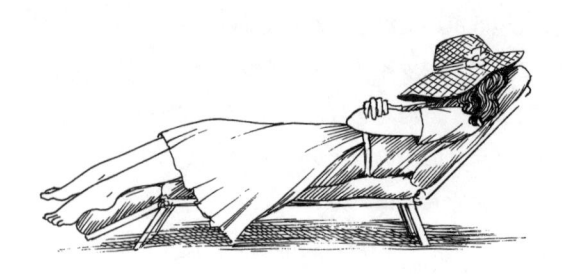

「でも」モードは小さく笑って自分に言い聞かせた。「礼儀正しいマクスウェルの魔物が家の中を片づけてくれるのなら，悪くないかもね」

# 11
# 陽気な電子たち

　数日後，夕食を終えようとしていたトムキンスは，その晩に行われる予定の講演のことを思い出した。教授が原子構造について話をすることになっていたのだ。聞きに出かける約束をしていたのだが，その日はとくに疲れていた。家に帰ろうとして乗った電車が，架線事故のために遅れてしまったのだ。電車は駅の外で30分以上も停まっていた。暑い日だったので，客車の中も耐えがたいほど息苦しくなり，トムキンスはぐったりと疲れ果てて帰宅したのだった。講演にはとても行けそうにないな，とトムキンスは思った。義理の父が自分のいないことに気づかねばいいが……。トムキンスはそんなことを考えながら新聞を開き，テレビ欄に目をやろうとした。そのとき，モードに逃げ道を絶たれてしまったのだ。彼女は時計に目をやり，穏やかに，しかしきっぱりと，もう出かける時間だわねと言ったのである。

　そのようなわけで，トムキンスはいつもの学生たちといっしょに，またしても大学の講堂の長椅子に腰を下ろすことになった。教

授の講演がはじまった……。

　お集まりのみなさん，こんばんは。
　前回わたしは，原子の内部構造について詳しくお話しする約束をいたしました。また，その内部構造によって，それぞれの原子の物理的・化学的性質が説明できるのだということもお話しいたしましょう。みなさんもご存じのように，原子はもはや，それ以上分割することのできない物質の究極の構成要素とは考えられておりません。その役割はいまや電子など，もっとずっと小さな粒子へと移ってしまったのです。
　物質が，それ以上小さくは分割できないような基本構成要素から成り立っているという考え方は，古代ギリシアの哲学者デモクリトスにまでさかのぼることができます。デモクリトスは紀元前4世紀の人であります。あるとき，石段に腰を下ろしていたデモクリトスは，石段がすりへっていることに気がつきました。そして，すりへっている最小の粒子はなんだろうか，と考えたのです。それは無限に小さいのだろうか？　その当時は，ただ考えることによってのみ問題を解決するのが世の習いでありました。いずれにせよ，その問題は，当時としては実験の手の及ぶことではなかったのです。そこでデモクリトスは，じっくりと考えることによって，自分の頭のなかで答えを探さねばなりませんでした。抽象的な哲学的考察を重ねたのち，ついに彼は，物質がどこまでも小さなものへと分割されていくとは"考えられない"こと，そして"もはやそれ以上分割することのできない最小の粒子"が存在することを認めなければならない，という結論に到ったのであります。彼はその粒子を"原子（アトム）"と呼びました。ギリシア語で"分割できないもの"とい

う意味です。

ここでひとつ触れておかねばならないのは，当時のギリシアには，デモクリトスとその追随者のほかにも別の学派がありまして，その学派の人々は，物質はどこまでも分割可能であると主張しておりました。ともあれデモクリトスの時代には，そしてその後何世紀ものあいだ，分割できないものの存在は，哲学的な仮説にとどまらざるをえなかったのであります。

ようやく19世紀になり，科学者たちはついに，2000年以上も昔に古代ギリシアの哲学者たちによって予言された"分割できない基本要素"を発見したと確信するに到りました。1808年，イギリスの化学者ジョン・ドルトンは……

講演がはじまるとすぐ，ここに来たのは間違いだったとトムキンスは悟った。目をつむりたいという衝動に襲われるのは毎度のことだったが，今夜のそれには抗しがたいものがあった。さらに悪いことに，彼の座ったのは席のはずれだったため，講堂の壁に心地よくもたれかかることができたのである。聴講する自分とうたた寝する自分との狭間(はざま)で，教授の話はぼんやりとかすんでいった。

やわらかくこだまする教授の声を聞きながら，トムキンスは空中に浮かんでいるような心地よい感覚を味わっていた。目を開けてみると，驚いたことに彼はものすごいスピードで空中を飛んでいるではないか。あたりを見まわすと，このすばらしい飛行に参加しているのは彼だけではないことがわかった。トムキンスのすぐ近くを，いくつかのぼんやりとした霧のようなものが飛んでいる。それらは多数のこぶがくっついたような形をした巨大な物体のまわりを飛びまわっているのだ。しかもそれぞれ対(つい)になって，愉(たの)しそうに円や楕

11——陽気な電子たち

まるでウィンナワルツを踊っているようだ

円の軌道を描きながら追いかけっこをしている。それぞれがコマのように回転しながら，中央の物体のまわりをぐるりと回るのだ。ペアになっているもの同士は，逆向きに飛びまわっている。まるでウィンナワルツを踊っているようだ。そのようすを見ながら，トムキンスはなんだか寂しくなった。いっしょに飛びまわってくれるパートナーのいないのは，トムキンスただ一人だったからだ。

「モードを連れてくるんだった。そうすればこの舞踏会を愉しめただろうに」

トムキンスの飛ぶ軌道は，他のみんなの軌道よりも外側にあった。みんなの仲間に加わりたいと思うのだが，そうはさせてくれない奇妙な力が働いているようだ。自分ひとりがのけ者になっているという落ち着かない気分が，ますます強くなってくる。

するとそのとき，電子たちの一人が（夢か奇跡か，原子内電子の群にまぎれこんだのだということが，トムキンスにはわかっていた），楕円軌道を描いて彼のそばを通り過ぎようとした。そこですかさず，自分がのけ者になっていることについて意見を言うことにした。

「すみませんが，みなさんにはパートナーがいらっしゃるのに，なぜわたしにはいないのか教えていただけませんか？」

「なぜって，これは半端者の原子で，あなたは価電子だからよ」そう言うと電子はくるりと向きを変え，舞踏会の中に飛び込んでいった。

「価電子は一人暮らし。パートナーがほしければ，ほかの原子から連れてくるの。あなた，なにも知らないのね」トムキンスのそばを通った別の電子が，キンキン響く声で言った。

「色白のパートナーをお望みなら，塩素に飛び込んで探すんだね」また別の電子が，からかうように言った。

「こちらははじめてですかな？」頭上から親切そうな声が聞こえる。見上げると，焦げ茶色の修道服に身を包んだ，かっぷくのよい修道士の姿があった。

「わたしはパウリ神父と申します」修道士はトムキンスに付き添うように軌道をまわりながら話しはじめた。「わたしの使命は，原子

内部であれ，ほかのどこであれ，電子たちの規律と社会生活を監督することです。偉大なる建築家ニールス・ボーアが建立(こんりゅう)された美しき原子構造の内部には，さまざまな量子部屋がありましてな，遊び好きの電子たちをそれぞれの部屋に正しく住まわせておくことがわたしの務めというわけです。秩序と規律を保つために，同じ軌道には2つの電子しか飛ぶことを許しておりません。3角関係はトラブルのもとですからな。おたがいに逆の"スピン(コマのような回転)"をするもの同士がカップルになっているのがおわかりでしょう。性格が正反対の夫婦のようなものですな。部屋がそうしたカップルで占められてしまえば，第三者の乱入は許されません。これは良くできたルールでして，破られたことはただの一度もありません。電子たちも，これが健全なルールだということはわかってくれているのです」

「良くできたルールかもしれませんが，今のわたしには不都合としか言いようがありませんね」

「そうでしょうな」神父は微笑(ほほえ)んだ。「しかし，ナトリウム原子の価電子となってしまったからには，しかたがありません。ナトリウム原子の原子核，ほれ，中央の大きな黒いかたまりがそれですが，あの原子核の電荷は，電子を11個かかえるだけの力をもっています。11というのは奇数ですね——実際，数の半分は奇数なのですから，これはなにも特別なことではありません。あとからやってきて，奇数個の電子をもつ原子に最後にくっついたのはあなたなのですから，不平を言える筋合いではありませんな。まあ，しばらくお待ちなさい」

「では，待てば仲間入りできるチャンスがあるということですか？たとえば以前からいる電子の一人を追い出すとか？」トムキンスは

真顔で尋ねた。

「こらこら，なんということを」神父はふっくらした指を振りながら諭すように言った。「そうしたふるまいは，ここでは許されませんぞ。あなたは辛抱するということを学ばなければいけませんな。もちろん，外部からの撹乱を受けて軌道上の電子たちが外に放り出されることもないわけではありません。そうなれば，空いた場所に入ることもできるでしょう。しかし，わたしがあなたの立場なら，そんな確率の低い話をあてにはしませんがね」

　神父の言葉にがっかりして，トムキンスが尋ねた。

「塩素に移り住んだ方が楽しく暮らせるようなことを聞きましたが，そのためにはどうすればいいのでしょう？」

「あなたという人は……」神父が悲しげにつぶやいた。「どうしてそんなに連れをほしがるのです。孤独をかみしめ，静かにあなた自身の心と向きあうために，神のくださったこの機会を活かそうとは思わないのですか？　どうしてあなたがた電子は，世俗の暮らしに心を奪われてばかりいるのでしょう」神父はため息をついた。「しかし，あなたがそうまで言うのでしたら，パートナーを見つけるのを手伝ってあげましょう」

　神父は一心不乱にあたりを見まわしている。しばらくすると目を輝かせて一方向を指さし，大声をあげた。

「あそこ！　塩素原子がこちらに向かっています。ご覧なさい！あなたが大歓迎されそうな空きのあるのが，この距離からでも見えるでしょう。空きは，いわゆる"M殻"と呼ばれる外側の電子の群にあります。通常ですとM殻は，8個の電子が4組の対になっていなければならないのです。しかし見てのとおり，4個の電子が同じ向きに，3個の電子が逆の向きに回転していて，空きが1つあ

塩素原子に1つ空きがあった

ります。内側の殻（K殻とL殻）には，空きがありません。あの原子は喜んであなたを受け入れ，外殻を満たしたいはずです」

神父はタクシーを止めるかのように大きく腕を振り，塩素原子の注意を引いた。

「あれが近くまできたら，とにかく飛び込みなさい。それが価電子のいつものやり方です。汝に平安あらんことを！」そう言うと，電子の神父の姿はどこへともなく消えてしまった。

すっかり元気を取り戻したトムキンスは，近くまできた塩素原子の軌道に向かって，勇気を奮い立たせて飛び込んでいった。すると驚いたことに，まったく楽々と飛び移れたではないか。そしてふと気づいたときには，塩素のM殻の住人たちが醸し出すなごやかな雰囲気に包まれているのだった。彼は暖かく迎え入れられたのである。じきに，逆のスピンをする魅惑的な電子がトムキンスに寄り添うように飛びはじめた。

「お仲間になってくだすって，うれしいですわ」彼女が心地よい声を発した。「わたしのパートナーになってくださいな。いっしょに愉しみましょう」

彼女と同じ軌道を優雅に舞いながらトムキンスは，なんて愉しいのだろうと思った。しかし小さな心配がひとつだけ，心に入り込んできた。「これをモードにどう説明すればいいのだろう？」トムキンスは少し後ろめたい気がしていた。しかし，それも長くは続かなかった。「きっと，モードは気にしないさ。なんといっても，この人たちは電子なんだから」

「あなたがさっきまでいたあの原子，どうして向こうに行ってしまわないのかしら？」パートナーが口をとがらせた。「あなたを取り戻そうとしているのでなきゃいいけど」

彼女の言う通り，価電子を失ったナトリウム原子は，塩素原子にぴたりとくっついている。

「まったく，どういうつもりなんだろう」トムキンスは眉をひそめ，怒りをこめて言った。ついさっきはあれほど薄情で傲慢な態度をとっていたくせに。

「あの人たちはいつもああなのよ」M殻の経験豊富な電子が言った。

「あの電子たちというよりも，ナトリウム原子の原子核があなたを取り戻したがっているの。中心の原子核と周辺の電子たちとのあいだには，たいてい意見の相違があるのよ。原子核は自分の電荷が許す最大数の電子を周辺に置きたがっているのに，電子の方は，完全な殻を形成するのにぴったりの数であればその方がありがたいのだから」

「原子を支配する原子核とその配下の電子たちの意見が一致してい

る原子——いわゆる"希ガス"、あるいはドイツの化学者の言う"貴ガス"——の数は、そう多くはないわ。それらの原子核がもつことのできる電子の数は、完全な殻を形成するのに必要な電子の数とぴったり一致しているの。たとえばヘリウム、ネオン、アルゴンといった原子は、信じられないほど自己満足の強い独善家だわ。不要な電子を放り出す必要もなければ、空きを埋める新しい電子を受け入れる必要もないわけ。そうやって彼らは彼らだけで存在しているのだけれど、化学的には怠け者だわね」

「でも、ほかの原子たちは」博識な電子が話をつづける。「いつだって仲間を交換する用意があるのよ。あなたがさっきまでいたナトリウム原子の核は、調和のとれた殻を形成するのに必要な数よりも1つだけ多く電子を抱えるだけの電荷をもっている。一方、わたしたちの原子では、完全な殻を形成するには電子の頭数が足りないのが普通なの。だからわたしたちはあなたを歓迎したのだけれど、わたしたちの原子核にとってあなたの存在は負担だわ。あなたがここにいるかぎり、わたしたちの原子は電気的に中性ではいられないもの。あなたの負の電荷が余分だからよ。あなたが元いたナトリウムの原子は、いまや電子が1人不足しているわけでしょう。だからナトリウム原子全体としては正の電荷をもっているわけ。それが彼の離れない理由よ。彼のもつ正の電荷とわたしたちの原子のもつ負の電荷が電気的に引きあって、離れられないの。偉大なるパウリ神父がいつかおっしゃってたけど、こういうふうに電子が多すぎるのをマイナスの"イオン"、少なすぎるのをプラスの"イオン"と呼ぶそうよ。また、こうした電気的な力で複数の原子がくっついているものを"分子"と呼ぶのだともおっしゃってたわね。ナトリウム原子と塩素原子がくっついたものを神父さまは"食塩"とお呼びに

なるのよ——それがどういう意味かわたしにはわからないけれど」
「食塩を知らないだって？」トムキンスが訊き返した。話の相手が何者なのかも忘れて。「朝食でスクランブルド・エッグに振るやつじゃないか」
「スクラン・ブルデッグって？　超ショックってなに？」電子が訊き返す。

　トムキンスには，どう説明してよいやらわからなかった。しかしすぐに，人間の世界のこまごましたことを電子に説明しても無駄だということに気がついた。幸いにもこの博学な電子は，電子の世界に関する自分の知識をひけらかすことに夢中で，人間の世界に関してはあまり興味をもっていないようだった。
「でもね」電子は話をつづけた。「原子がくっついて分子になるのが，いつでも1人の価電子の仕業だと思わないでね。たとえば酸素のように，完全な殻をつくるために2人の余分な電子を必要とする原子もあるし，3人とかそれ以上の電子を必要とする原子もあるの。一方，原子の中には，原子核にとっては負担になる余分な電子をいくつももっている原子もあるのよ。そうした原子たちが出会うと，かなり大がかりな電子の引っ越しと原子の結びつきが起こるの。その結果，かなり複雑な分子も生まれるし，数千個の原子が結びついた分子もめずらしくはないのよ。それにいわゆる"等極"分子というのもあって，同一の原子2個でできている分子なんだけど，これはあまり好ましい状況とは言えなくてね」
「なんで好ましくないのかね？」トムキンスが尋ねた。
「忙しすぎるのよ」電子が答えた。「2つの原子をくっつけておくために，重労働を課せられるの。わたしはちょっと前にその仕事をしたんだけど，自分の時間なんてまったくなかったわ。ここみたい

に，価電子がダンスを愉しんでいても，元いた原子がくっついてくれるなんてことは金輪際ないんだから。お話にならないわ。2つの同じ原子をくっつけておくために，あっちの原子からこっちの原子，またこっちからあっちへと飛びまわらなけゃならない。行ったり来たり，来たり行ったり，ずーっとよ。ピンポンの玉みたいなものね」

スクランブルド・エッグを知らない電子が，さも知っているかのようにピンポンのことを語るのにはトムキンスも驚いたが，黙って聞き流すことにした。

「わたしはもう，あの仕事はまっぴらよ」電子が言い放った。「ここはほんとうにお気楽だから……」そのとき，電子はなにかを見つけて言った。「まあ，あれを見て。ここよりも楽そうな場所だわ。じゃあねー」

驚くトムキンスの目の前で，電子は大きくジャンプすると原子の内部深くへと急降下していった。外部からふいに高速の電子が突入してきたために，内側の殻にいた電子の1つが原子の外へ投げ出されたのだろう，K殻に居心地のよさそうな場所がぽっかりと空いたのだ。内側の殻に加わる機会を逃した自分自身を責めながらトムキンスは，今までおしゃべりしていた電子の飛んでいくようすを興味深く眺めていた。原子の内部深くへとスピードを増していくこのラッキーな電子の意気揚々たる飛行に添うように，キラキラと光が輝きだした。ほとんど目も開けていられないくらいの光だったが，電子が内部の軌道に到達したとき，光もまた消えた。

「あの光はなんだったんだろう？　いったいなにが起こったんだ？」トムキンスが尋ねた。光にやられて目が痛い。

「まあ，X線の放射じゃありませんの」トムキンスのパートナー

が答えた。「遷移にともなって起こるんですわ。わたしたち電子の1人が原子の内部深くに到達すると、余分のエネルギーは放射という形で放出されるんです。あの方はたいへん大きくジャンプなさったから、大きなエネルギーが放出されたのです。たいていの場合、わたしたちはこの原子の郊外で小さなジャンプをすることに甘んじなければなりません。そのときの放射は"可視光線"と呼ぶのだと、パウリ神父さまはおっしゃいましたわ」

「しかし、今さっきのX線だって見えたじゃないか。わたしはたしかに"見た"ぞ。なんであれも"可視光線"と呼ばないのかね？」

「わたしたちは電子ですもの。電子はあらゆる放射を知覚できるんです。でも、パウリ神父さまがおっしゃるには"人間"という巨大生物がいて、彼らには狭い範囲の波長をもつ光しか見えないのだそうです。だからレントゲンという人間が現れるまで、X線の存在すら知らなかったとか。どうやらこの人間という生物は、あまり利口ではないようですわ。でも、とにもかくにもX線を発見して、"医学"と呼ばれるものに広く利用しているらしいのです」

「そうそう、その話ならわたしもよく知っているよ。医学というのはだね、わたしたちにとって……いや、つまり、人間たちが……」

パートナーの電子は大あくびをしている。

「どうでもいいわ、全然興味ないですもの。それより踊りましょう」電子がトムキンスの手をとり、2人は軌道上をまわりはじめた。

ほかの電子たちに混じって空中ブランコのように飛びまわる快感に、トムキンスはしばらく酔いしれていた。ところが突然、トムキンスは髪の毛が逆立つ感覚を覚えた。いつか山で雷にあったときの

感覚だ。何か強烈な電気の嵐のようなものが、トムキンスたちの原子に近づいてきたのは明らかだった。電子たちの運動の調和を乱し、通常の軌道から大きく逸脱させる力だ。トムキンスはのちに、これがたんに彼らの原子のいるところを紫外線が横切っただけだと知ったが、微小な電子たちにとっては恐るべき電気嵐だったのだ。

「しっかりつかまって！」仲間のひとりが叫んだ。「でないと、光電効果で放り出されてしまうぞ！」

しかし、時すでに遅し。トムキンスは仲間から引き離され、ものすごいスピードで空中に放り出されてしまった。まるでわざわざピンセットでも使って、トムキンスだけ原子からつまみ出されたかのようだった。トムキンスは息もつけないような状態で空中を飛んでいた。次から次へといろいろな原子のそばを通り過ぎるが、あまりのスピードで個々の電子を見分けることなどできないほどだった。と、急に大きな原子が眼前に迫り、正面衝突は避けられない事態となった。

「ごめんなさいよー。わたしは光電効果で飛ばされて、自力ではどうしようも……」トムキンスはご丁寧にも謝りはじめたが、その言葉は外殻の電子の1人に正面衝突したときに生じた耳をつんざく衝撃音にかき消された。衝突した2人はひっくり返ってしまった。しかし衝突のおかげでトムキンスの無軌道飛行は終わり、新しい環境に落ち着いたのである。

やっと一息つけるようになったトムキンスは、まわりのようすを見まわした。彼の周囲はすべて原子に取り囲まれていた。その原子たちはこれまで目にしたどの原子よりも大きく、それぞれの内部には29個の電子があった。少し物理に詳しければ、それらが銅の原子であることがわかっただろうが、これだけ近くから眺めていては

まるで銅には見えなかったのだ。トムキンスには，それらの原子が密に並んでいるだけではなく，見渡すかぎりどこまでも一定のパターンで並んでいることがわかった。

しかしなんといっても驚かされたのは，その原子たちがそれぞれ各自に割り当てられた電子について，とくにその外殻電子の所有について，あまりこだわりをもっていないことだった。外殻の電子の軌道はほとんどが空っぽで，束縛されない電子の群がのろのろとうろついている。電子たちはときに立ち止まることもあったが，しかしそれも束(つか)の間で，1つの原子から別の原子へと外殻を漂っている。トムキンスはそのようすを見ていて，街角にたむろする若者が夕方になると何をするでもなく通りをうろつくさまを思い出した。

超高速の空中旅行をすませたばかりで疲れきっていたトムキンスは，銅の原子の安定した軌道上で一休みしようと思っていたが，じきに周囲の電子たちの放浪癖に感化され，あてのない漂流の仲間となってしまった。

「ここでは，ものごとがきちんと管理されているとは言えないようだな」トムキンスは一人つぶやいた。「たくさんの電子たちがぶらぶらしていて，目的のない人生を送っている。パウリ神父はこのことをご存じなのだろうか」

「もちろん存じておりますよ」聞き覚えのある神父の声がした。と，とつぜん，神父は空中に姿を現した。「これはこれでよいのです。この電子たちは何ひとつルールを破っているわけではないのですから。それどころか，彼らはとてもよく働いてくれているのですよ。もしもすべての原子が，ある種の原子がするようにその電子をがんじがらめに縛っていたとしたら，電気伝導などというものは存在しなくなってしまいます。そうなれば電気器具も，電灯も，コン

ピューターもテレビもラジオも使えませんぞ」
「この放浪する電子たちが電流を起こしているとおっしゃるんですか？　どうも納得できませんね。彼らは特定の方向に動いているわけでもなさそうじゃないですか」
「まあ，ちょっとお待ちなさい。誰かがスイッチを入れればわかることです。ところで，"彼ら"ではなく"わたしたち"と言うべきですぞ。あなたも電導電子の１人だということを，お忘れではないですかな？」
「いや，じつを言うと，わたしは電子でいるのには疲れてきました。たしかに最初は愉しかったのですが，目新しさにはすぐに飽きました。ここのルールにしたがって永遠に飛びまわることに，わたしは向いていないとわかりました」
「永遠にというわけでもないのですがね」神父は少し気分を害したようだ。電子ごときに"口答え"されるのは心外なのだ。「いつ消滅してしまってもおかしくないのですから」
「消滅ですって？」トムキンスは驚いて訊き返した。「電子というのは永遠に存在するのではないのですか？」
「かつては物理学者たちもそう信じていたのです。しかし，彼らも今ではもう少し利口になっている。電子というものは生まれ，死ぬのです，ちょうど人間のように。もちろん歳をとったからといって死ぬわけではありません。電子の死は前触れもなく"とつぜんに"やってくるのです。衝突によってね」神父は微笑んだ。トムキンスが自分の言葉にショックを受けたようすにちょっと満足したようだ。
「でも，わたしはついさっき衝突しましたよ。しかもかなりすごい衝突でしたけど，死にはしませんでした。神父はちょっとオーバー

におっしゃってるのでしょう？」少し自信を取り戻したトムキンスが訊き返した。

「衝突の激しさは問題ではないのです。重要なのは衝突する"相手"なのですから。おそらく，あなたの衝突した相手はあなたと同じ負電荷の電子だったのでしょう。それならなんの危険もありません。それどころか，2頭の羊のように始終頭を突きあわせていたとしてもなんら問題はないのです。しかし電子には正の電荷をもつ種族があります。これには気をつけなければなりませんぞ。陽電子，すなわち"ポジトロン"は，あなたがたとまったく見分けがつきません。ポジトロンが近づいてきたら，あなたは同族の1人がやってきたと思うでしょう。そして彼に近づき，歓迎しようとするでしょう。しかしその瞬間にあなたは気づくのです。負の電荷が2人を反発させて衝突を避けるかわりに，彼の正の電荷はあなたの負の電荷を引き寄せ，あなたを引き込んでしまうことに。それに気づいたときには，もう手遅れです」

「どうして手遅れなんですか？　いったい何が起こるのです？」トムキンスが訊き返した。

「食べられてしまうんですよ。一巻の終わりです」

「なんてことだ。それで，ポジトロンは1人で何人の電子を食べられるんですか？」

「幸いにも，1人だけです。陰電子を破壊するときに，ポジトロン自身も破壊されるのです。彼らは自殺願望をもっていると言ってもいいでしょう。いっしょに心中してくれる相手を常に探しているのです。ポジトロン同士ならなんの問題もないのですが，負電荷の電子がポジトロンに近づいた場合，生き延びる可能性は低いのです」

「それじゃあ，あの巨大な原子に飛び込んだわたしは幸運だったわ

けですね?」トムキンスは声を震わせて尋ねた。「ポジトロンがたくさんいないことを願いますよ。そいつらは大勢いるんですか?」

「いえ。彼らの寿命はそう長くないのです。つねにトラブルを求めていますから,長生きはできないのですな。ちょっとお待ちなさい,彼らの1人を見せてあげますから」

パウリ神父はしばらく周囲を見まわしていた。

「ほら! あそこ!」神父はかなたの大きな原子核を指さした。「わかりますか? ポジトロンが生まれようとしています」

神父が指さした原子は,外部からの強力な放射を受け,大きな電磁嵐が起ころうとしているところだった。それは塩素原子からトムキンスを放り出した嵐よりもさらに激しそうだ。原子内の電子たちは,嵐に舞う木の葉のように吹き飛ばされていった。

「原子核をよく見てみなさい」神父が言った。注意深く見ると,原子核に何かただならぬことが起こっているのに気がついた。電子の内殻の内側で,原子核のすぐ近くに,2つのおぼろげな影が姿を現した。次の瞬間,生まれたばかりの2つの電子がキラキラ輝きながら飛び去っていくのが見えた。

「2つ見えましたよ!」トムキンスが興奮して言った。

「その通り。電子はつねに2ついっしょに生まれるのです。電子は電荷をもっていますから,2つ同時に生まれる必要があるのです。正の電荷をもつものと,負の電荷をもつものです。そうでなければ電荷保存の法則に反してしまいますからな。原子核に強力なガンマ線が作用して,負の電荷をもつ電子と陽電子(ポジトロン)がひとりずつ生まれるわけです」

「それなら,とくに問題ないんじゃないですか?」トムキンスが訊き返す。「ポジトロンと同時に負の電荷をもつ電子も生まれるのな

ら，ポジトロンが負の電荷をもつ電子を1人食べてしまっても，数的には元に戻るだけで，電子の絶対数は変わらないでしょう？ですから電子が絶滅してしまうこともないだろうし，わたしにしたって……」

「わたしなら，あのポジトロンを警戒しますがね」トムキンスの言葉を神父がさえぎった。

「どっちがポジトロンなんです？　わたしには同じに見えますが」

「それはわからないのですよ。ところで，彼らの1人がこちらにやってきますね」

　そう言うと神父はトムキンスをわきに押しやった。そのそばを，生まれたばかりの粒子がすごい勢いで飛んでいった。トムキンスの近くを通りすぎた直後，それは他の電子に衝突した。そして目も眩む閃光が2つほとばしり，あとには何もなくなった。

「どうやら，答えが出たようですね」神父が微笑んだ。

　しかし，ポジトロンの死の手から逃れたトムキンスの安堵も長くは続かなかった。パウリ神父のとっさの判断に礼を言う間もなく，何かに引っ張られたのだ。トムキンスも他の放浪電子たちもすべて突然の刺激を受け，同じ方向に押し流されはじめたのである。

「いったいどうなってるんですか〜？」トムキンスは神父に向かって叫んだ。

「誰かが電灯のスイッチを入れたのです。じきに電球に到着するでしょう」神父が答えた。その姿もどんどん小さくなっていく。「さようなら。お話ができてよかったですなー」

　はじめのうちは，この移動は快適だった。まるで空港で動く歩道に乗っているようなものである。トムキンスも仲間の電子たちも，原子の格子の中を穏やかに進んでいった。トムキンスはそばにいた

電子に話しかけてみた。
「なかなか快適ですね」
 話しかけられた電子はトムキンスをギロリとにらんで言った。
「ふん，おまえ新顔のようだな。じきにそうも言ってらんなくなるんだよ」
 トムキンスにはその意味がわからなかったが，なんとなくいやな感じがした。そしてじきに，その意味がわかったのである。トムキンスたちの進む道が，とつぜん狭くなった。電子たちはたがいにぶつかりあい，押しつぶされそうだ。彼らはどんどん熱くなり，そして明るく輝きだした。
「ぶつかるわよー！」と声をあげながら，電子が1人，横からトムキンスに衝突してきた。
 気づいてみると，隣に腰掛けた女性も居眠りをしていた。トムキンスは寄りかかってきた女性と講堂の壁に挟まれて苦しんでいたのだ。

# 11 1/2
## 講演のうち居眠りで聞きもらした部分

　1808年，イギリスの化学者ジョン・ドルトンは，何種類かの化学元素から複雑な化合物ができている場合，化学元素の割合はつねに整数比になることを示しました。この法則はいったい何を意味しているのだろうと考えたドルトンは，あらゆる化合物は，構成要素となる簡単な粒子からできあがっているのだろうと解釈したのであります。中世の錬金術は，ある元素を別の元素に変えることはできなかったわけですが，そのことは実は，構成要素である粒子が分割不可能だということの証明になっていたのです。そんなわけで，これらの粒子には，古くからあるギリシア語の"原子（分割できないもの）"という名前がつけられました。今日では，「ドルトンの原子」は分割不可能ではなく，いっそう小さな粒子が集まってできていることがわかっておりますが，原子という名前はしっかりと定着しております。

　そのようなわけで，現代物理学で"原子"と呼ばれているものは，デモクリトスが考えたような，それ以上分割不可能であるよう

な物質の構成要素ではありません。実を言えば，原子という言葉は，「ドルトンの原子」を構成している電子やクォークなど，もっと小さな粒子に対して用いるのがより適切なのであります（ところで，クォークというのは原子核を構成する究極の構成要素であります。これらについては，のちほど詳しくお話しいたしましょう）。しかし，いまさら名前を変更したりすればますます混乱が大きくなるでしょうから，われわれはいまでもドルトンの意味での"原子"という古い名前をそのまま用い，電子やクォークなどに対しては"素粒子"という名前を使うようにしています。素粒子という名前が使われるのは，言うまでもありませんが，これらの微粒子はデモクリトスのいう意味で"真に"分割不可能だと考えられているからです。ですからみなさんの中には，歴史は繰り返すのではないか，将来科学の進歩により，現代物理学でいう素粒子も，実は複合粒子であったということになりはしないかとお考えの方もおいででしょう。これに対してわたしの考えを述べさせていただくと，そうならないという絶対的な保証はありませんが，今度こそわれわれの考えは正しいと信ずべき十分な理由があるのです。

　原子には92の種類がありまして，92種類の化学元素に対応しており，おのおのの原子はかなり複雑な特性をもっています。このことから，原子はより基本的な要素から構成された複雑な構造物なのではないかと考えたくなるわけであります。

　では，ドルトンの原子は素粒子によってどのように組み立てられているのでしょう？　この問題に対する最初の解答は，1911年に著名なイギリスの物理学者（そしてのちにラザフォード・オブ・ネルソン卿となった）アーネスト・ラザフォードによりもたらされました。ラザフォードは，原子にアルファ粒子をぶつけるという方法

で原子の構造を研究しておりました。アルファ粒子は，放射性元素が崩壊するときに放出される正の電荷をもつ粒子であります（ヘリウム原子の原子核の話を覚えておいででしょうか？）。ラザフォードは，これらの粒子が物質片を通過するときに生ずる進行方向のずれ——いわゆる散乱でありますが——そのずれのようすを観測したのです。すると，多くの粒子がほとんどずれることなく通過するのに対し，いくつかの粒子は進行方向を大きく変えられてしまうことがわかりました。そのようすは，原子内にある非常に小さな的に当たって跳ね返されたかのようでした。この観測結果からラザフォードは，すべての原子はその中心に，正の電荷をもつ密度の高い核が存在すると結論づけたのです。これがすなわち"原子核"であります。彼はまた，その原子核のまわりを負の電荷をもつ希薄な雲が取り巻いていることも予見したのでした。

のちに，原子核は正電荷をもつ"陽子"と電気的に中性の"中性子"とが一定の個数組みあわさってできていることがわかりました。この二者は電荷の違いを別にすれば非常に似通っていますので，まとめて"核子"と呼ばれています。核子は，到達距離の短い，強い力によって固く結びつけられておりまして，その力のことを"強い核力"と呼びます。"強い核力"という名前は，おのおのの陽子が正電荷をもつために生じる反発力を押さえ込んでまで，陽子たちを原子核内に閉じ込めておけるほど強力な力であることからつけられました。

また，原子核を取り巻いている雲は，陽子のもつ正の電荷によって電気的に引きつけられた，負の電荷をもつ電子であります。みなさんはもちろん，同じ電荷は反発し，異なる電荷は引きあうことをご存じでしょう。原子の雲を形成する電子の数は原子により異なっ

ておりまして，その原子の物理的・化学的特質を決定しているのは電子の数なのであります。その数は化学元素の周期律表に沿って 1 個（水素の場合）から 92 個（もっとも重い元素であるウランの場合）まで変化します。

　ラザフォードの原子模型は，一見すると簡単そうですが，それを深く理解するのは決して単純な作業ではありませんでした。たとえば，静電引力によって電子たちが原子核内に引き込まれてしまわないのはなぜでしょう？　古典物理学で考えれば，太陽系の惑星が太陽に引き込まれてしまわないのと同じであるとしか言えません。惑星は，引力——この場合は重力——の中心のまわりを軌道に沿って運動することにより，その状態を保っています。しかし残念ながら，古典物理学によれば，軌道を回る物体が電荷をもつ場合，そのエネルギーは放射という形で徐々に失われてしまうのです——つまりは，光を放射するわけです。計算によれば，このようにしてエネルギーを失ってしまうため，原子の雲を形成するすべての電子は 1 秒よりはるかに短い時間で原子核の表面まで落ち込んでしまうはずです。ところが古典物理学による，この見るからに正しそうな結論は，原子の雲が実際にはまったく安定であるという経験事実に反します。電子たちは原子核に向かって落ちていくかわりに，核のまわりをいつまでも回りつづけているのです。そのようなわけで，古典力学の基本観念と原子の世界の運動に関する経験事実とのあいだには，非常に根深い矛盾のあることがわかったのであります。

　デンマークの著名な物理学者ニールス・ボーアは，ここからあることに気づきました。つまり，自然科学の中で何世紀にもわたり特権的に安泰な地位を占めていた古典力学はもはや，巨視的なわれわれの日常生活の世界でしか通用しない，限定された理論だと考えな

ければならず，原子の内部で起こるはるかに微妙な運動に当てはめようとすれば，ひどい間違いを生ずるということであります。

以前の講演で量子力学にふれましたが，のちに花開くことになるこの新しいタイプの力学を作り上げるための試みとして，ボーアはある仮定を提起しました。それは"古典力学では，理論上，無限に多様な軌道が許されるけれども，原子核の周囲をめぐる電子の運動に適用されうるのは，そのうちから選ばれたほんの一部にすぎない"という仮定です。これらの許された軌道は，ボーアの理論の"量子条件"と呼ばれる数学的条件にしたがって選ばれることになります。

ここでは量子条件について詳しく論じることはいたしませんが，少しだけお話ししておきますと，それらの量子条件は，運動する粒子の質量が大きい場合には（ここで大きいと言うのは，原子構造で問題になるような質量にくらべてずっと大きいという意味ですが），事実上なんの制限も課さないように選ばれます。そのため，この新しい力学が惑星軌道など巨視的なことがらに適用されても，古典力学とまったく同じ結果が得られるのであります。この考え方のことを，"対応原理"と呼びます。たとえば太陽の周囲をめぐる惑星の軌道も制限されることになりますが，ところがそのような軌道は無数にあって，しかもどれもよく似ているために，事実上，制限のあることなどわからなくなってしまうのです。そんなわけでわれわれは，惑星の軌道には制限などないという印象をもつのです。許される状態間の差が著しいため，軌道が制限されているという事実を無視できなくなるのは——つまり古典論と量子論とのずれが大きくなるのは——微小な原子内部のしくみについて考える場合だけなのであります。

11 1/2──講演のうち居眠りで聞きもらした部分

ボーア軌道

許される運動のタイプ

これ以上の細かい点は省きまして、ボーアの理論から何がわかるかをお見せしましょう。このスライドの図は、ボーアの量子条件によって許される電子の円軌道と楕円軌道の拡大図であります。古典力学によれば、電子は原子核からどんな距離でも運動できますし、その軌道の離心率——すなわち細長さ——にもまったく制限はありません。これに対しボーアの理論による選ばれた軌道は、一連の飛び飛びの系列をなし、それぞれ特徴的なサイズがきちんと定められているのです。図の各軌道に記入してある数字とアルファベットは、ある分類法による各軌道の名前を示したものであります。ご覧のように、たとえば大きい数字は大きい直径の軌道を表しています。

　ボーアの原子構造理論は、原子や分子のさまざまな性質を説明するためには非常に役立ったのですが、飛び飛びの量子軌道のみがなぜ許されるのかという基本的なところは、ボーアの理論では説明できませんでした。古典力学に対するこのような異常な制限を深く解き明かそうとすればするほど、問題全体がますます混迷を深めるのでありました。そうするうちにボーアの理論の弱点がしだいに明らかになってきました。つまりボーアの理論は、ある条件を課すことによって古典理論の結果を制限するものでしたが、その条件というのが、そもそも古典理論の構造全体とはまったく相容れないものだったのです。ほんとうに求められていたのは、古典力学を根本から洗い直すことでした。

　問題全体の正しい解決は、13年後に、いわゆる"量子力学"、または"波動力学"とも呼ばれるものによってもたらされました。量子力学は、古典力学を根底から変えてしまいました。量子力学の体系は、一見するとボーアの古い理論よりもいっそう奇妙に見えます

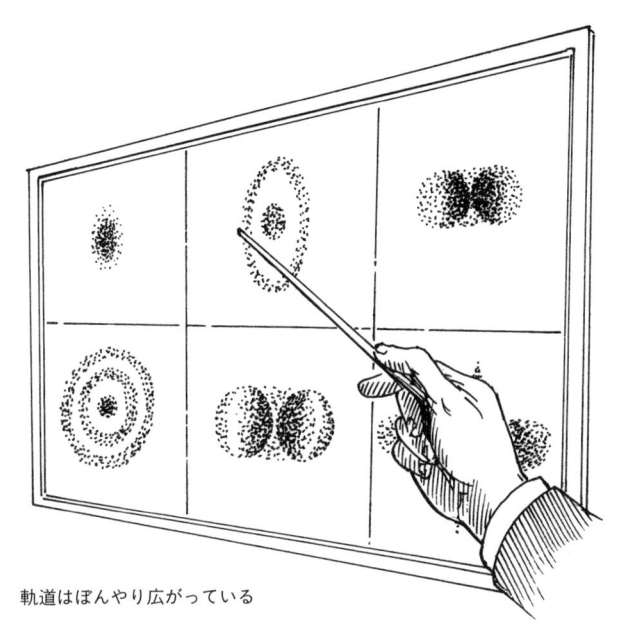

11 1/2——講演のうち居眠りで聞きもらした部分

軌道はぼんやり広がっている

が，それにもかかわらずこの新しいミクロの力学は，今日の理論物理学の中でも，もっとも首尾一貫した，そして広く認められたものとなっているのです。この新しい力学の基礎原理，とくに"不確定性"と"広がった軌道"についてはすでに以前の講演でお話ししましたので，ここでの重複は避けることにいたします。そのかわりに，原子構造の問題にこの理論がどう適用されるかを，もう少し詳しく見ていくことにいたしましょう。

　この2枚目のスライドは，原子内電子の運動を，量子力学にもとづいて"広がった軌道"として示したものです。この図は，1枚目のスライドで古典論的な形で示したものと同じ型の運動を表しています（ただし見やすくするために，おのおのの型の運動を個別に描いております）。この図では，ボーアの理論による細い線状の軌

道のかわりに，量子論の根本たる"不確定性原理"によって広がったパターンが見られます。おのおのの運動状態に付した名前は1枚目の図と同じですから，両方を見くらべていくらか想像力を働かせれば，これらの雲の形には古いボーア軌道の一般的特徴がある程度まで反映されているのがおわかりになるでしょう。たとえば，数字の大きいものは大きく広がった雲に，円軌道は球状の雲に，楕円軌道は細長い雲に対応しております。この図は，旧来の古典力学の軌道が量子論によってどう表現されるかを示しているわけです。多少の慣れが必要ではありますが，ミクロな原子の世界を研究する科学者たちは，この考え方を問題なく受け入れております。

　電子の雲の状態についてはおわかりいただけたと思いますので，今度は，電子がこのようなさまざまな運動状態にどのように分布するのかという問題について考えてみましょう。われわれはここでまた，新しい原理に出会います。それは巨視的な世界ではまったく見慣れない原理であります。ヴォルフガング・パウリにより提示されたその原理は，"1つの原子内で，2個の電子が同時に同一の運動状態になることはない"というものです。この制限は，古典力学の場合のように可能な運動状態が無限にあるのなら，なんら重要にはなりえません。つまり，1個の電子がすでにある運動状態をとっているとしても，2番目の電子は1番目の電子とはいくらか異なる運動状態をとればよいからです。しかし，原子内で許された運動状態の数は，量子法則によって大幅にへらされておりますので，原子の世界ではパウリの原理がきわめて重要な役割を果たすことになるのです。これはすなわち，原子核に近いところの電子軌道がすでに満杯になっていれば，ほかの電子は原子核から遠い軌道に入らざるをえないということです。このように，電子たちがどこか一カ所に集

まってしまうことが妨げられているわけです。

　しかしながら，いまお話しした新しい原理から，この図に示された運動の量子状態の広がりが，ただ1個の電子によるものだと結論づけてはなりません。実はおのおのの電子は，太陽を回る軌道上の地球が自転しているように，軌道運動とは別に自転運動もしているのです。したがって，たとえ2個の電子が同じ軌道を回っていても，両者が逆向きに自転しているならパウリの原理にそむくことにはなりません。ところで，詳しい研究によりますと，電子の自転速度は常に同一であり，自転軸の方向は電子の軌道面に常に垂直でなければならないことがわかっております。そのため，自転運動にはただ2種類の状態のみが許されることとなり，それらは"時計回り"と"反時計回り"という言葉で表されます。

　したがって，パウリの原理が原子内の電子の量子状態に適用された場合，次のように言い直すことができます。"軌道運動の量子状態のおのおのは，1個か2個の電子によって占められることができ，2個の場合には双方の自転方向が逆向きでなければならない。"そのため，元素の周期律表に沿って，電子の個数がしだいに多くなる原子へと進んでいきますと，軌道運動のさまざまな量子状態が原子核の近くからしだいに遠くへと，電子によって満たされていくことがわかるのであります。

　ここでもうひとつ付け加えますと，原子内に電子を束縛している力の大きさの点で，電子のさまざまな量子状態はいくつかのグループ（電子殻）にまとめることができ，同じグループに属する各状態の束縛力はほぼ等しくなっております。周期律表に沿って進んでゆくにつれて，グループは順に満たされてゆきます。そして各電子殻が順に満たされていくために，原子の性質が周期的に変わっていく

のであります。ロシアの化学者ディミトリー・メンデレーエフが経験的に発見した有名な周期律，すなわち，元素の性質は原子量が大きくなるにつれて周期的に変わっていくという特徴は，このようにして説明されるのであります。

# *12*
# 原子核の世界

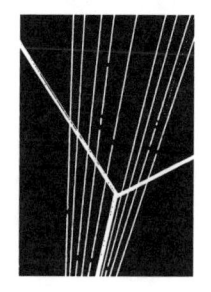

今回の講演のテーマは,原子核である。教授が口を開いた……。

お集まりのみなさん,こんばんは。

われわれはこれまで,物質構造の内部へと一歩一歩探求を進めてまいりました。ここからはいよいよ,原子核の内部へと知性の眼を向けてゆくことにいたしましょう。原子核——それは原子そのものの数兆分の1という,きわめて小さな体積を占めるにすぎない神秘の領域であります。これから見てゆく新しい領域は,サイズという点では信じがたいほど小さくはありますが,みなさんもまもなくおわかりのように,そこでは魅惑的な出来事がたくさん起こっているのです。

ぼんやりとした電子の雲の領域から原子核の領域に入ってゆくときにまず驚かされるのは,その密度がきわめて高いということであります。原子核は,大きさこそ原子全体にくらべて非常に小さいものの,重さという点では,原子の質量のおよそ99.97パーセント

を占めているのです。つまり原子核の世界では、粒子たちはぎゅうぎゅう詰めになっていて、おたがいの肩が触れあうような状況にあるのです——彼らに肩があればの話ですが。この意味において、原子核内部のようすは、水などの液体に似ていると言えましょう。異なる点は、原子核内にあるのは水の分子ではなく、それよりもはるかに小さな粒子、すなわち陽子と中性子だということです。陽子と中性子とをまとめて核子と呼びますが、核子の直径は、およそ0.000000000000001センチメートルほどであります。

核子たちをそんなぎゅうぎゅう詰めにしているのは、強い核力の働きです。強い核力は、ちょうど液体中の分子同士のあいだに作用する力と似た働きをしておりまして、個々の粒子がばらばらに離れてしまわないようにする一方で、粒子相互の位置が変わることを妨げもしません。そんなわけで原子核は、ある程度まで液体に似た性質をもち、外力の干渉がなければ水滴のように球状になるのであります。

いまご覧いただいているのは、陽子と中性子から成るさまざまな原子核の模式図です。もっとも単純なのは水素の原子核でありまして、ただ1個の陽子でできております。一方、もっとも複雑なウランの原子核は、92個の陽子と142個の中性子から成り立っております。もちろんこれらはごくおおざっぱな図でありまして、実際には、量子論の基礎たる不確定性原理により、おのおのの核子の位置は、原子核の領域全体に"広がっている"のであります。

さて、すでにお話ししましたように、原子核を構成する粒子たちは強力な結合力によって結びつけられております。しかしこの引力とは別に、まったく逆の働きをする別の力が存在しているのです。原子核を構成する粒子の約半数は陽子でして、これらはご存じのよ

|  |  |
|---|---|
| 水素 | 重水素 |
| ヘリウム | ウラン |

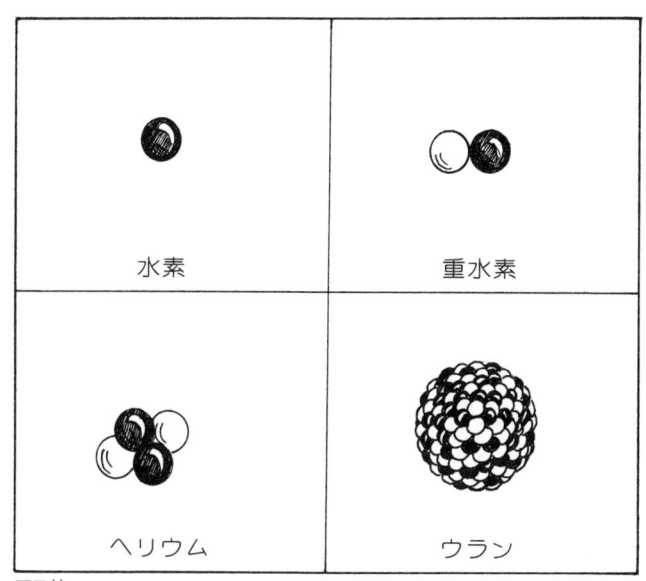

原子核

うに正の電荷をもっております。そこで陽子たちはたがいに斥力を及ぼしあいます——つまり、クーロンの静電力によりたがいに反発しあうわけです。軽い原子核であれば電荷もそれほど大きくありませんから、そのクーロン斥力も大したことはありません。しかし重くて電荷も大きい原子核となりますと、クーロン斥力は、強い核力による引力と張りあうほど大きくなるのです。強い核力は到達距離が短いため、隣りあった核子たち同士のあいだでしか作用しません。ところが静電力の方は、到達距離がたいへん長いのです。したがって、原子核の表面近くにいる陽子について考えますと、引力ということでは、隣りあった核子たちからの力しか受けませんが、斥力ということでは、その原子核内の他の"すべて"の陽子からの力

を受けることになります。そこに陽子をさらにいくつか付け加えてやると，斥力はぐっと増しますが，引力が増えることはありません（それというのも引力は，1個の陽子が同時にいくつの"肩"と触れあえるかという，現実的な問題によって制限されているからです）。そうしてある一定の大きさを越えると，原子核はもはや安定ではいられなくなり，その構成要素の一部を放出しやすくなるのです。この現象はまさに，メンデレーエフの周期律表の最後の方にある一群の元素に見られる性質でありまして，それらの元素は"放射性元素"と呼ばれております。

おそらくみなさんは，重くて不安定な原子核が放出する粒子は，陽子にちがいないと思われることでしょう。なぜなら，中性子は電荷をもたず，クーロン斥力を受けないからです。ところが実験をやってみますと，実際に放出されるのは，陽子が2個と中性子が2個集まったアルファ粒子なのであります。なぜこの特殊なグループがひとまとまりとして放出されるのかというと，2個の陽子と2個の中性子という組み合わせは，原子核の中でもとくに安定しているからです。そのため，陽子と中性子をばらばらに放出するよりも，アルファ粒子というしっかりしたまとまりとして放出する方が容易なのであります。

放射性崩壊という現象を最初に発見したのは，アンリ・ベクレルというフランスの物理学者でした。また，放射性崩壊という現象が起こるのは原子核が自然崩壊するためだ，と考えるに到ったのは，イギリスの物理学者ラザフォード卿であります。ラザフォード卿には別の話でも触れましたが，この人物は原子核物理学においてこれ以外にもいろいろと重要な発見をしておりまして，科学はラザフォード卿に多くを負っていると申せましょう。

アルファ崩壊にはいろいろと奇妙な性質がありますが、崩壊までに時間がかかることもそのひとつであります。つまり、アルファ粒子が原子核から「逃げ出す」までには、一般にとてつもなく長い時間がかかるのです。ウランやトリウムなら数十億年、ラジウムなら1600年ほどかかります。なかには1秒もしないうちに崩壊する元素もないわけではありませんが、しかしその場合でも、原子核内部を飛び回っている核子の速度にくらべれば、その寿命はとても長いと言わなければなりません。そうなると、ときに数十億年もの長きにわたってアルファ粒子を原子核内に引き留めているのは——それも強力な斥力に逆らってまで引き留めておくのは——いったいどんな力なのかという疑問が生じます。また、それほど長いあいだ原子核内にとどまっていたアルファ粒子は、いったいどんなきっかけで原子核から放出されるのでしょうか？

　この疑問に答えるためには、まずは原子核の結合力とクーロン斥力の強さの比についてもう少し学んでおく必要があります。ラザフォードは、これらの2つの力について丹念な実験を行いました。そのとき彼の用いた方法は、いわゆる"原子ボンバードメント"法でした。ラザフォードがキャベンディッシュ研究所で行った実験は非常に有名でありまして、ある種の放射性物質から大きな速度で飛び出してくるアルファ粒子のビームを標的核にぶつけてやり、アルファ粒子の運動方向に生じる変化——つまり散乱——を観察したのであります。この実験により、次のことが確認されました。すなわち、入射粒子が原子核からだいぶ離れているうちは、到達距離の長いクーロン斥力を受けるけれども、入射粒子が原子核の縁のところまでたどり着くと、クーロン斥力に代わって強い引力が効きはじめるということです。つまり原子核というものは、強力な防壁——ク

ーロン斥力の壁——に囲まれた要塞のようなものと考えることができるのであります。粒子はこの壁に阻まれて，侵入することも，逃亡することもできないのです。

　しかしラザフォードの実験からは，いっそう驚くべきことがわかったのであります。放射性崩壊で原子核から逃げ出すアルファ粒子にしても，入射粒子として原子核内に飛び込むアルファ粒子にしても，この防壁の高さ——われわれはそれを"ポテンシャル障壁"の高さと呼んでおります——に相当するエネルギーよりも，かなり小さなエネルギーしかもっていないことがわかったのです。この事実は，古典力学の根本思想と完全に対立するものです。ボールを投げたところが，力が足りなかったために丘のてっぺんにさえ到達しなかったにもかかわらず，ボールは丘の向こうに飛んでいった，などということはありえるでしょうか？　古典物理学者たちは，ラザフォードの実験に何か誤りがあるにちがいないと考えるほかなかったのであります。

　しかし実験に誤りはありませんでした。ラザフォードの実験でいったいなにが起こっているのかは，ジョージ・ガモフと，ロナルド・ガーニーおよびE・U・コンドンが同時に明らかしました。この３人は，ラザフォードの実験にはなんの問題もないこと，ただしそれを理解するためには，われわれは量子論を考慮に入れなければならないことを指摘したのです。すでにお話ししたように，量子論では，古典理論のくっきりした軌跡を捨て，ぼんやりと広がった軌跡を考えます。そして，あたかもいにしえの幽霊が古城の厚い石壁をなんなくすり抜けるように，この幽霊じみた軌跡も，古典論的見地からは通り抜けられるはずのないポテンシャル障壁をすり抜けることができるのです。

これは冗談などではありません。十分なエネルギーをもたない粒子でさえポテンシャル障壁を透過できるということは，量子力学の基礎方程式から数学的にきちんと導き出せることなのであります。そしてこのことは，運動に関する古い考え方と新しい考え方との，もっとも重要な相違点でもあるのです。新しい力学はこんなおかしな効果を許しはしますが，そこには厳重な制限がついておりまして，たいていの場合，粒子が障壁をすり抜ける確率はきわめて小さいものでしかありません。障壁内に閉じ込められた粒子は，何度も何度も，それこそ想像を絶するほど何度も壁に体当たりをしたうえで，ようやく脱出に成功するにすぎないのです。量子論には，粒子がこのように逃亡する確率をきちんと計算する方法がありまして，アルファ崩壊において実際に観測された時間と，理論による計算値とがぴたりと一致することが示されております。また，外部から核内に飛び込んだ入射粒子の場合も，量子力学による計算結果と実験値とはきわめて高い精度で一致しております。

　さて，話を進めるに先だって，高エネルギー粒子に衝突された原子核が崩壊していくさまを撮影した写真をご覧に入れましょう。1枚目は，古い霧箱の写真です。あらかじめお断りしておきますと，いかに強力な顕微鏡を使おうとも，原子よりも小さな粒子を直接見ることはできません。したがってこれからご覧に入れる写真も，粒子たちを直接に撮影したものだとは期待しないでいただきたいのです。むしろ，いくらか頭を使っていただくことになります。

　高い空を飛行機が飛んだあとに飛行機雲が現れることはみなさんもご存じのことでしょう。飛行機そのものは上空を飛んでいますから，われわれの目には見えにくい，あるいはまったく見えないかもしれません。しかし飛行機の残した雲のおかげで，われわれは飛行

機が飛んだのを知ることができるのです。このことからC・R・T・ウィルソンという人物は，原子核を"見えるようにする"簡単な方法を思いつきました。彼は，気体と蒸気を閉じ込めた箱を用意し，ピストンを用いて気体を急激に膨張させたのです。こうすると気体の温度が急激に下がり，蒸気は過飽和状態になります。つまり，いつでも雲を作れる状態になるわけです。しかし雲というものは何もないところにできるわけではありませんで，凝結（ぎょうけつ）するための"核"が必要です（そうでなければ，水滴がある場所にできて，別の場所にはできない理由がわからないでしょう？）。空の雲の場合には，大気中の塵（ちり）の粒子が核となって凝結がはじまるのが普通です。しかしウィルソンの霧箱の巧妙な点は，塵をすべて除去したところにあります。では，水滴はどこに形成されるのでしょう？　じつは，荷電粒子が媒質中を運動すると，その軌道上にある原子をイオン化します（これはすなわち，軌道上にある原子から電子を放出させるということです）。このイオン化された原子たちが，水滴の核としてうってつけだということがわかったのです。つまり霧箱の中では，荷電粒子が飛んだところにイオン化された原子が生じ，それを核として一瞬のうちに水滴が成長し，それがつながって荷電粒子の飛跡が現れる。それを写真に撮るわけです。ご覧いただいているスライドは，そうして撮った写真であります。左端から水滴のつながったものが何本も生じているのがおわかりでしょう。飛跡の1本1本は，強力なアルファ線源から放射されたアルファ粒子により形成されたものです——写真にはアルファ線源は写っておりませんが。アルファ粒子のほとんどは，なにも衝突することなくまっすぐに箱を突っきってしまいます。しかし1つだけ，写真のほぼ中央を横切った粒子が，窒素の原子核にうまく衝突しています。そ

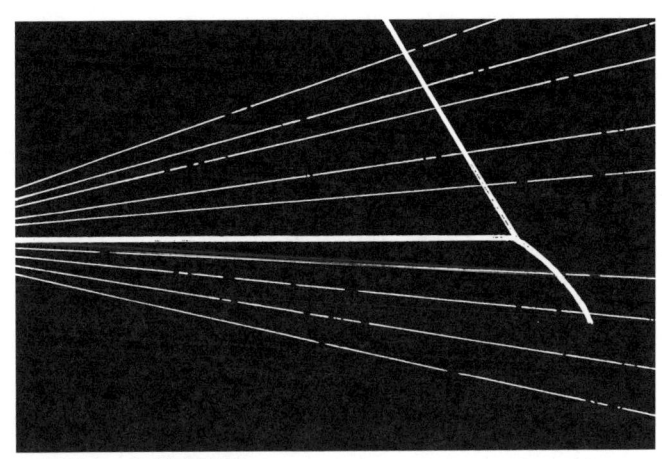

水滴が集まって飛跡を形作る

のアルファ粒子の飛跡は、衝突の起こった地点で途切れ、そこから二つの別の飛跡が現れているのがおわかりになるでしょう。上方に向かう長くて細い飛跡は、窒素の原子核からはじき出された陽子によるものです。下方に向かう短くて太い飛跡は、衝突を受けた原子核そのものによるものです。しかしこの原子核は、もはや窒素の原子核ではありません。と言いますのも、1個の陽子を失い、入射してきたアルファ粒子を取り込んだために、酸素の原子核に変わってしまったからなのです。すなわちここで引き起こされたことは、窒素から酸素への錬金術的変換なのでありまして、副産物として水素が生じております。この写真をご覧に入れましたのは、元素が人工的に変換されたようすを撮影したものとしては、これが最初のものだからです。この写真を撮影したのは、ラザフォード卿のもとで学んでいたパトリック・ブラケット博士という方でした。

この変換は、今日実験物理学の分野で研究されているさまざまな

原子核変換の典型例であります。このタイプの変換では，入射粒子（陽子，中性子，アルファ粒子）が原子核の内部に入り込み，他のいくつかの粒子が核外にはじき出されます。そして入射粒子自身は，だいたいにおいてその空席にとどまるのです。このような変換では，必ず新しい元素が作られます。

ところが第2次世界大戦が起こる直前のこと，O・ハーンとF・シュトラスマンという2人のドイツ人化学者が，新しいタイプの核変換を発見したのです。それは，重い原子核がほぼ同じサイズの2つの原子核に分裂し，それにともなって莫大な量のエネルギーが放出されるというものでした。次のスライドは，薄いウランの板から2個の破片がたがいに反対向きに飛び出したところを示しています。"核分裂"と呼ばれるこの現象が発見されたのは，ウランに中性子線をぶつけたときのことでした。しかしまもなく，周期律表の終わりの方にある他の元素も，同様の性質をもつことがわかってきました。そのような重い核はすでに安定性の限度ぎりぎりのところにきているため，中性子に衝突されることで生ずるごくわずかな刺激によってさえ，大きくなりすぎた水滴のように，真っ二つに分裂してしまうのです。重い核のこの不安定性は，自然界にはなぜ92種類の元素しか存在しないのかという疑問を解くヒントとなります。ウランよりも重い核は，あっというまに分裂して小さな破片になってしまうのです。しかもこの分裂は，外部からの刺激がなくともまったく自発的に起こります。

核分裂は，実用上の見地からも興味深い現象です。というのも，核分裂は原子力として利用できるからであります。原子核が分裂すると，放射および高速粒子という形でエネルギーを放出します。放出された粒子のなかでも中性子は，近くにある原子核に分裂を起こ

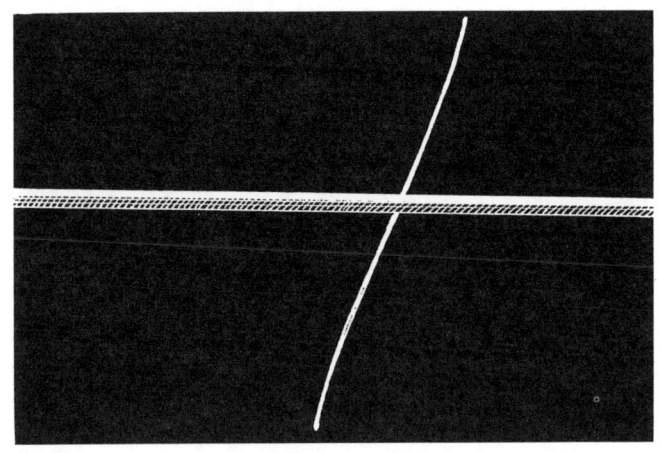

核分裂

させます。そうして分裂した原子核からもやはり中性子が放出され，それがさらにまわりの原子核に衝突するというふうに，次々にたくさんの核分裂が引き起こされてゆくのです。これがいわゆる"連鎖反応"と呼ばれているもので，十分な量のウランがあれば——それを"臨界質量"といいます——放出された中性子が他の原子核と衝突してさらに分裂を引き起こす確率が高まり，そのプロセスはどこまでもつづくことになります。そうなれば，原子核内に蓄えられているエネルギーを一瞬のうちに解放し，爆発的な反応を引き起こすことも可能です。この原理を用いたのが，核爆弾であります。

しかし，連鎖反応は必ずしも核爆発につながるものではありません。注意深く扱えば，連鎖反応によって安定したエネルギーを生み出すこともできるのです。それが原子力発電であります。

原子核のエネルギーを取り出す方法は，ウランなどの重い元素の

核分裂を利用するだけではありません。それとはまったくタイプの異なる方法があるのです。それは，水素などの軽い元素を融合させ，より重い元素を作り出すというもので，こちらは"核融合"と呼ばれております。2個の軽い核が触れあうと，皿の上の2滴の水滴のようにひとつにまとまってしまいます。ただしこの反応は，きわめて高温でしか起こりません。と言いますのも2つの原子核は，クーロン斥力のせいで，触れあうほど近づくことができないからです。しかし数千万度という高温になりますと，もはやクーロン斥力では接触を妨げることはできなくなります。核融合にもっとも適した核は，重陽子，すなわち重水素原子の核でありまして，重水素は海水から容易に取り出すことができます。

みなさんは，どうして核分裂や核融合でエネルギーが放出されるのかと不思議に思われるかもしれません。ここで理解すべき重要なポイントは，陽子と中性子の組み合わせのなかには，ほかよりも堅固な結合をしているものがあるということです。核子同士がむだの多い結合をしている組み合わせから，より効率的な結合をしている組み合わせへと変化するとき，余ったエネルギーは放出されることになります。大きなウランの原子核は核子同士が効率の悪い結びつきをしているので，分裂して小さな原子核になれば，核子同士の結びつきはより堅固になります。周期律表でウランと反対の端，つまりごく軽い元素では，元素が重くなるほどその結合は強くなる傾向があります。たとえば，2個の陽子と2個の中性子から成るヘリウムの原子核は，ずばぬけて結合が強いということはすでにお話しした通りです。したがって，核子や重陽子を衝突させてヘリウムを作ることができれば，エネルギーが放出されることになるのです。

こうして登場するのが水素爆弾であります。水素爆弾の基本原理

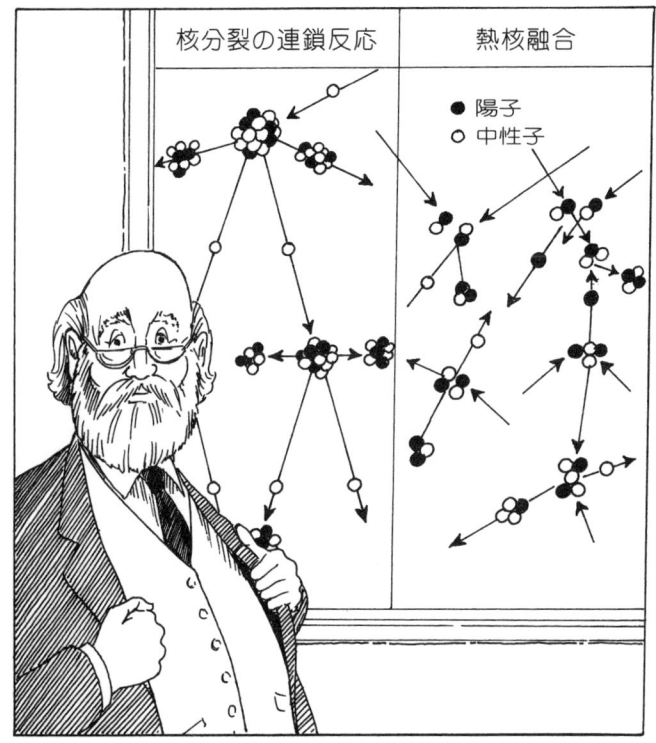

核分裂も核融合もエネルギーを放出する

は，核融合反応によって水素からヘリウムを作るというものです。そのとき放出されるエネルギーは莫大です——そんなわけで，核分裂を利用した初期の核兵器は，より破壊力の大きな水素爆弾にとって代わられることになったのでした。残念ながら，水素爆弾の力を平和利用するのはむずかしいことがわかりました。核融合による発電所ができるのは，かなり先のことになりそうです。

しかし太陽は，その核融合をこともなげにやってのけておりま

す。太陽は主として、たえず水素をヘリウムに変換することによってエネルギーを生み出しており、この核融合反応を過去50億年にわたって一定のペースでつづけてきました。しかも来たる50億年もその調子でいくと思われます。

　太陽よりも大きな恒星となりますと、内部の温度もいっそう高温になり、さまざまな核融合反応が繰り広げられています。ヘリウムから炭素へ、炭素から酸素へとさまざまな核融合が起こり、最終目的地である鉄へと向かって進んでゆくのです。しかしいったん鉄になってしまいますと、核融合という方法ではそれ以上のエネルギーを引き出すことができません。鉄よりも重い元素では——ウランなどの重い核のところでお話ししましたように——今度は核分裂という逆のプロセスにより、より堅固な結合が達成され、エネルギーの放出が起こるのであります。

# 13
# 原子核を作る老人

　その夜，講演を聴いて家に帰ると，モードはすでにベッドでぐっすりと寝入っていた。トムキンスはホットチョコレートを作り，ベッドに腰を下ろすと，講演の内容を思い返した。核爆弾の話がとくに気になった。核の脅威は，つねにトムキンスの心に引っ掛かっていたのだ。
「考えてもしかたないな。あまり考えすぎると，悪夢をみるかもしれないし」
　トムキンスは空になったマグをかたわらに置いて照明を消し，モードのとなりに横になった。幸いにも，その夜の夢は不愉快なものにはならなかった……。

　トムキンスは，とある作業場にいた。一方の壁際には，簡単な大工道具をたくさん乗せた木製の作業机が置かれている。壁には古めかしい棚が取り付けられ，奇妙な形をした木彫がたくさん並べられていた。作業台では，感じのよい老人が仕事をしている。老人の顔

をよく見て、トムキンスは驚いた。ディズニーの『ピノキオ』に出てくるゼペット爺さんそっくりだったからだ。それに、教授の実験室の壁にかかっているラザフォード卿の肖像画にもよく似ている。

「失礼ですが」トムキンスは老人に声をかけた。「あなたは原子核物理学者のラザフォード卿にそっくりですね。もしかすると親類の方でしょうか？」

「どうしてそんなことを尋ねるのかね？」彫（ほ）っていた木片を脇によせて、老人が訊（き）き返した。「原子核物理学に興味があるなどというのじゃあるまいね」

「いえ、じつを言うと、そうなんです」とトムキンス。そしておずおずと付け加えた。「もちろん、専門家というわけじゃないんですが」

「それなら、お前さんがここに来たのは間違いではないな。わしはあらゆる種類の原子核を作っておるのじゃから。作業場を案内してあげよう」

「え？　原子核を"作ってる"とおっしゃいましたか？」

「そうだとも。もちろんそれには熟練を要するがの。とくに放射性の原子核はむずかしい。きゃつらは、わしが色を塗る前にばらばらになってしまうことが多いんじゃ」

「色を塗るですって？」

「そうじゃよ。わしは正の電荷をもつ粒子を赤に、負の電荷をもつ粒子を青緑に塗っておる。赤と青緑は補色といってな、混ぜるとそれぞれを打ち消しあって白色になるんじゃ」

「そんなことはないでしょう」トムキンスは控えめに言葉を返した。「白になることはありませんよ。赤と青緑の塗料を混ぜれば……おそらくなにか濁った色になるんじゃないですか」

13——原子核を作る老人

色を塗る前にばらばらになってしまうことが多い

老人が微笑んだ。

「その通り。塗料を混ぜれば，白色になることはない。しかし，もし赤の光と緑の光をいっしょにしたら，白い光に見えるのじゃよ」

トムキンスは疑わしげな顔をしている。

「わしの言うことが信じられんというなら，ここにある球のように，半分を赤，あと半分を青緑に塗って，回転させてみるがいい。どうじゃね？　白く見えるじゃろ。とにかくじゃ，さっき言ったように，わしは原子核内の陽子を赤に，核外の電子を青緑に塗っとるんじゃ。これはたがいの正電荷と負電荷が相殺されるということに対応しておる。ある原子が同数の正電荷と負電荷から成り立っておれば，電気的には中性となり，お前さんには白く見えるというわけじゃ。もしどちらかの電荷が勝っておれば，原子は赤か青緑に見える。簡単じゃろ？」

トムキンスはうなずいた。

「では」老人は，作業台のそばにある2つの大きな木箱を指して言った。「いろいろな原子核の材料をここに入れておるのじゃが，片方には"陽子"，つまり赤い球を入れておる。きゃつらはとても安定しておって，永久にその色を失うことはない——ナイフかなにかでこそぎ取るようなことをしなければじゃがの。問題はもう一方の箱の"中性子"じゃ。きゃつらはふつう白色

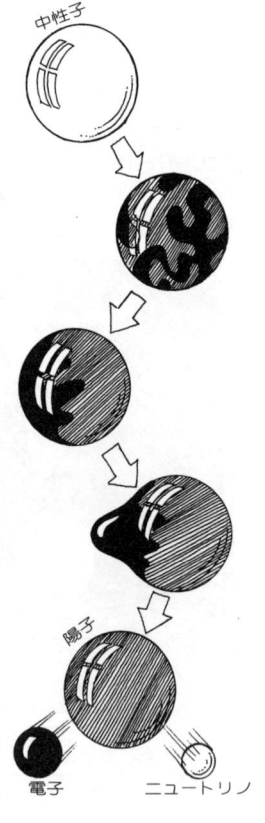

をしておって，つまり電気的に中性ということじゃな。ところがきゃつらは，赤色の陽子に変わりやすいのじゃよ。箱の蓋をきっちりと閉めておけば問題はないんじゃが，箱から取り出すと……自分の目で見てみるとよいじゃろう」

　老人は中性子の詰まった箱をあけると，白い球を1個取り出し，作業台の上に置いた。しばらくのあいだはなにも起きなかった。ところが，トムキンスがしびれを切らしそうになったとき，球はとつぜん変化しはじめたのだ。赤と緑の不規則な模様が球の表面に現れ，短い時間だったが，色つきのビー玉のように見えた。それから，青緑色が球の一方に集中し，ついには球から分離して青緑色に輝く水滴のようになり，床に落ちたのである。それと同時に，小さな白い球が元の球から飛び出し，作業場を横切って壁の中に消えていった。一方，作業台の上に残された元の球は赤一色になり，木箱に詰められている赤い陽子と見分けがつかなくなった。
「見たかね？　白い中性子に赤と青緑の模様がついて，それから3つの粒子に分かれたじゃろう。この電子は……」老人は床に落ちた球を拾い上げた。「ほかの普通の電子と区別がつかんじゃろう？そしてテーブルの上にはほかの陽子と区別のつかん陽子が残され，ニュートリノが向こうへ飛んでいきおった」
「え？」トムキンスが訊き返した。「すみません。いったいなにが飛んでいったんですって？」
「ニュートリノじゃよ」壁を指さして老人が答えた。「向こうの方へ飛んでいきおった。見なかったのかね？」
「ああ，なるほど，それなら見ましたとも。でも，あれはどこへ行ってしまったのですか？　どこにも見当たりませんが」
「きゃつらはそういうものなんじゃ。ぬらりくらりとしておって

の，どんなものでもすり抜けてしまうんじゃ。閉じた扉も壁もじゃよ。ニュートリノを弾丸にして地面に向けて撃てば，地球のあちら側に飛び出すじゃろう」

「これはすごい。なんて不思議なんだろう。今まで見たどんなハンカチ手品よりもすごいですよ。ところで，球の色を元に戻すことはできるのですか？」

「できるとも。分離した電子を陽子の中に押し込むと，電子の青緑と陽子の赤が混じってまた白色になるんじゃ。しかしそれには当然ながら多少のエネルギーが必要になる。もう一つの方法は，陽子の赤い塗料をこそげ取ることじゃが，それにも多少のエネルギーが必要になる。陽子の表面からこそげ取った赤い塗料をまるめると，赤い陽電子，つまり正の電荷をもつ電子ができる。陽電子のことは知っとるかね？」

「はい。わたしが電子だったとき……」と話しはじめたトムキンスは，はたと気づいて言い直した。「つまり，正と負の電子はいっしょになると，おたがいを消滅させると聞いたことがありまして……。あなたにはそれができるのですか？」

「簡単じゃよ。しかしわざわざ陽子の赤い塗料をこそげ落とすなんてことはせん。午前の作業で出た陽電子クズがいくらかあるはずじゃからな」

そう言うと老人は引き出しをあけ，赤く輝く小さな球を1つ取り出し，作業台の上の青緑の球に近づけた。すると爆竹が破裂するような音がして，2つの球は同時に消えてしまった。

「見たじゃろ？」指先をふうふう吹きながら，老人が言った。「原子核を作るのに電子を使えないのは，このせいじゃよ。前に試したことがあるんじゃが，すぐにあきらめた。それ以来わしは，陽子と

中性子しか使わんことにしたんじゃ」

「でも中性子だって不安定なのではありませんか？」ついさっき目の前で起こったことを思い出して、トムキンスが尋ねた。

「中性子だけで置いておくと、たしかに不安定なんじゃがの。原子核内にきっちりと詰め込んで周囲を他の粒子で固めておけば、きゃつらもずいぶん安定するんじゃよ。それもまあ、原子核内の陽子の数にくらべて中性子の数が多すぎなければの話じゃが。もしそうなると、中性子は余分な塗料をマイナス電荷の電子として原子核外に放出して陽子に変わってしまうんじゃ。同様に、陽子の数が多すぎる場合には、陽子は余分な塗料をプラス電荷の電子として放出し、中性子に変わってしまう。こうした調節を、わしらはベータ崩壊と呼んどるんじゃがの。"ベータ"というのはこうした放射性崩壊によって放出される電子につけられた古い呼び名じゃ」

「原子核を作るとき、接着剤なんかは使うんですか？」トムキンスが好奇心から尋ねた。

「いいや、そんなものは使わんよ。陽子や中性子は見てのとおり、接触させるだけでひとりでにくっついてしまうんじゃ。自分の目で確かめるといい」

老人に促されたトムキンスは片手に陽子、片手に中性子を握りしめ、それらを慎重に近づけた。強力に引きあう力を感じた瞬間、2個の粒子に奇妙な現象が起こった。赤、白と、交互に色が入れ替わっているではないか。まるで赤い塗料が2個の粒子のあいだを"飛び移って"行き来しているかのようだった。この移動があまりにも速いので、2個の粒子がピンクの帯でつながっているかのように見える。

「わしの友人の理論物理学者たちは、これを"交換現象"と呼んど

るよ」驚き顔のトムキンスを見て，老人は満足げに言った。「2個の粒子はどちらも赤くなりたがっておる。つまり，電荷を欲しがっとるわけじゃな。この状況では2個の粒子は同時に電荷をもつことはできんから，交互に電荷を引きあっとるわけじゃ。どちらもあきらめようとはせんので，無理に引き離されんかぎり，彼らはくっついとるわけじゃよ。では，思いどおりの原子核を作るのは簡単だというところをご覧にいれよう。なんの原子核がいいかな？」

「金をお願いします」とトムキンス。中世の錬金術を思い出したのだ。

「金がいいんじゃな？　どうれ」老人は壁にかかった大きな図表を眺めてつぶやきはじめた。「金の原子核の重さは197単位で，79の正電荷をもつ，と。ということは，79個の陽子に118個の中性子を加えればよい，と」

老人は粒子の数を正確にかぞえ，円柱状の容器に入れると，上から木製の重いピストンで蓋をした。そしてピストンを力のかぎり押し込んだ。

「正の電荷をもつ陽子たちは電気的に強く反発するので，こうする必要があるんじゃよ。反発力よりも強くピストンを押し込めば，陽子と中性子はたがいの交換力でしっかりと結合するんじゃ。そうなれば，思いどおりの核のできあがりじゃ」

老人は力のかぎり押し下げたピストンを抜き，すばやく容器をひっくり返した。すると作業台の上にピンク色に輝く球が転がり出た。その球をよく観察したトムキンスには，高速で運動している粒子のあいだで赤と白の光がチカチカしているせいで全体がピンク色に見えていることがわかった。

「なんてきれいなんだ！　これが金の原子なんですね？」トムキン

スが感嘆の声をあげた。
「原子ではない。それはただの原子核じゃ。原子にするには，原子核の正電荷を中和できるだけの電子を加えて電子の殻を作ってやらんけりゃならん。しかし，それは簡単なことじゃ。周囲に電子がありさえすれば，原子核自身がそれを取り込んで殻を作るでのう」
「なんだか変ですね。わたしの義理の父はこんなに簡単に金が作れるなどとは言っていませんでしたが」とトムキンス。
「ああ，お前さんの義父さんか。それにほかの核物理学者たち……」老人は目を輝かせて言った。「もちろん彼らもある元素から別の元素に変換することはできるんじゃがの，ただその量があまりにも少ないので，とうてい目で見ることはできんのじゃよ。彼らのやり方をご覧にいれよう」

そう言うと老人は1個の陽子をつかみ，作業台の上の金の原子核めがけて思いきり投げつけた。金の原子核に近づくと陽子のスピードが少し落ち，一瞬ためらっているかのように見えたが，それから原子核の内部へと飛び込んでいった。陽子を飲みこんだ原子核は熱病患者のように震えていたが，しばらくすると小さな音をたてて小さな破片を1個飛ばした。
「見たじゃろ？」そう言って老人は破片をつまみ上げた。「あれが彼らの言うアルファ粒子じゃ。よく調べてみれば，2個の陽子と2個の中性子でできていることがわかるじゃろう。こういう粒子は普通，放射性元素と呼ばれる重い原子核から放出されるんじゃ。ところが，強い衝撃を受けると，普通の安定な原子核からでも飛び出してくるんじゃな。作業台の上に残った原子核は，もはや金の原子核ではないことに気づいたかな？　正の電荷を1個取り入れ，アルファ粒子を放出することにより正の電荷を2個失ったわけじゃか

ら，結果として正の電荷を1個失ったことになるじゃろ。今やそれは，周期律表で1つ前の元素，白金(プラチナ)の原子核になったのじゃ。しかし陽子が原子核の中へ入っても核分裂が起こらないこともある。そういう場合は周期律表で1つあとの元素，つまり水銀の元素ができるのじゃよ。この方法や似た方法を組み合わせることによって，ある元素をどんな元素へじゃろうとも変換することができるのじゃ」

「それならどうして物理学者たちは，鉛などのありふれた元素を，たとえば金などのずっと価値の高い元素に変換しないのでしょう？」

「それはこの方法の効率があまりよくないからじゃな。まずなんと言っても，彼らはわしがやったように入射粒子をうまく命中させることができないんじゃ。実際に原子核に命中するのは，数千回に1回といったところじゃろう。つぎに，たとえうまく命中したとしても，入射粒子が原子核の内部に入り込むよりも，跳ね返される確率が高いという問題もある。わしが金の原子核めがけて陽子を投げつけたとき，陽子が原子核に飛び込むのを一瞬ためらったかに見えたじゃろ？　あの瞬間，弾き返されるのじゃないかとわしも思ったよ，実際しばしばそうなるからの」

「入射粒子が入り込むのを妨げるものがあるのでしょうか？」

「わざわざ尋ねんでも，考えればわかりそうなものじゃがの」老人はとがめるように言った。「衝突する陽子も原子核も，どちらも正の電荷をもっておる。正の電荷間の反発力が一種の障壁になっとるんじゃよ。陽子にとってこの障壁を越えるのは容易ではない。衝突する陽子が原子核の要塞を突破するとしたら，それはトロイの木馬のような策略を用いたときなのじゃ。つまり，原子核の障壁を乗り

越えるのではなく"透過"するのじゃ。粒子としてではなく, 波動としてそれを行うのじゃな」

　トムキンスはもう少しで, おっしゃることがわかりませんと言いそうになったが, そのとき, ふと思い当たることがあった。
「そういえば, おかしなビリヤードを見たことがあります」トムキンスは言った。「そのビリヤードの球が変だったんです。最初は3角の木枠の中に置いてあるんですが, とつぜん木枠の外に出てしまうんですよ。なんと言いますか, 木枠から"しみ出した"とでも言いましょうか。それを見てわたしは, トラが檻からしみ出すんじゃないかと心配になってしまいました。いまお話しになってるのは, 同じことなんでしょうか。つまり, トラやビリヤードの球がしみ出すかわりに, 陽子がしみ込んでいくと」
「どうやらそのようじゃな。しかし実を言えば, わしは理論はあまり得意ではなくての。実際に手を動かす方が好きなんじゃ。ともあれ, 量子物質でできた核子が, 普通なら突き抜けられないはずの障壁をしみ通ってしまうことは間違いない」

　老人はトムキンスの顔をじっと見つめて言った。
「そのビリヤードの球は, もしや本物の量子の象牙でできていたんじゃあるまいの？」
「その通りです。量子の象牙から作られたものだったと思います」
「なるほど。人生, そんなものかの」老人は寂しそうに言った。
「あんな貴重なものが, たかが遊びのために使われとるというのに, わしは全宇宙の基礎となる陽子と中性子を, ありふれた量子の樫の木から彫り出さねばならんのじゃ」老人はがっかりした気持ちを隠そうとしながら言葉をついだ。「しかし, わしの粗末な木のおもちゃにも, あの高価な象牙作品と同じだけの価値があるはずなん

じゃ。さてと，量子物質がいかに巧みに障壁を通り抜けるか，お前さんに見せてあげよう」

　老人は作業机によじ登ると，一番上の棚からなにやら火山の模型のように見える木彫りを取り出した。

「これはの……」埃をそっと吹き払いながら，老人が言った。「原子核を取り巻く反発力による障壁を表す模型じょ。この傾斜が電荷間に働くクーロン斥力を表しとる。真ん中の噴火口が，核子を結びつける結合力に相当するわけじゃ。球を噴火口に向かって転がすとして，頂上にたどりつくほど力をこめて転がさなかった場合には，球は当然ながら転がり落ちてくる……と思うじゃろ？　ところが，どうなるかのう……」

　老人は軽く球を転がした。球は傾斜の途中まで登ったが，下に転がり落ちてきた。

「で？」トムキンスがつまらなそうに言った。

「慌てるでない」老人はしずかに答えた。「一度でうまくいくと思ってはいかんのじゃ」

　もう一度，老人は球を転がした。またしても転がり落ちてきた。しかし，三度目はどうだ。傾斜の途中まで転がり上がった球が，とつぜん，消えたではないか。

「そうら」老人は手品に成功した奇術師のような勝ち誇った声をあげた。「アブラカダブラ！　これぞかの有名な消え去りの術でござい。どうじゃね？　球はどこへ行ったかね？」

「噴火口の中？」自信なさそうにトムキンスが答えた。

「わしもそう思うぞ。確かめてみよう」老人は噴火口の中を覗きこんだ。

「やはりそうじゃ。球は中にある」そう言って，老人は球をつまみ

上げた。

「では、この逆はどうなるじゃろう。球が噴火口を乗り越えずに外に出られるかどうか、見てみよう」

球を噴火口の中に置いて、2人は待った。しばらくはなにごとも起こらず、噴火口の中を球が行ったり来たりする音だけが聞こえていた。と、とつぜん、奇跡のように球が外に現れたのだ。傾斜の中ほどに現れた球は、しずかに転がって作業台の上に止まった。

「いま目の前で起こったことが、放射性物質のアルファ崩壊の見本じゃよ」

模型を棚の上に戻しながら、老人は言葉をつづけた。

「この電気的な障壁は、ときには非常に"透明"で、1秒の何分の1というような短い時間で抜け出してしまうこともあるんじゃが、

球を転がしてみた

非常に"不透明"なこともあって，そんなときには，たとえばウランの核から抜け出すときのように，何十億年もかかってしまうんじゃ」

「では，すべての原子核が放射性でないのは，なぜなんでしょう？」トムキンスが尋ねた。

「それはの，ほとんどの原子核の噴火口の底が，外部の平面より低いからなんじゃよ。重い核の底だけが，うまく抜け出せるほどに高くなっとるんじゃ」

老人は壁にかかった時計に目をやった。

「なんじゃ，もうこんな時間か。そろそろ店じまいの時間なんじゃが……」

「おおっと，これは申し訳ないことをしました。こんなにお時間をとらせるつもりはなかったのですが。しかしそれにしても面白いお話でした。できれば，もうひとつだけ伺いたいのですが……」

「なんじゃ？」

「ありふれた元素を貴重な元素に変換する方法として，原子核に入射粒子をぶつけるのは効率が悪いとおっしゃいましたね？」

「原子核物理学で一財産築こうとでも思っとるのかね？」老人は微笑んでいる。トムキンスはちょっともじもじしたが，質問をつづけた。

「ところがあなたは，そこにある器具を使っていとも簡単に変換をなさる」トムキンスは円柱状の容器とピストンを指さした。「ですから，そのう……」

老人はニヤリとして言った。

「夢のような話じゃが，夢は夢ということじゃ，残念ながらの。鉛を金に変えるなぞ——それで商売をするつもりなら——夢物語と思

うことじゃ。そろそろ目を覚ます時間ではないかの？」
「やはり夢か」トムキンスはがっかりだ。
「もう目を覚ます時間だって言ってるのが聞こえないの？」
　ふと気づくと，相手は老人ではなく，モードに変わっていた。

# 14
# 何もないところにあいた穴

お集まりのみなさん、こんばんは。

今夜はたいへんに魅惑的なお話をいたしましょう。みなさんは、反物質という言葉を聞いたことがおありでしょうか？

反物質といってまず思い浮かぶのは、陽電子です。陽電子というのは、以前の講義でもお話ししましたが、正電荷をもつ電子のことであります。この新種の粒子の存在は、まず純粋に理論的な考察によって予言されたという点は、ひとこと申し上げておく価値がありましょう。実際に陽電子が検出されたのは、それから何年かのちのことでした。しかも、粒子の主な性質があらかじめ理論的にわかっていたおかげで、実験による発見もずいぶん容易になったのです。

この予言をしたという栄誉は、ポール・ディラックというイギリスの物理学者のものであります。ディラックはアインシュタインの相対性理論を用い、量子論から要請される条件を採り入れることにより、電子のもつエネルギー $E$ を求める公式を導き出したのです。もう少しでその公式が得られるという段階で、彼はまず $E^2$ を求め

る式を導き出しました。つまり，$E$ を求める公式を求めるためには，$E^2$ を求める式の平方根をとるという操作をしなければならなかったのです。通常，平方根には2つの解，すなわち，正の解と負の解がありまして，たとえば4の平方根は+2と-2になります。物理学上の問題を解決する場合，負の解は"物理的でない"として無視するのが通例であります。つまり，数学上のいたずらのようなもので，とくに意味はないと考えられてしまうのです。この場合でいえば，負の解は，負のエネルギーをもつ電子に対応します。相対性理論によりますと，物質とはエネルギーの一形態でありますから，負のエネルギーをもつ電子というのは"負の質量"をもつということです。そうしますと，これは非常に奇妙なことになります。そのような粒子は，引けば向こうに行ってしまい，押せばこちらにやってくるという，正の質量をもつ"常識的な"粒子たちとは正反対のふるまいをするのです。そんなわけですから，負の解が"物理的でない"と考えるのは至極当然のことと言えましょう。そんなものは無視するにかぎるのであります。

しかしディラックの偉いところは，そのように考えなかった点にあります。彼はその負の解が，電子には正の量子状態が無限にあるだけでなく，負の量子状態もまた無限にあることを示しているのではないかと考えたのです。問題は，負の量子状態にある電子は，負の質量をもつ物質としてふるまわなければならないということでした——そしてもちろん，そのようなふるまいをする物質は観測されたことがないのであります。そうしますと，この仮説上の，負の質量をもつ奇妙な電子たちはどこに"いる"のかということになります。

電子たちはとにかくそんな特殊な状態にはならないのだ，なんら

かの理由でその状態は永遠に空っぽなのだ，とこじつけたくなるかもしれません。しかし，それではうまくいかないのです。なぜなら，原子内電子はエネルギーを放射して，できるかぎり低いエネルギー状態に移りたがることがわかっているからです。（"できるかぎり低い"というのは，パウリの排他原理によれば，他の電子により占有されていない状態の中で一番低いもの，という意味です）。そんなわけですから，いずれは"すべての"電子が，正のエネルギー状態から負のエネルギー状態へと落ち込むことが予想されます。そうなると，すべての電子が困ったふるまいをするはずなのです。

　これに対するディラックの説明は，摩訶不思議なものでした。電子が負のエネルギー状態に落ち込んでしまわないのは，それらの状態がすでに満杯だからだというのです。無限に存在する負のエネルギー状態は，無限に存在する負の質量をもつ電子で満たされているというのです！　仮にそれが事実だとしたら，なぜわたしたちにはそれが見えないのでしょうか。その理由は，負の質量をもつ電子があまりにもたくさんあるから——つまり，それらは完璧な連続体を形づくっているからなのであります。負の質量をもつ電子たちは，"真空"の中に完全に均一に満たされているのです。

　完璧な連続体は検知不可能です。それを指して「そこにある」と言うことはできません。どこにでもあるのですから。場所によって多かったり少なかったりすることもありません。みなさんが前に進んだからといって，みなさんの前で密度が高まったり，みなさんの背後で密度が低くなったりすることもありません——空気中を自転車で走ったり，水中を魚が泳いだりすればそうなりますが。ですから運動したために電子の抵抗を感じることもなく……。

講演を聞くうちに，トムキンスは頭がくらくらしてきた。完全な真空，なにもない空間が，なにかで完全に満たされている⁉　そして自分のまわりにも，自分の中にもあるけれど，見ることも触(さわ)ることもできない⁉

　一生を水中で過ごす魚になったらどんな気分だろうと，トムキンスは夢見心地に考えはじめた。海から暖かなそよ風が吹いてくる。穏やかにうねる青い波間に飛び込むには，絶好の日和(ひより)だ。ふと気がつくと，トムキンスは海中の魚の世界に入り込んでいた。泳ぎは得意なのに，なぜか身体はどんどんと沈んでいく。しかし不思議なことに息が苦しくなることもなく，至極快適であった。おそらくこれは，なにか特別な退行性の突然変異なのだろう。古生物学者によれば，生命はまず海で発生し，陸に上がった最初の魚はいわゆる肺魚であり，海辺へ這(は)い上がってひれで歩いたということだ。生物学者によれば，これら最初の肺魚たちが徐々に進化し，ネズミやネコやヒトのような陸生動物になったという。しかしそのうちのあるものは，たとえばクジラやイルカのように，陸上生活のあらゆる辛酸を嘗(な)めたのちに海へと帰っていったのだ。それらの動物は，海へ戻っても陸上での苦闘から得た性質を保持し，哺乳類でありつづけた。つまりメスは子孫をその体内に宿し，魚たちのように産み落とした卵にオスがあとから受精させるようなことはしなかったのである。

　トムキンスがそんなことを考えながらぶらぶらと泳ぎまわっていると，奇妙な2人連れの姿が目に入った。1人は，ディラックに気味が悪いほどよく似た男だった（教授が講演中に彼の写真のスライドを見せてくれていたおかげで，それとわかったのだ）。もう1人は，イルカだった。2人は話に夢中になっている。イルカがヒトと会話を交(か)わしていることについては，トムキンスは驚きもしなかっ

ぼくの"水"には摩擦がなく，どこをとっても均一なのさ

た。イルカが高い知性をもつことを知っていたからだ。
「ねえ，ポール」とイルカがディラックに話しかけている。
「きみは，ぼくらは真空中にいるのではなく，負の質量の粒子からなる物質媒質の中にいると言うんだね？ でもぼくに関するかぎり，水中は空っぽの空間と全然変わらないよ。完全に均一だし，ぼくはあらゆる方向に自由に動くことができる。だけど，ぼくのひい，ひい，ひい，ひい爺さんからの言い伝えによれば，陸上はまるで違うそうだね。山や谷がたくさんあって，越すには骨が折れるそうだね。海の中では，ぼくは好きな方向へ自由に動けるんだよ」
「そうだね，イルカくん」とディラックが答えた。
「それは水がきみの身体の表面に摩擦を及ぼすおかげなのさ。つま

り水の"存在を感じる"ことができるわけだ。きみが尾とひれを動かすとそこに水圧の差が生まれる。そのおかげできみは動けるんだよ。でも，もし水に摩擦がなかったら，つまり水が完全に均一で水圧に差がなかったら，きみはロケットの燃料が切れてしまった宇宙飛行士と同じで，動こうにも動けなくなってしまうんだ」

ディラックはさらにつづけた。

「ぼくの"水"は負の質量の電子でできているから，話がまったく違ってくるんだよ。ぼくの"水"には摩擦が全然なくて，どこをとっても均一だから，知覚できないんだ。それにもうひとつ違うのは，これ以上は1個たりとも電子を加えることができないってことだ。パウリの排他原理によると，同一の量子状態には自転方向の異なる2個の電子しか入れないからね。ぼくの"水"には，あらゆる量子レベルですでに2個の電子が入っている。だから余分な電子はぼくの"海"の水面上にいなければならない。これが正の質量をもって，通常の電子のようにふるまうわけだよ」

「だけどさ」イルカが言い返す。「きみの海には摩擦がなくて均一だから知覚できないって言うんなら，そんなものの話をすることにどんな意味があるのさ」

「じゃあ，こう考えてごらんよ」ディラックが答える。「何か外部からの力が，ぼくの海から負の質量の電子を1個，水面上に持ち上げたとするんだ。そうすると，知覚できる電子の数が1個増えることになる。でもそれだけじゃなくて，海中に開いた電子1個分の穴も知覚できるようになるんだよ」

「それって，海中の泡みたいなもの？ ほら，あれみたいな」海の奥底から海面に向かってゆっくりとのぼっていく泡を指してイルカが言った。

「その通りだよ。ぼくの世界では，正のエネルギー状態に蹴り出された電子だけじゃなく，真空中に残された穴も見えるんだ。穴というのは，そこに以前あった何かが"なくなった"ということだからね。もともとの電子は負の電荷をもつよね。それに対して，負の電荷が均一に分布した海から，負の電荷をもつ電子が1個なくなった穴は，同じ大きさの正の電荷として観測されるんだ。そして負の質量がなくなれば，なくなった電子と同じだけの質量が，正の質量として観測される。つまりそうしてできた穴は，まったく正常な普通の粒子としてふるまうことになるんだよ。穴は，正電荷をもつということを除けば，まるで電子のようにふるまうのさ。それが陽電子の正体なんだ。だからぼくたちは"対生成"という現象を探さなくちゃいけない——電子と陽電子が1個ずつ，同一空間に同時に現れる現象を探すんだ」

「よくできた理論みたいだね」イルカが言った。「でもさ……」

「次のスライドを」

耳なれた教授の声が，トムキンスの夢に割って入った。

いまお話ししたように，連続体を検知する唯一の方法は，それを"かき乱してやる"ことであります。そうすることによって，連続体はもはや完璧なる連続体ではいられなくなるからです。そこに穴をあけてやれば，「あの"穴"以外はすべて連続体だ」と言うことができるのです。そして，講演にお集まりのみなさん，それこそがまさにディラックの示唆したことなのです。何もないところに穴をあけよ，と。それがなされたところを示したのが，この写真です。

これは泡箱の写真であります。少し説明させていただきますと，

泡箱というのはウィルソンの霧箱に似た粒子検出器でして，霧箱の原理をひっくり返したようなものであります。この発明により米国の物理学者ドナルド・グレーザーは，1960年にノーベル賞を受賞しております。グレーザーが語ったところでは，彼は酒場でビール瓶の中をのぼってゆく泡をぼんやりと眺めていたのだそうです。そのとき彼はひらめいたのです。ウィルソンが気体中の水滴を観察したのなら，ぼくは液体中の気泡を観察してやろう，と。気体を膨張させて過飽和状態の蒸気を凝結させるかわりに，液体の圧力を下げて沸騰するほど加熱させてみようというのです。そうしてできたのが泡箱というわけです。泡箱の中では，電荷をもつ原子内粒子の軌跡を，泡の軌跡として見ることができます。

　このスライドに写っていますのは，電子と陽電子の対が2組生まれたところです。スライドの下方から電荷をもつ粒子が飛び込んできました。その粒子は，飛跡が曲がっている点でなんらかの相互作用を受けています。その相互作用により，荷電粒子が右に方向を変えただけでなく，電荷をもたない粒子が1個現れ，それは即座に2つの高エネルギーのガンマ線に変わります。この第2の粒子とそこから生まれたガンマ線を見ることはできません。といいますのも，それらは電気的に中性であるため，泡の軌跡を残さないからです。しかしそれぞれのガンマ線からは電子と陽電子の対が生まれるのでありまして，スライドの上方のV字型の飛跡がそれであります。2つの"V字型"がともに元の相互作用のあった点を指していることにご注意ください。

　また，すべての飛跡が同じような曲がり方をしている点にもご注意ください。これは，泡箱全体に強力な磁場がかかっているためです——磁場は，わたしたちがこのスライドを見るときの視線と同じ

向きにかかっています。この磁場の働きにより，負の電荷をもつ粒子は時計回りに，正の電荷をもつ粒子は反時計回りに曲がることになるのです。このことからみなさんも，どちらが電子でどちらが陽電子かがおわかりになるでしょう。ちなみに，他の飛跡よりも大きく曲がっている飛跡があるのは，粒子の速度によって曲率が変わるからでありまして，速度が小さいほど大きく曲がるということになります。これでおわかりになったでしょうが，泡箱の写真には，そこでなにが起こっているかを知る手掛かりが満載されているのです！

はじめに相互作用のあった点付近に逆もどりする

さて，みなさんは真空中に穴をあける方法をご覧になったわけですが，そうなりますと今度は，その先になにが起こるのかを知りたくなるのではないでしょうか……

実際のところ，トムキンスはそんなことを知りたくはなかった。彼は，自分が電子だったときのことを考えていたのである。襲ってくる陽電子から逃げなければならなかったことを思い出すと，身体が震えた。しかしそれは教授の知るところではない。

……陽電子は，負の電荷をもつ通常の電子と出会うまでは，まったく普通の粒子と同様にふるまいます。電子はといえば，即座に穴に落ち込んでそれを塞いでしまいます。そうして連続体は修復され，電子と穴は消滅するのです。われわれはこれを，正の電子と負

の電子の"対消滅"と呼んでいます。その際に生まれるエネルギーは，光子として放射されます。

　ここでひとつ申し上げておかなければなりませんが，わたしはこれまで，陰電子はディラックの海から溢れた電子であり，陽電子はその海にあいた穴であると説明してきました。しかしこの観点をまったく逆にして，普通の電子が穴であり，陽電子こそ放り出された粒子だと考えることもできるのです。この2通りの見方は，物理的見地からしても数学的見地からしても，まったく同等なのであります。

　また，陽電子という"反粒子"をもっているのは，なにも電子にかぎったことではありません。陽子には"反陽子"が存在します。みなさんもご想像のとおり，反陽子は陽子と同じ質量で逆の電荷をもっています。つまり反陽子は，負の電荷をもっているのです。反陽子は，さきほどとは別のタイプの連続体にあいた穴と見ることもできます。つまりこの連続体は，負の質量をもつ無限個の陽子から成り立っているのです。実際のところ，あらゆる粒子に対して反粒子が存在しているのでして，真空中には実にたくさんのものが存在しているのです。

　みなさんは，われわれのこの世界には，どうして物質ばかりがたくさん存在していて，反物質はほとんどないのだろうと不思議に思われるかもしれません。このすばらしく興味深い疑問は，答えるのが非常にむずかしい問題でもあります。実際，もし原子が負の電荷をもつ原子核と，その周囲を取り巻く陽電子とから成り立っているとしても，そのような原子の光学的諸性質は通常の原子となんら変わるところがありません。ですから，かなたの恒星がわれわれと同じタイプの物質でできているのか，あるいは逆のタイプの物質でで

きているのかを，分光学的な観測によって決定することはできないのです。つまりわれわれの知るかぎりにおいては，アンドロメダ大星雲を形成している物質が，このあべこべ型に属するものである，と考えることは十分可能なのであります。それを確かめる唯一の方法は，その物質の一片を地球の物質と接触させ，それが消滅してしまうかどうかを見ることですが，その場合にはもちろん，恐ろしい爆発が起こることでしょう。

　実際上は，そのような恐ろしい実験に乗り出す必要はありません。天体が衝突するところを観察すればよいのですから。もしもそれぞれが逆のタイプの物質でできていますと，一方の天体の電子が他方の陽電子を殲滅（せんめつ）する際に放出されるエネルギーの量は，まさに壮大なものとなるでしょう。しかしそのようなことが起こったようすは，ただの1度も観測されておりません。ですから，宇宙のほとんどの物質は同じタイプであると推測してもよろしいかと思われます。少なくとも，宇宙の半分が反物質でできているということはないでしょう。

　最近，宇宙の誕生したばかりのころには，2つの型の物質が同数存在した可能性があると言われております。そしてその後，ビッグバンの過程で一方のタイプにのみ有利な相互作用があったため，現在の不均衡な状態になったというのです。しかしながらこの考えは，現状ではひとつの仮説にすぎません。

# 15

# 原子破壊器を見学する

　トムキンスはどうにも興奮を抑（おさ）えることができなかった。講演の聴講者たちが世界最高レベルの高エネルギー物理学研究所を見学できるよう，教授が手配してくれたのである。トムキンスたちはこれから，原子破壊器をその目で見ようとしているのだ！

　見学に先だって，聴講者たちは研究所に関するパンフレットを受け取っていた。トムキンスは律儀（りちぎ）にも，それを端から端まで読み通していた。しかしその努力にどれほどの意味があったかはわからない。というのも，トムキンスの頭の中は，クォークやらグルオンやらストレンジネスやら，エネルギーが物質に変換されることやら，すべてを説明する大統一理論やらがいっしょくたになって，完全に靄（もや）がかかったような状態になってしまったからである。すべてを説明する理論とやらも，トムキンスにとってはなんの説明にもならなかった。

　ビジターセンターに到着すると，トムキンスたちは待合室に通された。まもなく，てきぱきしたガイドさんが現れた。はつらつとし

ガイドさんは研究員の1人だった

てまじめそうな、20代半ばの女性である。彼女は一行にあいさつし、自己紹介をした。研究チームのひとつに参加しているハンソン博士だということだった。
「粒子加速器の見学をする前に、わたしたちがここでやっている研究について簡単に説明させていただきます」
　一行のひとりが、おずおずと手を挙げた。
「はい、ご質問ですか？」
「いま"粒子加速器"とおっしゃいましたが、わたしたちは原子破壊器(アトム・スマッシャー)を見せていただくんじゃないのでしょうか？」
　博士はかすかに顔をしかめた。「いまそのことをお話ししようとしていたのです。粒子加速器というのは、新聞などが"原子破壊

器"と呼んでいるものと同じなのですが，ここではそうは呼びません。誤解を招く呼び方だからです。というのも，原子を破壊するだけなら，電子をいくつか弾き出してやればよいのですから，簡単なことなのです。原子核を破壊することでさえ，それほどむずかしくはありません——わたしたちがこの研究所で行っていることにくらべればですが。ですからここでは"粒子加速器"と呼ぶことにしています」

「ほかにご質問はありませんか？　どんなことでもよろしいですよ」博士は一同を見回して言った。とくに声はあがらず，彼女は話をつづけた。

「ここでの研究目標は，物質の最小の構成要素と，それらをつなぎ合わせている力を解明することです。物質は分子からできており，分子は原子から，原子は原子核と電子からできているのはご存じでしょう。そして電子は基本粒子であると考えられています。つまり，電子をより基本的な構成要素に分解することはできないということです。しかし，原子核はそうではありません。原子核は陽子と中性子に分解することができるのです。このあたりまでは，みなさんよくご存じですね？」

　一同はうなずいた。

「そうなると次なる疑問は……」

「陽子と中性子は何でできているか……？」ひとりの婦人が答えた。

「ええ，その通りです。では，そのためにわたしたちが何をしているとお考えですか？」

「陽子と中性子を破壊するのでは？」婦人が答えた。

「ええ，そうですね。そうしてみるのがよさそうです。わたしたち

は，まずは分子，次には原子の構造を調べ，そして入射粒子を標的にぶつけるという方法で原子核の構造を調べてきました。そしていま，陽子または電子を加速して高エネルギー状態にし，それを陽子にぶつけるということをはじめているのです。そうすれば陽子は破壊され，構成要素に分裂しそうですよね」

「実際にやってみると，どんなことが起こると思いますか？」博士はつづける。「いったい陽子は分裂するのでしょうか？ じつを言うと，どれほど入射粒子のエネルギーを上げてやろうとも，陽子は決して分裂しません。分裂はしませんが，ある驚くべきことが起こります。衝突によって，新しい粒子が生まれるのです。それまでそこに存在していなかった，新しい粒子が，です。たとえば2個の陽子を衝突させると，2個の陽子のほかに新しい粒子，いわゆるパイ中間子が生まれることがあります。その質量は電子の273.3倍，すなわち$273.3\,m_e$です。わたしたちはそれをこのように書き表します」ハンソン博士はそう言うと，フリップチャートのところに歩いていって式を書いた。

$$p+p \rightarrow p+p+\pi$$

それを見た初老の男性がさっと手を挙げ，眉をひそめて言った。「しかしそれは，ちと変ではないでしょうか。わたしが学校で物理を学んだのはずいぶん昔のことですが，ひとつだけ覚えていることがあります。それは，物質は創造されることも消えることもない，ということです」

「こう申し上げなければならないのは残念ですが，あなたが学校で学んだそれは，間違いです」ハンソン博士がそう言うと，一同からかすかな笑いがもれた。

「まあ、まったくの間違いというわけでもありませんが、つまり」博士は慌てて言葉をついだ。「"無"から物質を創り出すことはできません。それはその通りなのです。しかし、エネルギーから物質を創り出すことはできるのです。それはアインシュタインの有名な式、

$$E = mc^2$$

によって許されていることなのです。この式はご存じでしょうね？」

一同は不安げに顔を見合わせている。

「みなさん、その式のことを耳にしたことくらいはあると思いますよ」トムキンスが思い切って口を挟んだ。「ただ、教授の講演ですでに出てきたかどうかは確信ありませんが」

「そうですか。この式はアインシュタインの相対性理論から導かれるのです」ハンソン博士が説明した。「アインシュタインによれば、粒子を光速を越えて加速することはできません。なぜできないのかを理解するひとつの方法は、質量の増加を考えることです。粒子が速度を増すにつれその質量も増加するため、さらに加速するのはむずかしくなるというわけです」

「それについてはわたしたちもすでに学んでいます」トムキンスがうれしそうに答えた。

「それはよかった。でしたら、今度はこう考えてみてください。加速された粒子は質量が増えると同時に、より大きなエネルギーをもつようになるのだと。この $E = mc^2$ という式は、エネルギー $E$ は質量 $m$ をともなっているという意味なのです（$c$ は光速を表し、質量とエネルギーを同じ単位で表すために用いられています）。で

すから、加速された粒子は、より大きなエネルギーをもつようになるとともに、そのエネルギーに比例した質量をももつようになるのです。粒子がどんどん重くなるように見えるのはそのためです。エネルギーが増加したぶん、質量も増加するというわけですね」

「わたしにはどうにもわかりませんな」初老の男性がまた声をあげた。「エネルギーが増加すれば質量も増えるとおっしゃるが、粒子は静止しているとき、つまりエネルギーを"もたない"状態のときでも質量をもっているではないですか？」

「そうですね。それは重要なポイントです。みなさんに覚えておいていただきたいのは、エネルギーにはさまざまな形態があるということです。熱エネルギー、運動エネルギー、電磁エネルギー、重力ポテンシャルエネルギーなど、いろいろです。静止している粒子に質量があるということは、"物質そのもの"が、エネルギーの一形態だということを示しているのです。そのエネルギーのことを、"封じ込められた"エネルギー、あるいは"凍結した"エネルギーと呼びます。静止している粒子の質量は、その粒子がもつ封じ込められたエネルギーなのです」

「さて、この衝突では、入射粒子のもっていた運動エネルギーの一部が、封じ込められたエネルギーに変換されました——つまり、新しく生まれたパイ中間子の封じ込められたエネルギーになったわけです。衝突の前後でエネルギーの量はまったく同じですが、エネルギーの一部の形態が変わったということです。おわかりになりますか？」

一同はうなずいた。

「こうしてパイ中間子が創り出されました。そこで今度はこの実験を繰り返しやってみます。たくさんの衝突を起こさせて、それぞれ

の衝突で何が起こるかを調べるのです。そうすると，どんな質量の粒子でも創れるわけではないことがわかります。つまり，新しく生まれる粒子の質量はつねに 273.3 $m_e$ であって，274 $m_e$ になることもなければ，275 $m_e$ になることもないのです。もっと重い粒子もありますが，いずれにせよ決まった質量でしか現れません。たとえば K 中間子というものがありますが，その質量は 966 $m_e$，すなわち陽子の質量の約半分です。また，陽子より重い粒子も存在して，たとえばラムダ（Λ）粒子の質量は 2183 $m_e$ です。現在では 200 以上の粒子の存在が知られており，それぞれに対して反粒子が存在することもわかっています。そしてわれわれは，粒子の数は無限にあるのではないかと考えているのです。そしてどれだけの粒子を創り出せるかは，衝突のエネルギーをどれだけ大きくできるかにかかっています。エネルギーが大きければ大きいほど，重い粒子を創り出すことができるのです」

「では，こうして創り出された新しい粒子について，その特性を見てゆくことにしましょう。でも，陽子は何でできているのか，という出発点の疑問を忘れたわけではありませんよ。それどころか，これらの新しい粒子を調べてみることこそが，陽子の構造を知る手掛かりになるのです。ポイントは，これら新しい粒子はどれもみな，陽子の近い親類だということです。ある人の家族を見れば，その人のこともよくわかるということがありますよね？　同じことが粒子にも当てはまります。親類の粒子を調べることにより，陽子や中性子の構造を知ることができるのです」

「さて，そうすることで何がわかったでしょうか？　みなさんのご推察通り，新しい粒子を特徴づけるときにも，すでに知られている粒子を特徴づける量が役に立つことがわかったのです。質量，速

度,エネルギー,スピン角運動量,それに電荷といった特性がそれです。しかしこれらに加えて,新しい粒子は新しい特性をもつこともわかりました。つまり,陽子や中性子がもっていない特性があったのです。それらは"ストレンジネス(奇妙さ)"とか"チャーム(魅力)"などという名前で呼ばれています。奇抜な名前に惑わされないでくださいね。これらの特性には,厳密な科学的定義があるのですから」

一行のひとりが手を挙げて言った。

「"新しい特性"というのは,どういう意味ですか? どのような特性のことをお話しになっているのです? 新しいということをどのように確認したのでしょうか?」

「良い質問ですね」そう言って,ハンソン博士は間を置いた。

「ご説明いたしましょう。まずはこれまでに存在した特性について説明します。次の反応により,電荷をもたないパイ粒子,すなわちパイゼロ粒子が生まれます。

$$p^+ + p^+ \rightarrow p^+ + p^+ + \pi^0 \qquad (\text{i})$$

ここで,肩付きの文字は粒子のもつ電荷を表しています。陽子が1単位の正の電荷をもつのは当然ですので,通常ですとわざわざ+を書くことはありません。しかしあとで説明しますが,ある理由のため,+も書くことにします。次の2つの反応は,それぞれ1個のパイマイナス粒子と1個のパイゼロ粒子を生み出します。

$$p^+ + n^0 \rightarrow p^+ + p^+ + \pi^- \qquad (\text{ii})$$
$$\pi^- + p^+ \rightarrow n^0 + \pi^0 \qquad (\text{iii})$$

$n^0$ というのは,中性子を表します。ここまでの3つの反応は実際

に起こりますが,次の反応は起こりません。

$$p^+ + p^+ \not\to p^+ + p^+ + \pi^- \qquad \text{(iv)}$$

さて,どうしてそうなるのでしょう? つまり,最初の3つの反応は起こるのに,なぜ4つ目は起こらないのでしょうか?」

「電荷と関係があるのではないでしょうか?」ひとりの若者が声をあげた。「4つ目の反応では,左辺に2個の正の電荷があり,右辺には2個の正の電荷と1個の負の電荷があります。釣り合いがとれないのではないですか?」

「その通りです。電荷というのは物質の特性のひとつでして,反応の前後で一定に保たれなければなりません。反応の前後で,正味の電荷は等しくなければならないのです。それなのに4つ目の反応では等しくなっていません。非常にわかりやすいでしょう? では,次の反応はどうでしょう。ここには2個の新しい粒子が含まれています。ラムダゼロとKプラスです。

$$\pi^+ + n^0 \to \Lambda^0 + K^+ \qquad \text{(v)}$$

この反応が起こることは実際に観測されています。次の反応は決して起こらないのですが,両者をくらべてみてください。

$$\pi^+ + n^0 \not\to \Lambda^0 + K^+ + n^0 \qquad \text{(vi)}$$

式(vi)で生まれる3つの粒子を作りたければ,出発点を変えなければなりません。

$$p^+ + n^0 \to \Lambda^0 + K^+ + n^0 \qquad \text{(vii)}$$

しかしこの組み合わせで出発すると,次の反応は起こりません。

$$p^+ + n^0 \not\to \Lambda^0 + K^+ \qquad \text{(viii)}$$

エネルギーという面からいえば、$\Lambda^0 + K^+ + n^0$ を創り出すよりも、$\Lambda^0 + K^+$ を創り出す方が簡単なはずなのです。そこで、次のような疑問が生じます。どうして式(vi)と式(viii)の反応は起こらないのだろうか?」

 博士は一同の顔を見回して言った。
「これも電荷が不変であるということで説明できるでしょうか?」
 全員、首を振っている。
「そうですね。電荷の釣り合いということでは説明できません。では、ほかに何があるでしょう?」
 全員、当惑顔だ。
「わかりませんよね。こうなってはじめて、われわれは新しい特性の可能性を考えることになるのです。わたしたちはその特性を"バリオン数"と呼んでいます。この名前はギリシア語の"重い"を表す言葉に由来します。これを $B$ と表記し、粒子に次のような値を割り当てます。

 $n^0$, $p^+$, $\Lambda^0$ は、$B = +1$ をもつ。
 $\pi^0$, $\pi^+$, $\pi^-$, $K^+$ は、$B = 0$ をもつ。

1番目のグループの粒子を"重粒子(バリオン)"、2番目のグループの粒子を"中間子(メソン)"と呼びます。これはギリシア語で"中ぐらいの"という意味の言葉に由来します。ひとこと言っておくと、これ以外にも粒子群があり、たとえば電子などは軽いので"軽粒子(レプトン)"と呼ばれています」
「さて、こうして割り当てられたバリオン数の値は不変だと考えて

みましょう。バリオン数の合計は，衝突の前後で変わらないと考えるのです。それを念頭に，さきほどの反応をもう一度見てみましょう。反応が起こるものはバリオン数が不変であり，反応が起こらないものはバリオン数が変わっていることがおわかりになるでしょう」

しばらく足し算や引き算をしていた一行は，じきにうなずき，その通りだとつぶやきはじめた。

「おわかりになりましたか。バリオン数の釣り合いをとれない反応が，起こらなかったというわけです。それらの反応が起こらなかったということが，バリオン数という新しい特性の存在をわたしたちに教えているのです。さらに，わたしたちはこの特性についてあることを学びました。それはこの新しい特性が，電荷やエネルギーや速度などと同様に，衝突の前後で不変であるということです」

一同はこの説明に納得しているようだった。しかしトムキンスは違っていた。彼は腕を組み，疑わしげな表情を浮かべている。それを見たハンソン博士が尋ねた。

「納得できませんか？　なにか質問でも？」

「質問というよりも，わたしの考えなのですが。率直に言って，どうも納得できないのです。それどころか，お気を悪くなさらないでほしいのですが，詭弁のようにも思えるのです」

「詭弁ですって？　わたしはそんな……。失礼，どういう意味でおっしゃってるのですか？」博士はちょっとうろたえている。

「粒子に割り当てられたバリオン数の値ですよ。いったいどこからあれを導き出したのですか？　都合のよい答えが出るように値を決めたとしか思えないんですが。起こる反応と起こらない反応をうまく説明できるように値を決めただけではありませんか？」

一同は驚いてトムキンスを見つめている。なんてことを言うやつだろう。しかし、その緊張感はすぐにとけた。ハンソン博士が笑いだしたからだ。
「すばらしい。まったくおっしゃる通りです。わたしたちはまさに、あなたがおっしゃった方法でバリオン数を割り当てたのです。つまり、起こった反応と起こらなかった反応をよく見くらべて、それに合うように割り当てを決めたのです。でもそれだけではないのですよ。そうでなければ時間の無駄というものですからね。重要なのはここです。つまり、少数の反応からバリオン数の割り当てを見つけ出したおかげで、こんどは"ほかの"反応が起こるか起こらないかを予測することができるのです。ほかにも何百という反応があるのですから」
　しかしトムキンスはまだ納得できないようすである。博士はさらに説明を加えた。
「では、こんなふうに考えてみてください。ある日、ある研究チームが大発見をしたとします。彼らは負の電荷をもつ新種の粒子を発見したのです。彼らはそれを $X^-$ と呼びました。その粒子は次のような反応で発見されました。

$$p^+ + n^0 \rightarrow p^+ + p^+ + n^0 + X^- \qquad \text{(ix)}$$

この粒子のバリオン数はいくつになるでしょう？」
　一同はさっと計算し、口々に答えをつぶやいた。「$-1$ではないですか？」
「その通りです。左辺のバリオン数の合計は$+2$ですね。右辺には2個の陽子と1個の中性子がありますから、バリオン数の合計は$+3$になります。ということは、両辺の釣り合いをとるためには、

$X^-$ のバリオン数が $-1$ でなければなりません。どうです？　わたしたちはこの反応を"利用して"，$X^-$ のバリオン数を見つけ出しました。これぞ"詭弁"ですね」そう言って，博士は意味ありげにトムキンスの方を見た。

「さてこの研究チームは，生まれたばかりの $X^-$ 粒子に陽子をぶつければ，次のような反応を起こすだろうと主張します。

$$X^- + p^+ \to p^+ + p^+ + \pi^- + \pi^- \qquad (\mathrm{x})$$

いかがです？　これでよろしいですか？」

　一同は反射的にうなずいた。しかしそのとき，ひそひそ話す声が聞こえ，何人かがおずおずと首を振った。

「どうしました？」ハンソン博士が尋ねた。「なにかおかしな点がありますか？」

　一行はさらにひそひそと議論をつづけた。そのうちに一行のひとりがこのような説明をはじめた。もしも $X^-$ のバリオン数がほんとうに $-1$ だったとしたら，式（x）の反応の前とあとではバリオン数の合計が釣り合わない。ということは，この反応は起こらないはずだというのだ。

「よくできました。まったくその通りです。式（x）の反応は，みなさんをちょっと試してみたのです。$X^-$ によってほんとうに起こった反応は，実はこれでした。

$$X^- + p^+ \to \pi^- + \pi^- + \pi^+ + \pi^+ + \pi^0 \qquad (\mathrm{xi})$$

これなら，計算してみればわかるように，きちんと釣り合いがとれています。つまりみなさんはバリオン数の概念を使って，"予測"を立てたのです。式（x）の反応は起こりえないという予測をね。

これこそがバリオン数の概念の力なんです」博士はトムキンスに向きなおって言った。「これで納得がいきましたか？」

トムキンスはにっこり微笑んでうなずいた。

「実際のところ，この$X^-$というのは反陽子のことで，通常は$\overline{p}$と表記されます。反陽子は陽子と同じ質量をもちますが，逆の電荷とバリオン数をもっています。式(xi)の反応は，陽子と反陽子がおたがいを消滅させる反応の典型例になっています」

「さあ，わたしたちはこの考え方をものにしつつありますよ。試しに次の反応について考えてみましょう。この反応は"ぜったいに"起こりません。

$$K^+ + n^0 \not\rightarrow \pi^+ + \Lambda^0 \qquad (xii)$$

両辺の電荷とバリオン数をチェックすれば，どちらも計算が合うでしょう。しかし，いま言いましたように，この反応はぜったいに起こりません。みなさんにはその理由がおわかりになりますか？」

「ほかの特性が関係しているのかしら？」モードが答えた。

「その通りです。その特性は"ストレンジネス"と言って，$s$と表記されます。$K^+$の$s$は$+1$で，$p^+$，$n^0$，$\pi^-$，$\pi^0$，$\pi^+$の$s$は$0$です。そして$\Lambda^0$と$K^-$の$s$は$-1$となっています。陽子と中性子は通常の物質で，ストレンジネスという特性はもちません。ですからストレンジネスをもつ粒子を創るためには，同時に複数の粒子——すなわち，$s=+1$の粒子と$s=-1$の粒子（式(v)と(vii)の反応）——を創り出す必要があります。そうすることでストレンジネスの合計がゼロになるのです。ストレンジネスをもつ新粒子が発見されたときには，まだストレンジネスという特性があることや，それが保存されることは知られていなかったので，いつも必ずいっしょに

創り出されるのは奇妙だと考えられました。そのため"ストレンジネス"という名前がつけられたのです。わたしが思い違いをしていなければ、これらの粒子が関連して創り出されるようすを写した写真が、実際にお手元の案内書に載っているはずです。どうぞご覧になってみてください。なにはともあれ、ストレンジネスの発見以降、"チャーム"や"トップ"や"ボトム"などの特性も確認されるようになったのです」

「そしてわかったのは、衝突に関係する粒子たちはそれぞれに異なった一組の特性をもっているということです。たとえば陽子の特性は、電荷 $Q=+1$, $B=+1$, $s=0$, そしてチャームとトップとボトムは 0 です」

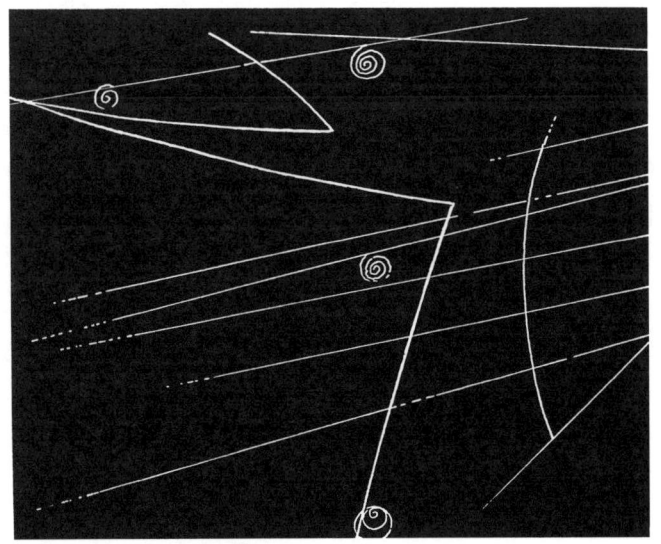

粒子がペアになって生まれている

「でも、みなさんはこうお考えに違いありません。なるほどよくできた話だ。けれど、このことと陽子や中性子の構造とのあいだにどんな関係があるだろう、と。なにしろわたしは先ほど、陽子が何からできているのかを調べるためには、その近い親類、すなわちこれらの新しい粒子たちを調べればよいと言ったのですから。これからわたしたちは、探偵のような作業に入ります。そのための基本的な考え方は、バリオン数が同じだとか、スピンが同じだとかいう、共通した特性をもつ粒子を集めてみることです。そうして粒子を集めたら、次に、あとの2つの特性の値によって、粒子を順に並べます。あとの2つの特性というのは、いまお話ししましたストレンジネスと、$I_z$ と表記される"アイソトピックスピン"、縮めて"アイソスピン"というものです。この名前は"同一の形態"を意味する"アイソトープ"という言葉から採られました。この名前が採用されたのは、ある種の粒子たちが同じ相互作用を起こしたり、ほとんど同じ大きさの質量をもっていたりなど、たがいによく似ていて、まるで同一の粒子が異なる現れ方をしているように考たくなるからでした。たとえば陽子と中性子は、核子という粒子が2種類の形態をとったものと考えられています。一方の形態では電荷 $Q$ は+1、もうひとつの形態では $Q$ は0になるわけです。アイソスピンに関しては、陽子は $I_z=+1/2$ という値をもち、中性子は $I_z=-1/2$ という値をもちます。アイソスピンの"スピン"は、数学的に見て回転しているかのようなふるまいをすることから名づけられたものです」

「$I_z$ を定義する方法のひとつとして、$I_z = Q - \overline{Q}$ の関係を使うものがあります。$Q$ は粒子の電荷で、$\overline{Q}$ はその粒子が属する家族(これを多重項と言います)の平均電荷です。ですからたとえば、陽子

粒子を並べてみる

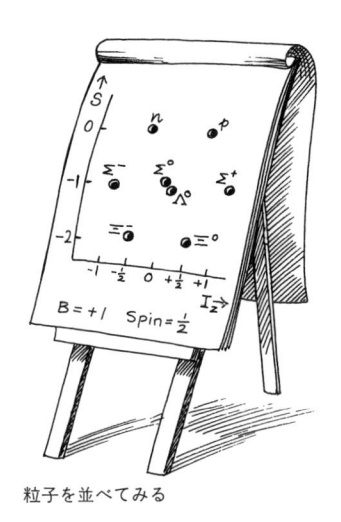

の $Q$ が+1で中性子の $Q$ が0の場合，核子2重項の平均電荷は $\overline{Q}=1+0=1/2$ となります。ということは，陽子は $I_z=1-1/2=+1/2$，中性子は $I_z=0-1/2=-1/2$ になるということですね」

「さてわたしは先ほど，ある特性をもっている粒子たちを集め，それらをストレンジネスとアイソスピンの値によって順に並べると言いましたが，その一例をご覧にいれましょう」

ハンソン博士は一群の粒子を描いた。

「これは8つのバリオン（重粒子）を集めたもので，どれもすべて $B=+1$，スピン$1/2$ という値をもっています。6角形になっていて，中心部に2つの粒子があります。中性子と陽子が含まれていることがおわかりでしょう。このように並べてみますと，陽子と中性子は8人家族のうちの2人であることがわかってきます」

「では，これをご覧ください」

博士は2つ目のパターンを描いた。

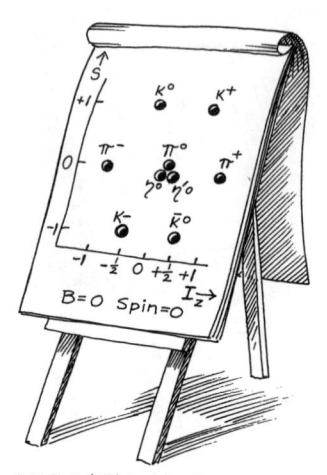

やはり6角形のパターン

「これは $B=0$,スピン0の中間子グループで,パイ粒子が含まれています。先ほどとまったく同じ6角形で8重項の粒子を含みますが,これには中心に1重項の粒子がひとつ付け加わっています」

「さて,ここから何がわかるでしょうか? よく似たパターンになっているのはたんなる偶然だとお思いになりますか? 実はこのパターンは,数学者にとっては特別な意味をもっているのです。このパターンは"群論"という数学の一分野から借りてきたものなのです。群論という分野は,結晶の対称性を分類するために使われたことを別にすれば,最近まで物理学にはほとんど使い道がありませんでした。このパターンは"SU(3)の表現"と呼ばれるもののひとつです。"SU"というのは,特殊ユニタリー(Special Unitary)の頭文字で,対称性の性質を示しています。(3)というのは,3回回転対称性を表します。つまり,あるパターンを,120度,240度,360度と回転させても同じパターンになるということです」

「SU(3)の数学によれば，6角形をした8重項のパターンのほかにも，やはり3回回転対称性をもつ別のパターンの存在すると期待されます。そのなかで一番単純なものが，1重項なのです。中間子の図では，8重項とともに1重項がありましたね。さらには，3角形のパターンになる10重項も存在して……」

このときドアをノックする音がした。博士に何かメモが手渡された。

「よかった。ミニバスが到着したようです。ミニレクチャーを途中で打ち切らなければならないのは残念ですけど，SU(3)の表現に関しては，教授の講演でもかならず触れられるはずですから」

目的地に着くまでにはだいぶ時間がかかった。バスを降りると，目指す方向にずいぶんと地味な感じの建物があった。

「粒子加速器はあの建物の中ですか？」トムキンスは多少失望を感じながら尋ねた。博士は笑いながら首を振って答えた。

「いいえ，あの建物の"下"にあるんです」博士は地面を指さしている。

「地下100メートルほどのところにあります。今からそこに降りていきますよ」

一行は建物に入り，エレベーターに乗り込んだ。地下に降りてエレベーターから出ると，そこは粒子加速器の設置されたトンネルへの入り口だった。

「中に入る前に，ここでお見せするものがあります。みなさんはお気づきでなかったかもしれませんが，実はみなさんのお宅にも粒子加速器があるのです。たとえば，これです」そう言って博士は，入り口に備えつけられた監視用のテレビ画面を指した。

「ブラウン管の中では，熱いフィラメントで熱せられた電子が電場

によって加速され，前面のスクリーンにぶつかります。電場は，通常2万ボルトの電圧降下により作り出されます。このことを，電子が2万電子ボルト（eV）のエネルギーをもっていると言います。じつを言うと，わたしたちはeVをエネルギーの基本単位として使っているのです。いえ，正確にはeVではないのですが——というのも，これでは単位としてはあまりにも小さすぎるからです。ここではもっと便利なように，100万eVを表すMeVか，10億eVを表すGeVを使っています。どのように使うかというと，たとえば1個の陽子中に存在するエネルギーは938 MeVであり，ざっと1 GeVということになります。もうひとつ覚えておいていただきたいのは，わたしたちがここで粒子の質量を語る場合，通常は質量そのものではなく，粒子のもつエネルギーで表現しているということです。ですから陽子の質量は，938 MeV/$c^2$と表現されます」

「これからみなさんがご覧になる粒子加速器は，テレビと同じように電子を加速させるのですが，ブラウン管内とはくらべものにならないほど大きなエネルギーが加えられます。先ほどお話しした新しい粒子を生み出せるほどのエネルギーが与えられるわけです。そのエネルギーは，何十GeV，何百GeVにも達します。そのためには$10^{11}$ボルトもの電圧降下が必要となります。しかしわたしたちにはそれほど大きな電圧を作り出し，維持することはできません。絶縁の問題を考えただけでも不可能だということがおわかりでしょう。わたしたちがどのようにしてこの難問を回避したか，すぐにお目にかけましょう。しかしまずは，これをご覧になってください」

博士はポケットからなにかを取り出した。それをテレビ画面に近づけると，画像がひどく歪んだ。

「磁石です。磁場を利用して粒子ビームをコントロールすることが

できるのです。このアイディアもあとで利用することになります。ところで」博士は慌てて言った。「絶対に，繰り返しますがぜったいに，お宅のテレビに磁石を近づけてはいけませんよ。カラーテレビは壊れてしまいます。電子ビームに対する磁石の影響が永久に残ってしまうのです。ここにあるような白黒テレビなら大丈夫なのですけれどね。では，行きましょう」

　通路を進んでゆくと，地下鉄のトンネルと同じくらいの広さのトンネルに出た。目の前には金属製の長いチューブが横たわっている。10～20センチメートルくらいの太さのチューブが，トンネルに沿って長くのびている。チューブに近づいて，ハンソン博士が説明をはじめた。

「このチューブの中を粒子が通ります。粒子はずいぶん長い距離を飛ぶことになりますが，そのあいだになにかに衝突してはいけませんから，中は真空にしておかなければなりません。実際，このチューブ内の真空度は，宇宙のたいていの領域よりも高いほどなのです。これは」そう言って博士はチューブを包みこんだ箱の部分を指さした。「銅でできた空っぽの小部屋のようなもので，高周波共振空洞と呼ばれ，粒子を加速させるための電場を作り出す装置です。しかしこれはそれほど強力ではなく，テレビのブラウン管内の加速場とたいして変わりません。では，粒子を加速するために必要な巨大なエネルギーをどのようにして生み出しているのでしょう？　トンネルをご覧ください。トンネルの形についてなにかお気づきになりませんか？」

　一行はトンネルの端に目を凝らした。若い男が声をあげた。
「トンネルは曲がってますね。ほんのわずかではありますが。トンネルはまっすぐだと思っていたのですけど，曲がっているんです

このチューブの中を粒子が通るのです

ね？」
「その通りです。トンネルも、そしてもちろん粒子加速器のチューブも曲がっているのです。じつは、リング状になっています。全体として、穴のあいたドーナツのような形になっているのです。この

加速器の周囲は何十キロメートルにもなります——よその研究所にある加速器もみな同じようなものですが。いま目の前にあるのは，巨大なリング状の加速器のほんの一部分にすぎないのです。電子はこのリング状のレース場をぐるぐる回らされます。ということは，スタート地点にまた戻ってくるということです。そしてまたこの高周波共振空洞を通過するのです。ここを通過するたびに，電子はさらに加速されます。ですから，巨大な電圧降下は必要ないのです。そのかわりに，小さな衝撃を何度も与えているわけです——同じ空洞を何度も使ってね。うまい方法でしょう？」

一同は口々に感嘆の言葉をつぶやいた。

「しかし，この方法は別の問題を生み出しました。粒子の軌道を環状に曲げてやらなければならないということです。さて，わたしたちがどうやってそれをやりとげたのでしょう？」

「えーと，あなたがさっきテレビで試したことから考えて，磁石を利用して曲げたのではないでしょうか？」トムキンスが言った。

「その通りです。これもそんな磁石のひとつです」そう言って博士は，チューブを包みこんだ巨大な鉄の塊に近づいた。

「チューブの上下方向を極とした電磁石です。これが垂直方向に磁場を発生させ，粒子の軌道を水平方向に曲げます。トンネルを見渡せばこれがたくさん設置されているのがおわかりになるでしょう。リング状のチューブの全体に設置されて，粒子の軌道をリング状に曲げているのです。しかしまだ問題は残っています。磁石が荷電した粒子の軌道を曲げることのできる量は，粒子の運動量，すなわち粒子の質量と速度を掛け合わせたものに比例するということです。ところが粒子はたえず加速されています。つまり，運動量はたえず大きくなっているのです。ということは，粒子の軌道を曲げてチュ

ーブに沿って飛ばすのは，どんどんむずかしくなるということですね。そこで，わたしたちは，粒子が運動量を増すのと同時に，電磁石に供給される電流を徐々に増やすようにしました。すると磁場も強くなります。磁場の強さが増すペースと粒子の運動量が増加するペースをぴたりと合わせれば，加速された粒子は常に同一の軌道を描くことになります」

「おお」初老の男が声をあげた。「この機械が"シンクロトロン"と呼ばれるのは，磁場の強さを粒子の加速にシンクロさせるからなのですな？　なぜだろうと思っておったのです」

「おっしゃる通りです。オリンピックのハンマー投げ競技にちょっと似ていますね。ハンマー投げでは鉄の球をぐるぐる振り回しますが，ハンマーの速度が上がるほど，いっそうしっかりと握りしめていなければなりませんから」

「そうしますと，いつかは粒子たちも放り出されるということですかな？　最後には粒子は放り出されて，どこかからチューブの外に出てくるのでしょうか？」

「いえ，そういうことにはなりません——以前はそのようにしていたのですけれど。わたしたちはかつて，粒子が最大エネルギーに達すると逆の磁場を発生させて加速器から粒子を取り出し，その粒子たちを銅やタングステンの標的に当て，そこで新しい粒子を生み出していました。その新しい粒子たちは，さらに電磁場を通され，選別され，それから泡箱などの検出装置に導かれたのです」

「そのように固定された標的を用いることには，利用できるエネルギーの大きさという点から見て，あまり効率がよくないという欠点がありました。どういうことかと言いますと，粒子が衝突する前後で，エネルギーだけでなく運動量，すなわち勢いも同じになってい

なければならないのです。加速器から取り出された入射粒子は運動量をもっていますが，その運動量を，衝突で生じた新しい粒子にバトンタッチしなければなりません。ところが，衝突で生まれた粒子たちは，運動エネルギーをもたないことには運動量をもつこともできないのです。ですから現実には，入射粒子のエネルギーのうちいくらかは，新しく生まれた粒子にエネルギーと運動量を与えるためにとっておかなければならなかったのです」

「この機械の長所は，逆方向の2つのビームが使えるという点です。粒子が正面衝突するとき，一方の粒子の運動量と逆方向からやってくる粒子の運動量とが，ちょうど釣り合うようになっているのです。それによって，両方の粒子がもつ"すべての"エネルギーを，新しい粒子を生み出すために使えるようになりました。車が正面衝突するときのことを考えてみてください。停まっている車に別の車が衝突するよりも，正面衝突の方がはるかに衝撃は大きくなるでしょう」

「ビームが2つあるということは，加速器も2つあるということかしら？」モードが尋ねた。

「いいえ，その必要はないのです。負の電荷をもつ粒子と正の電荷をもつ粒子は，磁場のなかで逆方向に曲げられます。ですからこの装置では，正の電荷をもつ粒子を一方向に送り出し，負の電荷をもつ粒子を逆方向に送り出しています。磁石と空洞は同じものを使っているのです。もちろん，完全に同じ軌道を維持するために，粒子たちの運動量を常に同一にしておかなければなりません。つまり2種類の粒子は同じ質量，同じ速度をもつ必要があるのです。そういうわけで，ここでは電子と陽電子を逆方向に送り出しています。別の組み合わせとしては，陽子と反陽子が考えられるでしょう」

「そして粒子たちは，最大エネルギーに達するまで逆方向にぐるぐると回され，どんどん加速されてゆきます。最大エネルギーに達すると，あらかじめ定められた地点で正面衝突させられます。その地点に，検出装置がセットされているというわけです」

「あなたのお話を聞いていると，正面衝突させるのはじつにうまい方法のようですな。しかしそれなら，なぜ最初からそうせずに標的を固定しておくなどという方法をとったのでしょう？」初老の男が尋ねた。

「逆方向のビームを衝突させる方法の難点は，陽電子や反陽子のビームを十分強力にするのがむずかしいことです」博士が説明をはじめた。

「わたしたちはビームを，鉛筆ほどの細さに絞り込みます。しかしそれでも衝突すべき点でビームが出会ったときには，ほとんどの粒子は衝突せずにすり抜けてしまうのです。十分な数の衝突を得られるように粒子を集中させるためには，非常に高度な技術が必要になります。それを行っているのが集束磁石なのです。ここにある，これがそれです」そう言って博士は，普通の磁石とは違うタイプの磁石を指さした。「普通の磁石には極が1対しかありませんが，この磁石には2対の極があります」

「それにしても，なんだってこんな大きな機械が必要なのかしら？」婦人が唐突に尋ねた。

「その理由は，こういった磁石ひとつで作れる磁場の大きさには限界があるからなのです。粒子のエネルギーが大きくなるにつれて，軌道をコントロールするのはむずかしくなります。軌道をリング状に保つためには，ますます多くの磁石が必要になるのです。ところが，ご覧になってわかるように，磁石は1個でもかなりの大きさ

ですよね。およそ6メートルほどあります。そして，この加速器を稼働させるためには，およそ4000個の磁石が必要になるのです——そのほかにも集束磁石や加速用の共振空洞のことも考えなければなりません。それらを全部考えに入れたものが，加速器全体の大きさを決める基本になるのです。粒子の最終的なエネルギーを大きくしようとすればするほど，装置もより大きなものが必要となります」

「いま現在も，チューブの中を粒子が回っているのですか？」誰かが尋ねた。

「とんでもない！」博士が答えた。

「加速器が稼働しているときには，このトンネル内には誰も立ち入りが許されません。それというのも，放射能レベルが非常に高くなるからです。いまは定期メンテナンスのために加速器は止められています。みなさんの見学が今日に予定されたのも，そのためなのです」

ハンソン博士は腕時計にちらりと目をやった。

「では，先に進みましょう。あとについてきてください。これから，ビームが衝突する地点のひとつにご案内します。そこで検出器をご覧にいれましょう」

どこまでも続くかと思える磁石の連なりを横目にかなりの距離を歩いた一行は，ようやく，巨大な洞窟のような場所についた。その中央には，2階建の家ほどもある大きな物体がそびえ立っている。

「あれが検出器です」ハンソン博士が言った。「どんなご感想をおもちです？」

みな，それぞれに感心している。

「いけません。勝手にうろつかないでください」近くに寄ってよく

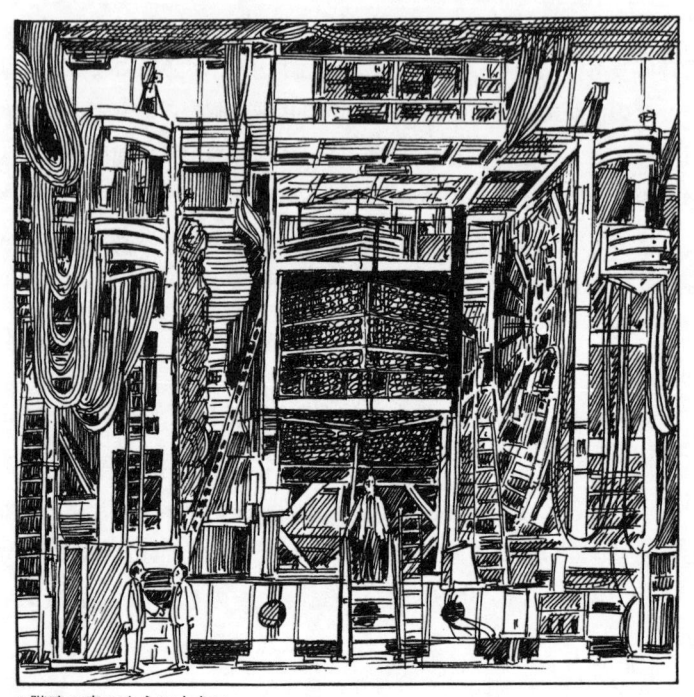

2階建の家のように大きい

見ようと装置に近づいたカップルに博士が注意した。

「研究者や技術者のじゃまになってはいけません。彼らは厳しいスケジュールで働いているのです。すべてのメンテナンスが、この短い停止期間中に行われなければならないのですから」

博士は、ビームが交わる地点でチューブを取り巻いている検出器について説明をつづけた。検出器は、衝突で生じた粒子を検出するための装置である。もっともそれは、1個の検出器ではなく、それぞれに固有の特徴と役割をもったたくさんの検出器の集合体だった。たとえば、荷電粒子が通過すると閃光を発する透明なプラスチ

ックがあった。また、その内部を通過する粒子が光速を越えると、チェレンコフ放射と呼ばれる特殊な光を発する物質などもあった。

「でも、相対性理論によればなにものも光速を越えられないのではなかったのかしら——光速は究極の速度の壁だったのでは？」婦人が口を挟んだ。

「ええ、その通りです。でもそれは"真空中の"光の速度についてのみ言えることなんです」博士が説明を加えた。「水やガラス、あるいはプラスチックなどの媒質中を通過するときには、光の速度は遅くなります。光の屈折、すなわち進行方向の変化が生じるのはそのためなのです。あなたがかけてらっしゃるメガネにも、その原理が使われているのですよ。あの媒質中では、粒子が光よりも速く通過してもかまいません。そして粒子が光よりも速く通過すると、一種の電磁的な衝撃波を発することになるのです。飛行機が音速を越える際に衝撃波音を発しますが、それと似たようなものですね」

博士はつづけて、検出器のいくつかは、ガスの充満したいくつもの箱からできていて、その箱の中には何千本という細いワイヤーが通っていて、そのワイヤーは帯電させられているのだと説明した。荷電した粒子がそれらの箱を通過すると、ガスに含まれる原子から電子を弾き飛ばす（つまり原子はイオン化される）。弾き飛ばされた電子はワイヤーに移動し、そのワイヤーに電子が到達したことが記録される。そしてその記録から、粒子の軌道が再構築されるのである。磁場をかけることにより、軌道の曲率の違いから粒子の運動量を測定することもできる。

さらにカロリーメーターについての説明がつづいた。この装置がカロリーメーターと呼ばれるのは、理科の実験で熱エネルギーを測定するときに用いられる装置にちなんでのことである。しかしこの

研究所のカロリーメーターは，個々の粒子のエネルギー，あるいは一まとまりの粒子のエネルギーの総量を計るために用いられる。

粒子のエネルギーを測定し，それを磁場による軌道の曲率から得られた運動量の値と合わせれば，基本相互作用によって生み出された粒子の質量を知ることができるのだ。そして最後に，カロリーメーターの外側にある箱がミュー粒子の検出器として働く。ミュー粒子は，強い核力の作用を受けないという点では電子と同じである。しかし電子とは異なり，電磁放射によって簡単にエネルギーを失うことはない（これは電子の 200 倍もある質量のせいである）。そのため，たいていの障害をわけもなく乗り越えていく。そしてまさにその特性こそが，ミュー粒子検出に利用されているのである。外側に置かれたミュー粒子検出器には，高密度の物質が詰め込まれている。それを通り抜けられるのは，ミュー粒子に違いないということになるのだ！

これらすべての検出装置が，相互作用の起こる地点のチューブを何重にも取り巻くように配置されていた。検出装置は，3 次元の壮大なジグソーパズルのようにはめ込まれていなければならず，総重量は 2000 トンにも達するという。

「これらの装置が働くのは，粒子加速器が稼働しているときなのですよね？」トムキンスが尋ねた。

「もちろん，そうです」と博士。

「しかし，加速器が動いているときには，誰もここに近づけないのでしょう？　いったい何が起こっているのか，研究所の人たちはどうやって知るのですか？」

「よい質問ですね。あれが見えますか？」そう言って博士は，検出器につながった何本ものケーブルがクモの巣のようにからまってい

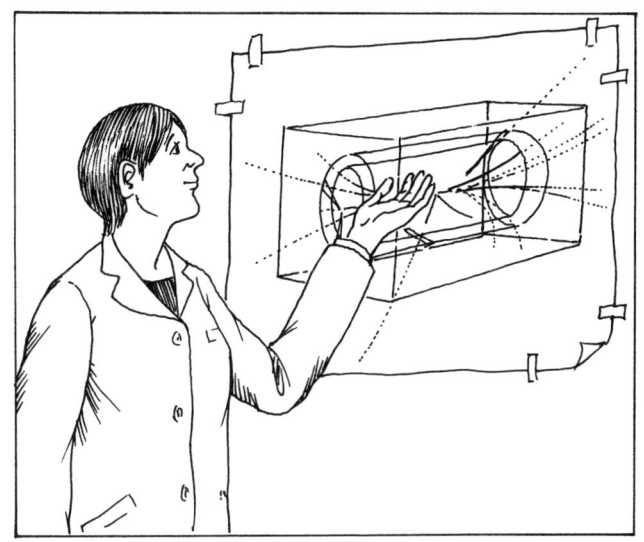

コントロール・ルームの物理学者には、このように見えます

るところを指さした。トムキンスにはそれが、爆撃を受けたスパゲティ工場のように見えた。

「それぞれの検出装置から電気信号が出て、あのケーブルを通ってコンピューターに送られるのです。コンピューターはそのすべての情報を処理し、粒子の軌道を再構築します。そしてその情報は、ここから離れたコントロール・ルームにいる物理学者たちのもとに表示されるようになっているのです。あそこにあるのは、そのようすを写した写真です」博士は壁にセロテープで貼られた写真を指して言った。「ちょっとご覧になってください。それから実際にコントロール・ルームにご案内しましょう」

一番後ろを歩いていたトムキンスは、もう一度検出器を見ようとくるりと振り返った。そのとき、メンテナンスの技術者が床に這わ

せたケーブルに気づかずに，蹴つまずいてコンクリートの床に頭を打ちつけてしまった……。

「なにをしている，ワトスン。休んでる暇などないぞ。さあ，起き上がって手を貸してくれたまえ」

見上げると，シャーロック・ホームズのような格好をした男が立っていた。自分はワトスンではないと言いかけたとき，検出器がおかしいことに気がついた。なんと，検出器がそこいらじゅうに粒子を吐き出しているではないか！ 粒子が床一面に転げまわっている。

「さあ！ あれを拾って，持てるだけ持ってきてくれたまえ」とホームズが言う。

トムキンスは，ハンソン博士と連れの一行の姿を求めてあたりを見回した。しかし彼らの姿はどこにもない。きっと，自分を残してコントロール・ルームに行ってしまったのにちがいない。ちょっと変だとは思うが，おそらくそのうちに迎えにきてくれるだろう。そのあいだ，この妙ないでたちの男につきあうのも悪くはない。

抱えられるだけの粒子を抱えてホームズ風の男のところへ持っていくと，男は無言で，床の上にきちんと並べた粒子たちを観察しているところだった。トムキンスにはそれらが，SU(3)の6角形に並んでいるのがわかった。

「よし。スピン $1/2$ の粒子についてはこれでいいだろう。次はスピン $3/2$ で $B=1$ の粒子をくれたまえ」そう言ってホームズは手を差し出した。

「いまなんと言ったんです？」

「スピン $3/2$ で $B=1$ と言ったのだよ。これを見たまえ，ワトスン

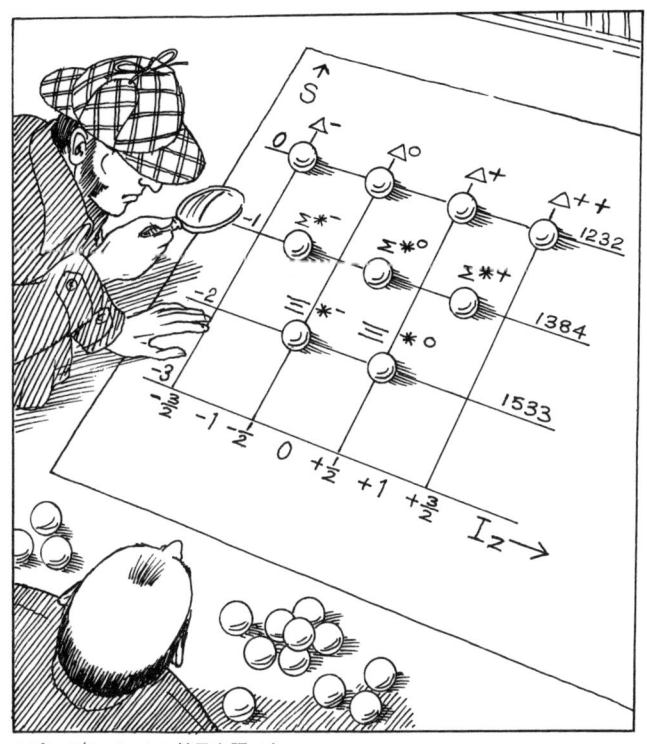

スピン3/2, B=1の粒子を調べた

くん。ほかの粒子はすべて済ませたんだ」

トムキンスは当惑している。見ただけで粒子の性質などわかるはずがない……。

「ラベルを見るのだよ」偉大な探偵はうんざりしたように言った。

そう言われてはじめてトムキンスは、それぞれの粒子に小さなラベルが貼り付けられていることに気づいた。そこにはそれぞれの粒子の特性が記載されていた。トムキンスはそれを読んで、スピン

$3/2$, $B=1$ と書いてある粒子たちをホームズに手渡した。ホームズは腰を屈(かが)め、それらを床の上に並べはじめた。しばらく配置をいじったのち、彼は椅子に腰掛けて物思いに耽(ふけ)りだした。

「ワトスンくん」ホームズがつぶやいた。「これをどう見るかね？ きみの考えを聞かせてくれないか？」

トムキンスは目の前に並べられた粒子のパターンをじっと見た。

「3角形のように見えるが」

「それがきみの考えかね？ 科学的な頭脳をもつきみのことだから、その考えになにか間違いのあることに気づくのではないかな？」

「下の頂点が欠けているかな」

「みごとだ、ワトスン。きみの鋭い観察のとおり、この3角形は不完全だ。粒子が1つ足りない。最後の1つをいただけるかな？」

並んだ粒子から目を離さずに、ホームズは手を差し出した。

トムキンスはふたたび粒子をかき回して探したが、見つからない。

「すまん、ホームズ。ここにはないようだ」

「ふむ。しかしそこに位置すべき粒子があるはずだと、ぼくには思えるのだよ。その仮定が正しいとして、その最後の粒子の特性はどのようなものだと思うかね、ワトスンくん？」

トムキンスはちょっと考えて、答えた。

「スピン$3/2$で$B=1$じゃないのかい？」

「ワトスン、きみはまったくすばらしい男だね」ホームズは皮肉なため息をもらした。「その特性はもっていて当然なのだよ。そうでなければ、ここに並べるわけにはいかないからね。よく考えるんだ。ほかにどんなことが言えるかを。きみはぼくのやり方を知って

いるだろう？ それを試してみたまえ！」

トムキンスにはどうしていいかわからなかった。しばらく躊躇して，答えた。

「どこにも手掛かりはないようだが」

「正気かね？」ホームズは信じられないといったふうだった。「科学的に思考できる人間なら，最後の粒子が正電荷や中性の片割れをもたず，負の電荷をもつ奇妙な粒子であることは，はっきりとわかるはずだよ。その粒子の $s$ は $-3$ で，これはきわめてめずらしいストレンジネスの値であり，質量はおよそ $1680 \, \text{MeV}/c^2$ だということもわかる」

「なんてことだ！ ホームズ，きみには驚かされたよ」トムキンスは感嘆の声をあげた。最初からなんとなくそんな感じはしていたが，いまやトムキンスは完全にワトソン役になりきっていた。

「このパターンを完成させる最後の粒子であるということを考慮して，ぼくはこれをオメガマイナス（$\Omega^-$）粒子と呼ぶことにするよ」とホームズ。

「しかし，きみはいったいどうして，そんなにいろいろとわかったのかね？」

偉大な探偵は微笑んで，答えた。

「ぼくのちっぽけな能力をきみのために活かせるのは大いなる喜びだよ，ワトスン。まず最初に，このパターンに欠けた部分はいくつあるかね？」

「ひとつだ」

「まさにそのとおり。ゆえに，ぼくたちの求めるものは1個の粒子ということになる。次に，この粒子のストレンジネスについて気づくことはあるかね？」

「そのパターンによると，足りない粒子のストレンジネスは$-3$だと思う」

「そうだね。では，その電荷は？」

「うーん，それがどうにもわからないんだよ」

「よく観察するんだ，ワトスン。それぞれの列の左端の粒子の電荷はなんだかわかるだろう？」

「ぜんぶ負だね」

「そう。ぼくたちのオメガ粒子は列の左端に位置するのだから，負の電荷をもつはずだということがわかる」

「しかしホームズ」トムキンスは反論した。「その列には粒子が1つしかないじゃないか。だからそれは右端に位置するとも言えるのじゃないか？」

「それがどうかしたかね？ それぞれの列の右端の粒子をよく見てごらん，ワトスンくん。なにかわかるだろう？」

トムキンスは右端の粒子たちを観察し，声をあげた。

「きみの言うことがやっとわかったよ。それぞれの列は順に1つずつ電荷をへらしているんだね？ $Q=+2, +1, 0$ という具合に。だから最後の列の電荷は$-1$になるはずだということか。しかしきみは，オメガ粒子の質量まで言っていたね？ いったいそれはどうしてわかったんだね？」

「ほかの粒子の質量を調べてごらん」

「ああ。しかし，それでどうなるんだね？」トムキンスにはまったくわけがわからない。

「暗算するんだよ，ワトスン。それぞれの列の質量の差を計算するんだ」

「えーと，$\Delta$列と$\Sigma^*$列の差は，$152\,\mathrm{MeV}/c^2$で。$\Sigma^*$列と$\Xi^*$列の

差は，149 MeV/$c^2$ と。かなり近い数値だね」

「そこからぼくは，Ξ*列とぼくたちの仮定したオメガ粒子との差も似たようなものだろうと推測したんだ。ぼくたちの網はだいぶ狭められてきている。これまでに得られた手掛かりをもとに，合致する粒子を探し出してきてくれるとうれしいんだがね，ワトスンくん」

それだけ言うとホームズは椅子の背によりかかり，指先を合わせ，目を閉じてしまった。

トムキンスはホームズのこの慇懃無礼な態度に多少腹を立てながらも，彼の推理が当たっているかどうか知りたくてたまらなくなっていた。そこで彼は，検出器のまわりの床に散らばる粒子にくまなく当たってみようと，とぼとぼ歩きだしたのである。

しかしトムキンスが検出器のそばに近づこうとしたとき，押しあいへしあいする電子たちの一群がどこからともなく現れた。そしてトムキンスは，それらの中に完全に埋没してしまったのだ。

「発車オーライ！」どこからか号令が聞こえた。するとたちまち，電子たちが検出器に向かってどっと動き出した。トムキンスはその波に飲みこまれていた。電子たちはチューブの中でぎゅうぎゅう詰めになっている。通勤ラッシュよりもひどい混み方だ。電子たちは必死にひじを張り，他の電子を押しのけ，自分の居場所を作ろうとしている。

「すみませんが，いったいなにが起こったというんです？」トムキンスはとなりの電子に尋ねてみた。

「何が起こったかって？　きみはここに来るのははじめてなのかい？」

「いや，じつは……」

「そうかい，カミカゼにようこそ！」電子は脅(おど)かすような目つきになって言った。

「え？　いまなんて……？」

しかし説明を聞いている時間はなかった。後方から乱暴に突き動かされ，トムキンスたちはチューブの中を移動しはじめた。チューブの湾曲した壁に衝突しそうだと思った瞬間，トムキンスは横から引く力を感じ，衝突を免(まぬが)れた。

「そうか！　これが例の磁石の力にちがいない」そのとき，また後方から突き動かす力を感じた。「そしてこれが，空洞による加速にちがいない」

周期的な加速を受けて飛んでいるうちにトムキンスは，電子の群がなんとなく散り散りになっていく傾向のあることに気がついた。「これはおそらく，われわれ電子が負の電荷をもっているため，互いに反発しているのだろう」とトムキンスは考えた。

しかしそのとき，トムキンスたちはまたぎゅうぎゅうに押しつぶされた。これは集束磁石のせいにちがいないと，トムキンスは思った。

とつぜん，トムキンスの背筋が凍りついた。前方の暗闇から，粒子の群がこちらに向かって飛んでくるではないか。彼らはすんでのところですり抜けていった。

「助けてくれー！」トムキンスは悲鳴をあげて，となりの電子に訴えた。「いまの見ただろう？　危機一髪だったじゃないか。あれはいったい何なんだ？」

「きみは新入りだね？　陽電子に決まってるじゃないか。ほかに何があるってんだい？」

チューブ内での出来事は何度も繰り返された。たえまなく加速さ

れ，散り散りになっては集められ，エネルギーを増すにつれ磁場による湾曲も強くなっていく。そしてもちろん，定期的に，陽電子の群が逆方向から飛んできては通りすぎていくのだ。

　実際のところ，何もかもがじつに不愉快なものになってきていた。陽電子たちはすれ違うたびに罵りことばを投げつけてくる。
「待ってろよ。もうじきのしてやるからな」
「ほう，そうかい。やれるもんならやってみな」電子たちも言い返す。電子と陽電子の双方が，昂ぶる期待と興奮にわれを忘れているようだった。

　しかしトムキンスは，そんなことはどうでもよくなりはじめた。度重なる加速で，だんだんと目がまわり，吐き気がしてきたのだ。そのとき，となりにいた電子が何かつぶやいた。
「よーし。気をしっかり持てよ。エネルギー満杯だ。いくぞ，幸運を祈るぜ。あばよ！」

　いったいどういうことなのか尋ねようとした瞬間，その必要のないことがわかった。陽電子がトムキンスたちに襲いかかってきたのだ。今回はすり抜けることなく，まっすぐ電子たちに襲いかかる。トムキンスのまわりでは，いたるところで電子と陽電子が衝突し，新しい粒子が生まれてあらゆる方向に飛び散っている。新しい粒子たちのいくつかは，生まれたかと思うとまたすぐに分離して他の粒子に変わっていった。そしてついには，すべての破片がチューブの壁を通りぬけていき，視界から姿を消した……。

　静寂だけが残った。すべて終わったのだ。陽電子はすべて去り，電子だけが残った。あたりを見回したトムキンスには，あれほどの大混乱だったというのに，自分自身を含めほとんどの電子たちが無傷ですんでいるように思われた。

「ふー，運がよかった。終わってほっとしたよ」トムキンスは一息ついた。しかしとなりの電子は馬鹿にした目つきでトムキンスを見ている。

「まったく驚いたもんだ。きみはほんとうになんにも知らないんだな」

電子がそう言うが早いか，また陽電子たちが戻ってきた。あの一連の恐怖の体験が再開され，それは3度4度と繰り返された。束の間の静けさのあとに，大混乱が起こるのだ。そのうちにトムキンスは，衝突が常に同じ場所で起こることに気づいた。その場所に検出器が設置されているにちがいない，とトムキンスは思った。

そしてついに，トムキンスがもっとも恐れていたことが起こった。トムキンスの番がやってきたのである。なんの前触れもなく突き飛ばされたトムキンスは，どこにぶつかることもなくチューブの壁をすり抜け，彼が予想したとおり，検出器に入っていった。次に何が起こるか，彼にはよくわからなかった。一方向に強力に引っ張られ，シャワーのように火花を散らし，閃光を発し，そこここにぶつかりながら金属板を通過し，やっと金属板のひとつで一休みすることができた。そこからまたどうやって離れたのか，ひどいめまいのしていたトムキンスは覚えていないが，とにかく彼はそこから離れ，気がつくとまたもや実験ホールの中にいた。まわりにはたくさんの粒子たちが，トムキンス同様に検出器から逃れ出てきていた。

トムキンスがその場で横になって天井を眺めながら落ち着きを取り戻そうとしていると，恥ずかしげに呼びかけるものがあった。

「わたしをお探しですか？」

トムキンスはそれが自分への呼びかけだとは思わなかった。しかし人を誘うようなその呼びかけが何度も繰り返されるものだから，

トムキンスは起き上がり，あたりを見回して返事をしてみた。
「何かおっしゃいましたか？」
　トムキンスに呼びかけていたのは，かなり風変わりな容貌の粒子だった。
「いえ，あなたを探しているわけでは……」トムキンスはもごもごとつぶやいた。
「わたしをお探しだと思うんですけど」
「いえいえ，そんなことはありませんが……」
　気まずい沈黙があった。
「そう，残念ですわ。ああ，連れがほしいわ——ひとりぼっちだなんて。せめてわたしのラベルを見ていただけません？」彼女がすねたように言った。
　トムキンスはため息をついて，言われたようにラベルを読んだ。
「スピン 3/2，負の荷電，$s=-3$，質量 $1672\,\mathrm{MeV}/c^2$」
「いかが？」彼女は期待に満ちた声をかけた。
「いかが，って……」トムキンスには彼女の考えが読み取れなかった。しかし，とつぜん閃いたのだ。
「そうか！　きみは……，きみがオメガマイナス粒子なんだね！ぼくはきみを探してくるように言われたんだった。すっかり忘れていたよ。なんてこった。最後の粒子を発見したぞ！」
　興奮して彼女を抱きかかえると，トムキンスはホームズのもとへとかけ戻った。
「でかしたぞ，ワトスン！」トムキンスが抱えているものを見てホームズも声を張り上げた。「ぼくの思った通りだ。では，あるべきところに置いてやってくれたまえ」
　トムキンスは最後の粒子を床に置き，3角形の10重項を完成さ

せた。ホームズはお気に入りの黒い陶製のパイプに火をつけ，椅子の背によりかかって満足げにふかしはじめた。
「これは基本だよ，ワトスンくん」
　トムキンスは目の前に並べられたパターンをしばらく眺めていた。6角形の8重項と3角形の10重項。そうこうするうちに，ホームズの吸うタバコの臭いがひどく気になってきた。まわりにはもうもうと煙が立ちこめている。たまらんと思ったトムキンスは，その場を離れることにした。
　それからトムキンスはこれといった目的もなく，検出器のあたりをぶらついてみようと思った。検出器の端までやってくると，うれしい驚きが待っていた。作業台の上に背を丸めた，懐かしい姿が見える。例の，原子核を作る老人ではないか！
「こんなところで何をなさってるんです？」トムキンスが声をかけると，老人は顔を上げた。そしてトムキンスの顔を見ると，顔いっぱいに笑みを浮かべた。
「おお，お前さんじゃないか。元気じゃったかね」2人は握手を交わした。
「ペンキ塗りでお忙しいようですね」
「ああ，しかしこないだお前さんに会ったときよりは進歩したよ。新しい仕事をはじめたんじゃ。陽子と中性子にペンキを塗るのはもうやめた。これからは"クォーク"の時代じゃよ」
「クォークですか！」トムキンスは答えた。
「さよう。核物質を構成する究極の要素じゃ。陽子と中性子もそれでできとる」
　老人はあたりを見回し，そばに来るように手招きをした。
「あそこで大口をたたいとる男とお前さんとの会話を小耳に挟んだ

のじゃが」老人は秘密めかしてささやくと,「これは基本だよ,ワトスンくん」とふざけてみせた。「わしの言うことを信じることじゃ。あの男は自分でなにを言っとるかもわかっておらん。基本などと言いおって,とんでもないことじゃよ。あいつが集めた粒子は基本などではありゃせん。真実はじゃの,クォークこそが基本の基なんじゃよ」

「では,あなたは実際には何をなさってるんですか？」トムキンスが尋ねた。

「クォークにペンキを塗っとる」老人は答えた。「加速器から新しい粒子が飛び出してきたら,その粒子の中に入っているクォークにペンキを塗るんじゃよ」

毛先の揃ったブラシを片手に,ピンセットをもう片手に,老人は言った。

「骨の折れる仕事じゃ。クォークはとても小さいからの。ほれ,これが中間子じゃ。中に入っとるクォークをご覧なされ。クォークが1つ,反クォークが1つ。このクォークをこういう具合に捕まえる」老人は中間子の中にピンセットを突っ込んでクォークをつまんだ。「じゃが,クォークは非常に強く接着されておって外に出すことはできんのじゃ。しかし問題などありゃせん。わしはクォークを中に置いたままでも完璧に塗ることができるからのう。クォークをこういう具合に赤く塗ってじゃな,反クォークは別のブラシで青緑に塗るんじゃ」

「陽子と電子を塗り分けた色と同じですね」トムキンスが言った。

「その通りじゃ。この色の組合わせは,中間子そのものを白色にするんじゃよ。じゃがわしは,他の補色の組み合わせに塗り分けることもある。青と黄色,緑と赤紫などじゃな」そう言って老人はペン

キの瓶を指さした。

「重粒子は陽子と同じで，3個のクォークの組み合わせからできておる。重粒子のクォークは，それぞれを原色で塗ることにしとるんじゃ。赤と青と緑じゃな。この組み合わせでも白色にできるからの。つまり白色にするためには，補色の組み合わせを使うか，3原色を混ぜるかすればいいということじゃ」

そのときトムキンスは，以前に出会ったパウリ神父のことを思い出していた。反対のもの同士の結婚，すなわち中間子の存在を神父は認めるだろう。しかし，同種の3人の組み合わせをはたして彼は認めるだろうか？

老人は厳粛な面持ちで言葉をつづけた。

「この仕事がどれほど重要なことかを，お前さんにわかってもらいたいのじゃよ。宇宙の構造は，わしがここでやっとるこの仕事にかかっとるんじゃ。陽子と電子にペンキを塗る仕事は，ただきれいに見せるのが目的じゃった——その方が，一般向けの物理学の本の図が見やすくなるからの。じゃが，この色はもっと本格的じゃ。本格的というのは，物理学者もこの色を使ってものごとを考えているという意味じゃがの。なにしろこの色のおかげで，なぜクォークはたがいに結合しておるのか，なぜバラバラにならないのかが説明できるのじゃから。粒子が1個だけ独立して存在するためには，その色は白色でなければならん——あの箱に入っとる陽子や中性子のようにな。あれらはすでに完成品じゃ。ところが個々のクォークには色がついておる。じゃからきゃつらは適切な色の仲間たちと永遠にくっつきあっていなければならんというわけじゃ。これでよーくわかったじゃろ？」

トムキンスは，パンフレットに書かれていたことのいくつかが，

ようやく飲みこめたような気がした。しかし、なぜ粒子が白色でなければならないのかは、まだ謎のままだった。トムキンスは核子の詰められた箱に歩み寄り、蓋を開けてみた。核子は、目も眩むような白色だった。トムキンスはほんとうに目が眩み、両目を掌で覆った——。

「どうやら意識を取り戻したようですわ」
　それは、モードの声だった。
「眩しがっているみたい。照明を消していただけますか。あなた、あなた……大丈夫？　ああ、よかった。どんなに心配したか。気分はどう？」
「陽電子が……」トムキンスがつぶやいた。「陽電子がぼくに襲いかかって……」
「陽電子に襲われた？　今そう言ったのか？」誰かが尋ねた。
「脳しんとうだわ」ほかの誰かが言った。「脳しんとうを起こしているのよ。早く医務室に連れていかないと。でもしばらくは動かさない方がいいかも。まずは額の傷を手当てしてあげて」

# 16
# 教授の最後の講演

お集まりのみなさん,こんばんは。

1962年のこと,マレー・ゲルマンとユーヴァル・ニーマンはそれぞれ独立に,粒子のグループ(族)をSU(3)群にもとづくパターンの中に配列できることに気づきました。

しかしすべてのパターンが完全に埋まったわけではありませんでした。いくつか欠けた箇所があったのです。この状況は,メンデレーエフが元素の周期律表をまとめようとしていたときに直面した状況と似ております。メンデレーエフもまた,元素の性質には周期的な繰り返しが見られること,そしていくつか欠けた箇所のあることに気づいたのでした——その箇所は,当時はまだ知られていなかった元素の居場所だったのです。メンデレーエフは,欠けた箇所に隣りあう元素の特性を調べ,それによって未知の元素の存在とその性質を予測することができたのでした。歴史は繰り返すと申しますが,ゲルマンとニーマンは,3角形をなす10重項の欠けた箇所から,オメガマイナス粒子の存在とその特性を予測したのでありま

す。1963年にオメガマイナス粒子が実際に発見されたことにより，科学界は，自然界にはSU(3)群の対称性が成り立っていることを確信したのであります。

メンデレーエフの周期律表は，元素間の関係性を示すことにより，原子の内部構造にヒントを与えました。つまり元素というものは，あるひとつの主題によるさまざまな変奏曲のようなものと見なされるようになったのです。この考え方はのちに，あらゆる原子は中心にある原子核と，それを取り巻く電子によって構成されるという原子構造理論によって支持されました。

1964年になるとゲルマンとジョージ・ツワイクが，粒子たちの示す族のパターンとその類似性は，なんらかの内部構造の反映であるという考えを発表しました。この考えは，当時"基本的"と考えられていた200ほどの粒子が，実際にはより基本的な構成要素からできているという可能性を示すものでした。それらの構成要素は"クォーク"と呼ばれるようになりました。現時点でわれわれは，クォークこそが真に基本的な要素であると考えております。クォークは点のようなものであり，その内部に"サブクォーク"というべき構成要素はないと考えられています。しかしこればかりはわかりません。われわれはまたしても間違っていたということになるかもしれないのです。

新しい体系は，アップクォーク，ダウンクォーク，そしてストレンジ・クォークという3つのフレイバー（香り）を基礎にしております。最初の2つは，それらのアイソスピンの方向が"アップ"と"ダウン"であることから，そう呼ばれております。ストレンジ・クォークという名前は，新しく発見された特性"ストレンジネス"をもつことに由来します。1970年代になりますと，さらに2

つの特性(チャームとボトム)が見いだされ,90年代にはさらなる特性(トップ)も加わり,それらの特性をもつ3つのフレイバーを考えに入れる必要に迫られました。それら6つのクォークの特性を,表1に示します。

これら6つのクォークに加え,表1に示されたすべての数値に関して逆の値をもつ,6つの反クォークが存在します。たとえば,sクォークの反クォーク$\bar{s}$は,$Q=+1/3$,$B=-1/3$,$s=+1$の値をもちます。

高エネルギー衝突により生み出される新しい粒子はどれもみな,これらのクォークと反クォークから合成されます。たとえば,重粒子は3個のクォークより合成されます(q, q, q)。陽子は(u, u, d),中性子は(u, d, d),$\Lambda^0$は(u, d, s)という組み合わせになっています。この組み合わせで,これらの粒子がもつ特性がたしかに生み

表1 クォークの特性表

|   | $Q$ | $B$ | $s$ | $c$ | $b$ | $t$ |
|---|---|---|---|---|---|---|
| d | $-\dfrac{1}{3}$ | $\dfrac{1}{3}$ | 0 | 0 | 0 | 0 |
| u | $\dfrac{2}{3}$ | $\dfrac{1}{3}$ | 0 | 0 | 0 | 0 |
| s | $-\dfrac{1}{3}$ | $\dfrac{1}{3}$ | $-1$ | 0 | 0 | 0 |
| c | $\dfrac{2}{3}$ | $\dfrac{1}{3}$ | 0 | 1 | 0 | 0 |
| b | $-\dfrac{1}{3}$ | $\dfrac{1}{3}$ | 0 | 0 | $-1$ | 0 |
| t | $\dfrac{2}{3}$ | $\dfrac{1}{3}$ | 0 | 0 | 0 | 1 |

$Q$は電荷,$B$はバリオン数,$s$はストレンジネス,$c$はチャーム,$b$はボトム,$t$はトップを表わす。d, u, s, c, b, tは6種類のクォークを表わしている。

出されるということを，みなさん自ら確かめていただきたいと思います。たとえば陽子（$B=+1$, $Q=+1$）などはどうでしょうか？

重粒子の反粒子は，3個の反クォークから構成されます（$\overline{q}, \overline{q}, \overline{q}$）。このため重粒子とその反粒子はまったく逆の特性をもつことになります。

では，パイ粒子などの中間子はどうでしょう？ 中間子は1個のクォークと1個の反クォークの組み合わせでできています（$q, \overline{q}$）。たとえば$\pi^+$粒子は（$u, \overline{d}$）であります。ここでまた，この組み合わせがパイ粒子の特性 $B=0$, $Q=+1$ を生み出すことをご確認ください。

しかし，すべての粒子がクォークからできているわけではないことを申し添えておきましょう。クォークからできているのは，重粒子と中間子だけなのです。われわれはそのような粒子をまとめて"ハドロン"と呼んでおりまして，この呼称は"強い"という意味をもっております。ハドロンは強い核力を感じますが，電子やミューオン，ニュートリノといった粒子は感じません。そのような粒子は"軽粒子（レプトン）"と総称されます。じつを言いますと，「重粒子」や「中間子」という呼称は間違っているとも言えるのです。"重い"とか"中間"とか"軽い"とかいうこれらの呼称は，もともとは粒子の質量に合わせてつけられたものでした。ところが現在われわれは，陽子の2倍も重い軽粒子，すなわちタウレプトンを発見しているわけですから，"軽い"粒子などと呼ぶわけにはいきません。したがって，「強い相互作用をする（ハドロン）」か「強い相互作用をしない（レプトン）」かで線引きする方が，より適切なのであります。

これまでクォークとハドロンには密接な関係があるということを

お話ししてきましたが、単独で存在するクォークとはどのようなものでしょうか？　クォークは1/3あるいは2/3の電荷をもつわけですから、検出するのは簡単だと思われるかもしれません。

ところが、たいへんな努力がなされたにもかかわらず、単独で存在するクォークはいまだに1つとして発見されておりません。最大級のエネルギーによる衝突でも、クォークは取り出されないのです。これには理由があります。

一時期議論されたのは、クォークは実在しないという考えでした。クォークは数学的な存在であって、便利な虚構にすぎないというのです。粒子はあたかもクォークでできているようなふるまいを見せるけれども、実際にはクォークなど存在しないのだというのであります。

しかしその後、クォークの実在を示す決定的な実験が行われました。これもまた、歴史は繰り返すということの好例でした。1911年にラザフォード卿が行った原子核の存在を示す実験を思い出してみてください。彼は原子にアルファ粒子をぶつけ、大きく跳ね返るところを観察したのでした。それはアルファ粒子が原子内の小さな的（原子核）に当たったことを示すものでした。1968年には、陽子の内部に高エネルギーの電子を投射することが可能になり、電子がときたま横向きの衝撃を受け、陽子内部の小さな電荷によって跳ね飛ばされることを示す証拠が集まりはじめたのです。これが、クォークが実在することの確証となりました。実際に、大角度の散乱の頻度から、陽子内部に3個のクォークが存在することが計算できるようになったのです。

さて、クォークが正真正銘実在するのであれば、それらはなぜ単独で現れないのでしょう？　それに、なぜ $(q, \overline{q})$ と $(q, q, q)$ の

組み合わせにしかならないのかもわかりません。つまり，どうして$(q, \overline{q}, q)$や$(q, q, q, q)$などの組み合わせが存在しないのかということです。これを解明するには，クォーク間に働く力の性質に目を向ける必要があります。

まずは，陽子と電子のもつ電荷間に働く静電気の力により，水素原子の陽子と電子がたがいに引きあったことを思い出してみましょう。そこから類推すると，"チャージ（荷）"という新しい概念に到達します。クォークは，電荷（エレクトリックチャージ）とは別の"チャージ"をもち，それら"チャージ"間に起こる相互作用により強力な力が現れると考えられているのです。これについてはのちほど詳しくお話ししますが，われわれはこれを"カラーチャージ（色荷）"と呼んでいます。

逆の電荷が引きあうのと同様に，逆のカラーチャージも引きあいます。ただしその力はずっと強力なものであります。クォークは正のカラーチャージを，反クォークは負のカラーチャージをもつと考えられています。これによって，すでに存在する中間子の組み合わせ$(q, \overline{q})$が説明できます。またしても静電気の場合から類推しますと，同類のカラーチャージはおたがいに反発するのではないかと考えられます。このことで，$(q, \overline{q}, q)$の組み合わせが存在しないことが説明されます。水素原子に電子が近づいても，すでに原子内部に存在する電子が陽子の電荷を打ち消していますから，この第2の電子は水素原子にくっつくことはできません。それと同様，中間子に近づいたクォークは，すでに存在するクォークにじゃまされて，中間子にくっつくことはできないのであります。

すると$(q, q, q)$の組み合わせはなぜ起こるのだろうとみなさん疑問に思われることでしょう。ここでわれわれは，電荷とカラーチ

317

ャージとの違いに注意しなければなりません。電荷は1種類しかない（正と負の別はある）のに対し、カラーチャージには3つの種類（そしてそれぞれの種類に対して、正と負の別があります）が存在するのです。われわれはそれを赤（red）、緑（green）、青（blue）と呼び、$r, g, b$の記号で区別しています。その由来はすぐにお話ししますが、通常の色彩とはまったく関係がないという点だけ、まずは強調しておきましょう。3種類のカラーチャージが存在することから、次のような疑問が生まれます。異なる種類のカラーチャージをもつクォーク間には、どのような相互作用が起こるのだろうか、と。たとえば、赤のカラーチャージをもつ$q_r$と青のカラーチャージをもつ$q_b$は、どのような相互作用を引き起こすのでしょうか。その答えは、彼らはおたがいに引きあうということです。この引きあう力は$(q_r, q_g, q_b)$のようにカラーチャージが異なる3個のクォークの組み合わせで起こり、それぞれが他の2個と強く結合し、きわめて安定な状態となります。それが重粒子の正体なのです。

では、なぜ$(q, q, q, q)$の組み合わせは起こらないのでしょうか？　それは、カラーチャージは3種類しかないのですから、4番目のクォークがすでに重粒子に含まれる3個のクォークのどれかと同じ種類になってしまうからなのです。そのため、同じカラーチャージ同士の反発が起こるわけです。この反発力は、他の2個のクォークとのあいだに発生する引きあう力をちょうど打ち消す大きさであることがわかっています。ですから、結合が起こることはないのであります。

このへんでみなさんにも"カラーチャージ"という名前のありがたみがおわかりになったのではないでしょうか。通常、原子が電気

的に中性であるのと同様に、クォークの組み合わせも中性——すなわち"白色"——でなくてはならないのです。白色を生み出す色の組み合わせ方は2通りあります。すなわち、ある色を、その補色と組み合わせるか、3原色の組み合わせにするかです。そしてそれはまさに、カラーチャージを中性にする組み合わせ、すなわち中間子と重粒子を作る組み合わせになっているのであります。

以上をまとめますと、クォークはrかgかbの正のカラーチャージをもっています。反クォークは$\bar{r}$か$\bar{g}$か$\bar{b}$の負のカラーチャージをもっています。同種のカラーチャージは反発します。たとえばrとrは反発しますし、$\bar{g}$と$\bar{g}$も反発します。逆のカラーチャージは引きあいます。ですからrと$\bar{r}$は引きあいます。そして、種類の異なるカラーチャージもたがいに引きあうのです。

これ以外にも、まだ考えなければならない問題はあります。それは、クォークが単独では存在しないのはなぜかということです。この問題を考えるためには、色の力の性質と力一般について、より深く理解しなければなりません。

量子物理学の基本的な考え方として——量子力学では、相互作用が連続的にではなく離散的に起こるのでありますが——ある粒子から別の粒子へと力が伝達されるメカニズムは、それがたとえどんな力であっても、媒介となる第3の粒子をやりとりすることによって行われると考えます。これは基本的には次のようなことです。粒子1が粒子2に向かって媒介となる粒子を発射すると、銃を撃ったときの反動のように、粒子2に向かう方向の反対方向に反動を受けます。媒介粒子を受け取った粒子2は、媒介粒子の運動量をも取り込み、粒子1の反対方向に飛ばされます。したがってこの媒介粒子をやりとりすることにより、2個の粒子はおたがいから遠

ざかることになります。媒介粒子が粒子1に戻されるときには，この作用がもう一度起こり，2個の粒子はさらに遠ざかります。この作用全体を見ると，2個の粒子は反発しあったということになります。つまり，これらの粒子は反発力を受けたのであります。

　では，引きあう力についてはどうなるでしょう？　本質的には同じ作用が働くのですが，今回は少しひねりが加わります。粒子が銃を撃つのではなく，ブーメランを投げたとしたらどうなるでしょうか！　粒子1は媒介粒子を，粒子2の反対方向に投げます。ですから反動により，粒子2の方向に動かされます。粒子2は媒介粒子を，粒子1とは反対の方向から受け取りますので，受け取った力で粒子1の方向に動かされます。

　2つの電荷間に働く電気の力の場合，媒介粒子は光子であります。2つの電荷は，光子のやりとりを繰り返すことにより，反発するか引きあうかするわけです。

　そうだとすれば，クォーク間に働く強い力も，ある種の媒介粒子のやりとりということで説明がつくのではないか，とみなさんはお考えになるでしょう。その考えは正しいのであります。ハドロン内のクォークは，"グルオン"と呼ばれる粒子をやりとりすることによって一つにまとまっているのです。この名前はもちろん，糊（グルー）に由来します。

　グルオンには8つの種類があります。その理由はと言いますと，グルオンをやりとりする際，クォークは自分たちの分数電荷とバリオン数を保持したままカラーチャージをやりとりするためなのであります。あるクォークから発射されたグルオンは，そのクォークのカラーチャージを持ち去ります。しかしクォークは無色ではいられませんので，自分のカラーチャージを失うのと同時に，やりとりす

る相手のクォークのカラーチャージをもらうのです。グルオンは，2番目のクォークに到着するとそのクォークのカラーチャージを取り消し，1番目のクォークから持ってきたカラーチャージを渡します。全体として見れば，クォークはそれぞれのカラーチャージを交換したことになります。

　こうしたやりとりをするためには，グルオンはどれかのカラーチャージと，それの補色となるカラーチャージをもたねばなりません。たとえば，グルオン $G_{r\bar{b}}$ は，rと$\bar{b}$のカラーチャージをもっています。このグルオンは，次のようなやりとりに使用されます。

$$u_r \to u_b + G_{r\bar{b}} \qquad そして \qquad G_{r\bar{b}} + d_b \to d_r$$

カラーチャージには3種類，その補色も3種類ありますから，3×3=9で9通りの補色の組み合わせができることになります。それらは8重項と1重項に分離します。SU(3)の図に中間子を並べたとき，8重項と1重項があったことを思い出してください。グルオンの1重項状態は，$r\bar{r}$と$b\bar{b}$と$g\bar{g}$の混じりあった状態に相当します。これはカラーチャージがゼロの状態なのでクォークとは相互作用をしませんから，われわれはこれを無視します。すると残るは8重項，これすなわち8種類のグルオンというわけです。

　グルオンには，光子同様，質量がありません。しかし，電荷をもたない光子とは異なり，いまお話ししましたように，グルオンはカラーチャージをもっています。ですからグルオンはクォークと相互作用するだけでなく，グルオン同士でも相互作用を行います。そしてこのことが，彼らの媒介する力の性質を劇的に変えるのです。電荷は遠ざかるほどその電気の力が弱くなる（距離の2乗に反比例する）のに対し，色の力はその距離にかかわらず一定であります。

(ただしカラーチャージが非常に接近している場合はこのかぎりではなく，引っ張っていたゴムひもを緩めたときのように力は弱まってしまいます)。ですからクォーク同士が非常に近づいた場合，そこには非常に小さな力しか働きません。しかし距離をおきますと，色の力はある一定の値を示すのであります。

このことを頭に入れて，なぜクォークは単独では見つからないかという疑問に戻りましょう。まず，2個のクォークを引き離すことを考えてみます。クォーク間には一定の力が働いていますから，遠く引き離そうとすればするほど，それに要するエネルギーも増えていきます。そしていずれは，2個のクォークを引き離すのに要するエネルギーが，クォークと反クォークの対を創り出すに足るほど高まります。そして実際，それが起こるのです。クォークのつながりが切れ，新しくクォークと反クォークのペアが誕生するのです。新しく誕生したペアの反クォークは，取り出されたクォークとともに中間子を形成し，新しいペアの片割れであるクォークはハドロン内に取り残されて，かつてそこにあったクォークのあとを埋めます。この状況は，棒磁石のＮ極とＳ極を分離しようとしたときに起こることとよく似ています。磁石を半分に切ると，新しいＮ極とＳ極が生まれ，2本の棒磁石になることはご存じでしょう。つまり，Ｎ極とＳ極を単独で取り出すことはできないということです。これと同様に，クォーク間のつながりを断ち切ったとしても，クォークを単独で取り出すことはできないのであります。

これまで陽子と中性子はカラーチャージがゼロだとお話ししてきました。しかし彼らのあいだには，引きあう力が存在します。この力が，原子核内にあって正の電荷をもつ陽子のクーロン斥力を打ち消し，原子核を一つにまとめているのであります。なぜこの強い力

が核子間に生ずるのか理解するには、原子の例を考えてみるとよいでしょう。原子自身は電気的に中性であるにもかかわらず、原子は寄り集まって分子を形成します。そのとき働くファン・デル・ワールス力という力は、電子たちが、自分の属する原子核以外の原子核にもいくらか引っ張られ、自分自身を再配列することにより生じます。そうして再配列してもなお余った力が、原子たちをまとめあげているのです。同様に、核子内のクォークもまた自分たちを再配列しますが、それでも余った力が、近隣の核子の構成要素を引きつけるのです。そしてこれは、個々の核子が、正味のカラーチャージをもっていないにもかかわらず起こるのであります。このことから、核子間に働く強い力は、その構成要素であるクォーク間に働く、より基本的なグルオン力が"漏れ出たもの"であると考えることができましょう。

したがって、強い力すなわちグルオンの力は、自然界に見いだされるさまざまな力のひとつと位置づけることができます。重力、電力、磁力は長距離力でありまして、その作用を巨視的に観察するのは容易であります。たとえば惑星の軌道や電波の放射などは、その良い例です。ところが強い力は短距離力でありまして、$10^{-15}$メートルという、原子核の大きさほどの距離でしか作用しません。この性質のせいで、長いあいだ解明が困難だったのであります。

さて、ここでさらにもうひとつの力をご紹介したいと思います。それは、弱い力であります。"弱い"と申しましても、その本質的な力が電力や磁力よりも弱いという意味ではありません。強い力よりもさらに短い距離でしか働かないために、弱く見えるということであります。しかし、その影響が$10^{-17}$メートルという限られた範囲にしか及ばないにもかかわらず、この弱い力はたいへんに重要な

役割を果たしているのです。たとえば，水素（H）がヘリウム（He）に変換されてエネルギーが放出される一連の核反応もそれであります。この反応は太陽の中で実際に起こっており，まさに太陽エネルギーの源となっているのであります。そして弱い相互作用は，この反応の最初の部分を担(にな)っているのです。

$$p+p \rightarrow {}^2H+e^++\nu_e$$
$$^2H+p \rightarrow {}^3He+\gamma$$
$$^3He+{}^3He \rightarrow {}^4He+p+p$$

ここで $\gamma$ はガンマ線と呼ばれる高エネルギーの光子，$^2H$ は陽子と中性子から成る重陽子，$\nu_e$ はニュートリノであります。

弱い力はまた，自由な——つまり原子核の内部に束縛されていない——中性子を崩壊させる働きもあります。

$$n \rightarrow p+e^-+\overline{\nu_e}$$

ここで $\overline{\nu_e}$ は反ニュートリノであります。

ところでみなさんは，この"力"の話と粒子の変換の話がどうつながるのだろうとお考えかもしれません。これはつまり，粒子がたがいに影響を及ぼしあうときには"常に"——少なくとも現時点においては，でありますが——物理学者はそれを"力"もしくは"相互作用"のせいであると考えるからなのです。この考え方は，運動の変化に対してだけでなく（運動の変化は，力の働きによって起こると考えられます），粒子のアイデンティティの変化に対しても適用されるのであります。

先ほどお話ししたように，ハドロンとは異なり，電子とニュートリノは強い力を感じません。といいますのも，電子とニュートリノ

はカラーチャージをもたないからです。ニュートリノは電気の力さえ感じません。電荷をもたないせいです。それにもかかわらずニュートリノが他の粒子と相互作用するという事実は，他の種類の相互作用が存在する可能性を考えなければならないということにほかなりません。それが弱い力なのです。

われわれはeと$\overline{\nu_e}$のことを，レプトン数+1をもつ"電子型レプトン"と呼んでいます。これらの粒子にはそれぞれ$e^+$と$\overline{\nu_e}$という反粒子が存在し，それらの電子型レプトン数は−1であります。このレプトン数という量子数は，ハドロンの場合のバリオン数$B$と同じく，相互作用の前後で保存されます。これは上の反応でチェックすることができます。eと$\nu_e$のレプトン数は同じですから，弱い力について考えるかぎり，両者に違いはありません。

では，なぜ電子型レプトンについてお話ししているかといいますと，別の種類のレプトンが存在するからなのであります。それは，ミュー粒子（$\mu$），ミューニュートリノ（$\nu_\mu$），タウ（$\tau$），そしてタウニュートリノ（$\nu_\tau$）であります。これらの粒子にはそれぞれ固有のレプトン数をもち，それもまた相互作用の前後で保存されなければなりません。これらのことから，レプトンは3つの2重項を形成しているのではないかと考えられるのであります。

クォークもまた2重項になっています。先ほどお話ししましたが，陽子と中性子はアイソスピン2重項（同一の粒子，すなわち核子が異なる電荷をもった状態）を形成します。それと同様に，uとdのクォーク（それらからpとnが作られる）も2重項を形成しております。他のクォークに関しても同じことが言えます。sはcとともに2重項を形成し，tはbとともに2重項を形成するわけであります。

じつを言いますと、クォークのアイソスピン2重項とレプトンの"弱いアイソスピン"2重項とのあいだには関係がありまして、これらはいっしょになって、表2に示す3つの世代を作っているのであります。

強い相互作用と同様に、弱い相互作用でも、電荷、バリオン数、レプトン数などの値が常に保存されます。ところが強い相互作用とは異なり、弱い相互作用ではクォークのフレーバーが保存されるとはかぎりません。ですから、たとえば中性子 (u, d, d) が陽子 (u, u, d) へと崩壊する場合であれば、1個のdクォークがそのフレーバーを変化させ、いくらか軽いuクォークになり、その際に余ったエネルギーが放出されるのです。トップ、ボトム、チャーム、ストレンジネスをもつハドロンにも、同様のことが起こります。高エネルギー衝突で発生した粒子のt, b, c, sクォークは即座に、異なったフレイバーをもつ、より軽いクォークへと変化します。たとえばストレンジ粒子 $\Lambda^0$ (s, u, d) の崩壊では次の式のように、sクォークがuクォークへと変化します。

表2 世代別のクォークとレプトンの二重項

| 世代 | 1 | 2 | 3 | 電荷 |
|---|---|---|---|---|
| クォーク | u | c | t | $\frac{2}{3}$ |
|  | d | s | b | $-\frac{1}{3}$ |
| レプトン | $e^-$ | $\mu^-$ | $\tau^-$ | $-1$ |
|  | $\nu_e$ | $\nu_\mu$ | $\nu_\tau$ | 0 |

$$\Lambda^0 \to p + \pi^-$$

ストレンジネスをもつ新しい粒子たちをためておくことができないのは、このためです。それらは生まれるとすぐに、より軽い粒子へと崩壊してしまうのであります。われわれの世界のほとんどの物質が、uとdという2種類の軽いクォークと電子のみから成り立っているのには、このような理由があったのです。

弱い力についてより多くを知るために、話を少しだけ前に戻すことにしましょう。自然界のさまざまな力について最初にお話ししたとき、電力と磁力は別のものと勘定しました。それらは古くから別の種類の力であると思われてきたからです。それらがじつは電磁力というひとつの力として語られるようになるためには、ジェイムズ・クラーク・マクスウェルの天才が必要でした。そして1860年代には、あらゆる電気的現象と磁気的現象とがひとつのものとして見られるようになったのです。

しかしこの力の統一という作業は、そこで終わったわけではありませんでした。スティーヴン・ワインバーグ（1967年）とアブダス・サラム（1968年）がシェルドン・グラショウの先駆的研究を発展させ、エレガントな理論を打ち立てることに成功したのです。それは、電磁力と弱い力とをひとつの力の異なる現れ方であるとするものでした。そのひとつの力というのが、"電弱"力なのであります。

この理論を可能にするには、これまでわれわれが考えてきた他の力と同様に、弱い力もある種の粒子の形態でやりとりされている必要がありました。そしてこの理論は、3種類の粒子の存在を予測しました。$W^+$粒子、$W^-$粒子、そして$Z^0$粒子です。当時、そのよ

うな粒子の存在は知られておりませんでした。

しかし1983年，それらの粒子が次々と発見され，この理論は堂々と裏付けられたのです。他の新しい粒子同様それらの寿命も短く，たとえば次のような過程で崩壊してゆきます。

$$W^- \to e^- + \overline{\nu_e} \quad \text{あるいは} \quad Z^0 \to \nu_e + \overline{\nu_e}$$

$Z^0$粒子の崩壊は，とくに興味深いものであることがわかりました。$Z^0$粒子は崩壊して（$\nu_e + \overline{\nu_e}$）になるだけではなく，（$\nu_\mu + \overline{\nu_\mu}$）（$\nu_\tau + \overline{\nu_\tau}$）にも，あるいは現在知られるニュートリノと反ニュートリノの3種類のペア以外のペアにさえなれるからです。崩壊の種類が多ければ多いほど，$Z^0$粒子はより速やかに崩壊します。ですから，どれほどの種類のニュートリノと反ニュートリノの対が存在するのかを，$Z^0$粒子の寿命からかなり正確に推測できることになります。しかし，計測された$Z^0$粒子の寿命からは3種類の対しか存在しないことが示されました。われわれがすでに発見している3種類です。このことから，レプトンの2重項も3種類しか存在しないことがわかったのであります。

さらに，世代を形成するためにレプトンの2重項がクォークの2重項とグループを形成することから，クォークの2重項も3種類しかないと推論するのが合理的であろうと思われます。言いかえると，クォークのフレーバーの種類は，6種に限定されるということです。これは重要なポイントであります。クォークの特性で気がかりだったのは，新しく発見されたクォークがすべて，すでに見つかっていた仲間たちよりも重いという点でした。uクォークは（5 MeV），dクォークは（10 MeV），sクォークは（180 MeV），cクォークは（1.6 GeV），bクォークは（4.5 GeV），そしてtクォー

クは（180 GeV）というありさまでした。重いクォークが存在するということは，それを含む重いハドロンが存在するということにほかなりません。そしてハドロンは重くなればなるほど，創り出すのがむずかしくなるのです。そこで，われわれには発見できないフレーバーが存在するかもしれないと考えられていました。それというのも，実際問題として，そんな重いハドロンを創る手段がなかったからであります。地球上の国民総生産のすべてを高エネルギー物理学研究の予算に組み込んだとしても，それほどの大きさの粒子加速器は作れないでしょう。しかし $Z^0$ 粒子のおかげで，この問題に終止符が打たれることになりました。今やわれわれは，フレーバーにはすでに発見されている6種類しかないと信ずるに足る根拠をもっているのです。

以上から，基本的な粒子の種類は，

（1） 6種類のクォークと6種類のレプトン。
（2） 12種類の媒介粒子。その内訳は，8種類のグルオンと，光子，$W^+$ 粒子，$W^-$ 粒子，そして $Z^0$ 粒子。

こうしてわれわれは，素粒子物理学のいわゆる"標準モデル"にたどりついたのであります。標準モデルは，これまでお話ししてきた自然界の構成要素とそれらのあいだに働く力のすべてをまとめ上げる理論であります。このモデルが作られたことは，輝かしい偉業であります。なんといっても，これまでになされたすべての実験が，この理論の予測と一致するのですから。

では，これから先はどうなるのでしょうか？

研究の大枠の流れは，力の統一という方向に向かっております。

電力と磁力が統一されたように,そしてその電磁力がのちに弱い力と統一されたように,おそらく電弱力と強い力も同一の相互作用の異なる発現であるとされる日がいずれやってくるでしょう。エネルギーが増せば増すほど強い力と弱い力は弱まり,電磁力は増大することが知られています。つまり,力の強さという意味において,ある一点に収束してゆくように見えるのです。近年支持されている理論によりますと,これらすべての力は,エネルギーがおよそ $10^{15}$ GeV のところで,同程度の値になるだろうと考えられております。これが証明されれば,われわれはただひとつの"大統一力"を手にすることになるのです。(この大袈裟な呼称については,申し訳ありませんが,実際にそう呼ばれているのです!)

問題は,$10^{15}$ GeV というエネルギーを実験施設内で作り出すのは無理だということであります(そのためには途方もなく巨大な粒子加速器が必要となるでしょう)。現時点でわれわれの作り出せる最大のエネルギーは $10^3$ GeV にすぎません。しかし望みがまったくないわけでもないのです。かような高エネルギー状態は実現不可能としても,通常レベルのエネルギーでも,その残余ともいうべき効果が見られるのではないかと期待されるからであります。

たとえば,ある思考実験によりますと,陽子は次のようなプロセスで,長い時間をかけて崩壊すると考えられています。

$$p \to e^+ + \pi^0$$

現在,陽子がこのような形で崩壊するようすが検出できないかと,さまざまな試みが行われています。ですが,そのような陽子の不安定性は,これまでのところ見つかってはおりません。それでもなお陽子の崩壊は,超高エネルギー状態を作り出すことなく大統一力の

特性を研究する方法のひとつかもしれないと考えられているのであります。

しかしここで指摘しておくべきは、かような高エネルギー状態を実験施設内に作り出すことは不可能であるにしても、そうした状態が発現するチャンスはたしかにあるということです。それは、ビッグバン直後の宇宙の状態のことであります。そのとき宇宙は、ランダムに運動しながらたがいに衝突しあう基本粒子が密集した状態にありました。その温度は途方もない高温で、粒子の衝突はとてつもない高エネルギー状態で起こっていたと考えられています。これはまさに、いまお話ししていた状況にほかなりません。

初期の（初期というのは、なんと $10^{-32}$ 秒程度という、ものすごい初期のことです）宇宙の状態を思い描いてみますと、その温度は $10^{27}$ K で、粒子のエネルギーは $10^{15}$ GeV であります。その当時、強い力と電磁力と弱い力はすべて同じ強さでした。しかし宇宙が膨張するにつれて、温度は下がり、衝突のエネルギーも減少し、重い粒子を創り出すことはだんだんとむずかしくなってきました。それと同時に、種々の力もそれぞれ独自の性質をもちはじめたのです。われわれはこれを"自発的対称性の破れ"と呼んでいます。

ひとつ例をあげましょう。水は氷点以下になると相転移を起こし、氷の結晶ができます。液体だったときにはあらゆる方向が同等でしたが、結晶の状態では、はっきりと定義できる軸が存在します。これはつまり、結晶化する際に、水は空間内のどれかの方向に軸の向きを決定しなければならなかったということであります。ところがこれらの軸の方向に関しては、とくにどれかを選ぶべき理由はなく、その選択は気まぐれに行われるのです。別の箇所でできた氷の結晶は、ほぼ間違いなく異なった向きに軸をもつでしょう。で

すから，軸というものは結晶にそなわるはっきりとした特徴ではありますが，その方向性にはいかなる意味もないのであります。軸の存在は，基本的なレベルに存在した事実，すなわちあらゆる方向は同等であり，完全な回転対称性をもつという事実を覆い隠してしまいます。われわれはこれを，水が本来もっていた対称性が，でたらめに，あるいは"自発的に"破れた，と言います。

　同じことが力についても言えるのであります。相互作用をしている粒子の集団の温度が下がると，これもやはり一種の"相転移"を起こします。そして，強い力と弱い力，そして電弱力のそれぞれ異なる特徴が明らかになるのです。その結果として，われわれの生活する低エネルギー状態では，それぞれの力の特徴の差が顕著に現れているのです。しかし，先ほどお話ししたように，それらの違いにはなんら本質的なものはありません。われわれはその違いに目を奪われて，すべての力が共通にもっている，根本の対称性を見失ってはならないのであります。そしてその対称性こそが，大統一力にそなわる対称性なのです。

　残念ながら時間も残り少なくなってまいりましたが，お話ししたいことは尽きません。たとえば，基本粒子の質量がどうしてあのような値になっているかについては，まだ何もお話ししておりませんし，"磁気単極子"という魅惑的な話題も残っております。ご存じのように，磁石を半分にしただけでは，磁気単極子を作ることはできません。しかし，だからといって他の方法で作り出すことが不可能だということにはならないのです。磁気単極子が存在する可能性を最初に示唆したのはポール・ディラックでしたが，現在では大統一理論によって予想されております。

　標準モデルの拡張ということで言えば，"超対称性"をもつ理論

に期待がもてそうです。この理論は，やりとりされる媒介粒子（グルオン，光子，W粒子，Z粒子など）と，やりとりをする粒子（クォーク，レプトン）のあいだに，われわれが現在考えているようなはっきりした区別はないのではないかという疑問を提起しております。

　最後になりましたが，"超ひも理論"にも触れておくべきでしょう。この理論では，基本粒子（クォークとレプトン）は点状に見えるものの，じつは点ではなく，微小な"ひも"であると考えます。その"ひも"は，$10^{-34}$ メートルにも満たない途方もなく小さなものでありますが，肝心なのは，とにかく基本粒子は，われわれが考えていたような点ではないということであります。

　お気づきでしょうが，最後に述べたいくつかの話題は，仮説の領域に踏み込むものであります。これらの中のいずれが今日の標準モデルのように確立されたものとして受け入れられるようになるかどうかは，時間のみが教えてくれるでしょう。われわれとしては，この先どうなるかをじっくり見守っていこうではありませんか。

# 17
## エピローグ

　空はよく晴れて気温も上がり，庭で日光浴をするにはうってつけの一日だった。夕闇が迫り，陽の光が弱まりはじめている。トムキンスは読んでいた本を閉じ，傍らでスケッチをしているモードに声をかけた。

「何を描いているんだい？　見せてくれるかな？」

「何度も言ったでしょう。仕上がっていない作品を見せるのはいやなのよ」

「こんな薄明かりの中で描いていたら，目を悪くするよ」

「そうね」モードは視線を上げて答えた。「じつは，彫像のデザインを考えているところなの」

「彫像って？」

「研究所に置くための」

「研究所？　いったいなんの話だい？」

「ほら，こないだ行った……」モードははっと気づいて，説明をはじめた。「あら，ごめんなさい。あなたには話してなかったわね。

あなたが看護の方に包帯を巻いてもらっているあいだ、広報主任のリヒターさんとおしゃべりをしていたの。わたしが冗談で、ビジター・センターの前庭に彫像でも置いたらどうかって言ったら、彼もそう思っていたって言うのよ。だからわたしの仕事のことを話したら、ブローランプで焼け焦がす手法に興味をもってくれて、高温や高エネルギーや激しい衝突といった感覚を伝えるにはうまい手法かもしれないと思ったらしいの。だからこの彫像はどこにでもあるようなものじゃなくて、あの研究所で行われている仕事を象徴するようなものにしなくちゃならないの」

「ということは、仕事を任されたということかい？」

「残念ながら」モードは微笑んだ。「そう簡単にはいかないのよ。アイディアを練って、デッサンをして、見積りも出さなきゃならないの。他の人に依頼されてしまうかもしれないし、まだどうなるかはわからないわ。リヒターさんはわたしが物理学に興味があるというところに惹かれたらしくて、わたしならあの研究所にぴったりのものを創れるかもしれないと思っているのね。それにもちろん、わたしの父が誰だかも知っているし。それも仕事の助けになるだろうと思っているみたい」そう言ってモードは笑った。

スケッチブックを脇に置き、モードとトムキンスは夕闇に瞬きだした星を見上げた。

「きみは、自分が正しい道を選んだのだろうか、なんて考えたりするかい？　物理の道をあきらめたこととか……」

モードは一瞬考えこんだ。

「ああいう所に行ったりすると、どうしても考えちゃうわね。最先端の科学、あの雰囲気……。でも、何かが違うの。ああ、もちろん、あんな所で働いていたら、きっとすばらしい時を過ごせただろ

うと思うわ。活気に満ちて，魅惑的で。でも，どうかしら。プロジェクトの一員となって5年も6年も，もしかするとそれ以上の歳月，計画に沿って実験をつづけなければならない……。きっとそこまでの忍耐力はわたしにはないと思うの」
「ぼくには，いまだに大きさがピンと来ないんだ，あの，粒子加速器というやつ。おかしな話じゃないか。小さな物質を見ようとすれば，大きな装置が必要になるだなんて」
「一番小さな物質を調べるために全宇宙に目を向ける必要があるというのは，たしかに面白いわね。そのうえ，宇宙を理解するカギは，一番小さな構成要素の特性を知ることにあるというんだから」
「それはどういうこと？」
「ほら，初期宇宙における自発的対称性破れの話よ。あれは宇宙の密度が臨界密度に近いことを説明するインフレーション理論に関係してるの。前に話したことがあるでしょう？　忘れたなんて言わせないわよ」
「いやいや。その話なら覚えているよ。でも，それがどう関係するのかについては……」トムキンスはしどろもどろだ。かまわずモードはつづけた。
「父が講演で話したことを覚えているでしょう？　相転移によって力はそれぞれ特有の性質をもつようになったって。水が氷になるときと同じという，あれよ」

トムキンスはうなずいた。
「水が氷になるときに起こることのひとつが，膨張することよね。宇宙も同じなの。温度が下がって相転移が起こったとき，宇宙はすごい速度で膨張しはじめたの。それを"インフレーション"と呼ぶわけ。その後，わたしたちが今日見るような宇宙の膨張速度に落ち

着いたの。インフレーションの期間はわずか $10^{-32}$ 秒だったのだけれど，これがきわめて決定的な瞬間だったのね。その短い時間に宇宙のほとんどの物質が生まれ……」

「ちょっと待った。ほとんどの物質？　あらゆる物質はビッグバンの瞬間に生まれたのかと思っていたけど？」

「それは違うわ。ビッグバンの瞬間に生まれたのは，ほんの一部だけなのよ。ほとんどの物質はその少しあとに生まれたの」

「どうやって？」

「水が氷になるとき，エネルギーを放出するのは知ってるでしょう？　潜熱ね。インフレーションの相が変化するときにも，同じことが起こったの。エネルギーが放出されたわけ。それでそのエネルギーが物質を生みだす力になったのよ。それだけじゃないわ。物質を創り出したまさにその仕組みが，宇宙の密度をきっかり臨界密度にするようなものだったのよ。臨界密度がどんなに大きな意味をもつかは知っているでしょう？」

「宇宙の未来を左右するんだろう？　宇宙の膨張はやがて止まる。しかしそれは無限の未来のできごとである」

「ええ，その通り。だから，宇宙の物質の起源と宇宙の行く末との両方を知るカギは，基本粒子，つまり小さなものの物理的性質を理解できるかどうかにかかっているわけ。それに，臨界密度であるためには宇宙の物質のほとんどがダークマターでなければならないということもわかっているから，それが何でできているかも理解する必要があるわね。質量をもつニュートリノでできているのかもしれないし，ビッグバンの残り物というべき，弱い相互作用をする重い粒子でできているかもしれない。こういった疑問を解決するには，高エネルギー物理学に目を向けるしかないということね」

「たぶんそうなんだろうね」

「それとは別の意味でも、大きなスケールと小さなスケールの知識はかかわりあっているの。大統一が起こるぐらい高いエネルギーで基本粒子がどのような動きをするか調べるには、それらがビッグバンの初期にどう動いたかを知るしかないのよ。なんといってもビッグバンは、宇宙にそんな高エネルギーが存在した唯一の瞬間なのだし、これから先にそういうことがあるとも思えないわけだから」

トムキンスは黙って考えこんでいたが、やがて満足げにつぶやいた。

「あらゆるものがつながっているわけだね。まったく驚くべきことだ。教授の講演で学んだことはすべてつながっている。基本粒子と宇宙論、高エネルギー物理学と相対性理論、基本粒子と量子論。ぼくらが生活しているこの世界は、驚きに満ちているね」

「それに宇宙論と量子物理学のつながりもそうよね。覚えているでしょう？ 量子物理学がその力をもっとも発揮するのは、小さなものを扱うときだってこと。宇宙そのものが、そんな小さな状態からはじまったのよね。だから最初のはじまりのカギを握っているのは、量子物理学だということになるわ」

「たとえば宇宙背景放射は、最初はあらゆる方向に完全に均一だと思われていたの。でもそうじゃなかった。もしも完全に均一だったら、放射をした物質が均質だったことになってしまう。でもそれはありえないわ。というのは、物質の分布密度に少なくとも一カ所は他と違う部分がなければ、銀河や銀河団を形成する中心がなくなってしまうもの。で、実際には他と違う部分が"あった"のよね。密度分布には10万分の1くらいのゆらぎが存在した。とても小さなゆらぎだけれど、その意味は大きいわ。結局それらが、宇宙の大規

模構造のもとになったのだから。つまり，星団や超銀河星団や銀河がどんなふうに分布しているかということだけれど」

「すると浮かび上がる疑問は，それらの異質な部分はどういう事情で分布したかということになるわよね。宇宙はとても小さな状態からはじまったのだから，それらの分布の元になったのは量子ゆらぎだと考えられているの。もっとも小さな量子のゆらぎが，全宇宙の構造に反映されているのだとしたら，ほんとうにわくわくするじゃない……」

モードの声が途切れた。トムキンスのたてる穏やかな寝息に気づいたのだ。よい夢をみさせてあげよう。

# 用語解説

太字は別項として説明されているもの

**SU(3)表現**　対称性を扱う数学の一領域である群論に出てくる1つの特徴。SU(3)の対称性は，**ハドロン**を分類する際に重要になり，よく似た粒子の8重項，10重項が生じることがわかっている。そのような対称性の表現には，ハドロンの**クォーク**構造が反映されている。

**W粒子とZ粒子**　ハドロンとレプトン間に**弱い力**を伝達する粒子。W粒子は**電荷**をもつが，Z粒子は電気的に中性である。

**X線**　**波長**の短い**電磁放射**で，透過性が高い。

**アイソスピン**（$I_z$）　素粒子がもつ**量子数**で，電荷に関係する。アイソスピンと呼ばれるのは，**量子論**における**スピン**と数学的な振る舞いが似ているため。

**アルファ粒子**　ヘリウムの**原子核**のこと。2個の**中性子**と2個の**陽子**が結びついてできている。

**イオン**　原子は種類ごとにある決まった数の**電子**をもっているが，その数が通常よりも多い，または少ない状態。そのため，全体としてプラスまたはマイナスの電気を帯びることになる。

**一般相対性理論**　アインシュタインの重力理論。重力は**時空**の曲率として数学的に取り扱われる。

**色の力**　**クォーク**と**グルオン**のあいだに働く力。

**インフレーション理論**　ビッグバン後，$10^{-32}$秒までの時間で成り立つ理論。宇宙は超光速の膨張期にあり，その後今日の膨張速度に落ち着いた。インフレーションの起こっていた期間は短いが，そのおかげで宇宙の密度は臨界密度になり，宇宙の行く末を決定することになった。

**宇宙の熱的死**（ヒート・デス）　星を燃焼させている燃料がすべて尽きたとき，宇宙は熱的死を迎える。宇宙は冷たく，生命は死に絶えている。

**宇宙背景放射**　ビッグバンのときの火の玉のなれの果て。マイクロ波領域の

**波長**をもつ熱放射で，その波長に対応する温度は 2.7 K（絶対温度で 2.7度）。

**運動量**　質量に速度を掛けたもの。

**エネルギー状態（離散的な）**　量子論によれば，粒子には波が付随しており，その波の**波長**が粒子の**運動量**，したがってエネルギーを決めている。この波は，すべての波と同様に，ある空間領域に閉じ込められた場合は特定の波長の値しか取らない。したがって，閉じこめられている粒子（たとえば**原子内電子**など）は，エネルギーの値として飛び飛びの（すなわち離散的な）値しか取ることができない。

**エントロピー**　熱力学で用いられる量で，粒子系の乱雑さの目安になる。

**回折**　波としての振る舞いを特徴づける性質。波が障壁の開口部を通過すると，外側に広がり，幾何光学では波の届かないはずの領域にも届く。

**化学元素**　自然界には 92 種類の化学元素が存在し，元素はそれぞれ種類の異なる**原子**をもっている。原子は，**電子**の数と，**原子核**に含まれる**陽子**および**中性子**の数によって区別される。

**核子**　原子核を構成している**中性子**と**陽子**をまとめて呼ぶときの名前。

**核分裂**　重い原子核が分裂して，より軽い原子核になること。

**核融合**　軽い原子核が融合して，より複雑な原子核を作ること。

**確率の雲**　原子内電子が原子内のどの位置に見つかるかを示す，数学的な確率分布のこと。

**確率波**　量子が，与えられた時刻に，与えられた空間領域に見つかる確率を求めるために用いられる数学的な波のこと。

**加速器**　電場を使って荷電粒子を加速する装置。粒子の経路を曲げるために磁場を使うことも多い→シンクロトロン

**価電子**　原子の周辺部にゆるく結びついた**電子**。近隣の電子の**電子核**からの引力をいくらか受けるため，複数の原子をたがいに結びつけて**分子**を形成するための結合力を生み出すことができる。

**ガンマ線**　電磁放射のなかでも振動数のきわめて高いもの。

**行列力学**　量子力学の定式化には 2 通りあるが，そのうちの 1 つ。定式化に数学の行列を用いるため，こう呼ばれる。

**銀河系**　われわれの銀河のこと。

**銀河**　典型的には，1000 億個程度の星が重力によってまとまったもの。観測可能な宇宙にはおよそ 1000 億個の銀河がある。

**クエーサー**　非常に活動の激しい，明るい中心部をもつ**銀河**。クエーサーはきわめて遠方に観測され，宇宙の初期に形成されたと見られる（光がわれわ

れのところに届くまで非常に時間がかかることから)。

**クォーク** ハドロンの基本構成要素。クォークには6つの種類があり，2つずつ3つの組を作っている。6つの種類は**色**によって区別される。

**グルオン** 強い力（**色の力**）を伝達する粒子。色の状態は8つある。

**原子核** 原子の中心部にあり，**中性子**と**陽子**で構成される。

**原子核合成** 化学元素の**原子核**が作られるときの**核融合**のプロセス。原初の原子核合成は，**ビッグバン**後数分間という，激烈な状況下で起こった。星での原子核合成は，星の内部の高温領域で現在も起こっている。爆発的原子核合成は，**超新星爆発**の際，短い期間に起こる。

**原子** 原子核を電子の雲が取り囲んだもの。

**検出器** 荷電粒子が通った道筋を見えるようにする装置。粒子の道筋を描くものは，霧箱（クラウドチェンバー）ならば水滴，泡箱（バブルチェンバー）ならば泡，放電箱（スパークチェンバー）なら放電，シンチレーション・カウンターならば蛍光で，使われる技術によって異なる。今日の検出器では，どんなタイプの粒子を捕まえたいのかに応じて，さまざまな方法が用いられている。

**高エネルギー物理学** 素粒子を扱う物理学。高エネルギーの粒子ビームを用いる必要があることから，このように呼ばれる。

**交換力** 素粒子間に働く力で，力を媒介する粒子を交換することによって生じる。**電磁力**は**光子**を交換することによって生じ，**クォーク**間に働く色の力は，**グルオン**を交換することによって生じる。

**光子** 光をはじめとする**電磁放射**の粒子（量子ともいう）。電磁力は光子を交換することによって発生する。

**光速**（$c$） 光子（質量をもたない粒子一般）は，真空中を秒速30万キロで進む。**特殊相対性理論**によれば，この数値はたがいに等速運動をしている観測者なら誰にとっても等しい。（この値は，**重力場**が存在したり，光が物質中を通過したりする場合には変化する。）

**光電効果** 紫外線を構成している高エネルギー**光子**が，金属表面にぶつかって**電子**を蹴り出すプロセス。

**時間の遅れ** アインシュタインの**特殊相対性理論**によれば，宇宙船や放射性粒子のような物体が観測者に対して相対的に運動しているとき，その物体は時間の進み方が遅くなったかのような振る舞いをする。

**色荷**（カラーチャージ） **クォーク**と**グルオン**とのあいだに働く**色の力**の湧き出し口。色荷には3つの種類があり，普通は，赤，青，緑の3色とされる。

**磁気単極子** 理論的に存在を予言されているが、まだ発見されていない粒子。磁気の極をどちらか一方（S極またはN極）だけもつ。

**時空** 特殊相対性理論の概念で、空間と時間が組み込まれた四次元連続体のこと。

**事象の地平線** ブラックホールの周囲に描かれる想像上の面。その面の内部に入ったものは、光さえも２度とそこから逃れることができない。

**質量** 粒子に本来的に備わる性質で、これによって加速する力への反応が決まる。慣性質量と呼ばれることもある。

**自発的対称性の破れ** 物理系の基礎となる**対称性**が、低いエネルギー状態に向かうときに失われる状況。たとえば液体の水は、空間内の向きに関して等方的であるが、冷却されて氷の結晶になると、結晶軸として特定の向きが選ばれる。しかしこうして選ばれた向きには深い意味があるわけではなく、でたらめに、もしくは自発的に選ばれたにすぎない。それらの軸の存在は、水が根本的には等方的だという事実を覆い隠す。同様に、**強い力**、**電磁力**、**弱い力**は、通常われわれが経験するよりも高いエネルギー状態ではじめて明らかになる対称性をもつ。

**重陽子** 重水素の**原子核**。重水素は**水素**の一種で、普通の水素の原子核には**陽子**が１個しか含まれていないが、重水素の原子核には、陽子と**中性子**がそれぞれ１個ずつ含まれる。

**重力赤方偏移** 電磁放射が重力場内を、重力の強い方から弱い方に進むとき（たとえば星の表面から電磁放射が外向きに放出されるときなど）に**振動数**がずれる現象。重力青方変移は、振動数がスペクトルの青い方にずれる現象で、放射が重力場内を、重力の弱い方から強い方に進むときに起こる。

**重力ポテンシャルエネルギー** 粒子がもつエネルギーのうち、その粒子が重力場内に占める位置によってもたらされる成分。

**シンクロトロン** 粒子加速器の一種。粒子を加速する電気力の強度と、粒子の進路を制御する磁力とが、粒子の状態の変化に合わせてシンクロする。

**振動数** 振動や周期運動が単位時間内に繰り返される回数。

**水素** １番軽い**化学元素**。１個の**電子**をもち、**原子核**は１個の**陽子**。

**ストレンジネス**（$s$） ストレンジネスという**フレイバー**（香り）をもつ**クォーク**が何個あるかを示す**量子数**。

**スピン** 粒子の固有角運動量。

**スペクトル** 電磁放射を波長ごとに示したもの。**原子**内の**電子**には特定のエネルギーしか許されていないため、電子がひとつのエネルギー準位から別の準位に移るときに放出される放射は、離散的な波長（初期状態と最終状態のエネルギー差に対応する）をもつスペクトルを示す。

**赤色巨星** われわれの太陽のような星の一生の末期。星が大きく膨れあがり，表面は赤くなる。

**世代** 2種類の**クォーク**と，それに付随する2種類の**レプトン**が1世代を構成する。$(u, d, e^-, \nu_e)$，$(c, s, \mu^-, \nu_\mu)$，$(t, b, \tau^-, \nu_\tau)$ の3世代がある。

**素粒子** すべての物質を作り上げている基本構成要素。"素粒子"という言葉は，厳密には**クォーク**と**レプトン**を指すが，もう少し大ざっぱに**陽子，中性子**などのバリオンや**中間子**に対して使われることもある。

**対称性** 円が対称的だといわれるのは，回転させても変化がないからである。同様に，なんらかの操作を施しても変化がないとき，物理理論はある対称性をもつと言われる。

**大統一** 電磁力，弱い力，強い力は，1つの力の異なる側面ではないかという考え。

**ダークマター**（暗黒物質） 宇宙に存在する物質で，光を出さないものを一般に指す言葉。そのような物質が存在することは，**銀河**や**銀河団**の運動を調べればわかる。

**タウ・レプトン** 電荷をもつレプトンで，第3**世代**に属する。

**チャーム**（$c$） "チャーム"という**フレイバー**（香り）をもつ**クォーク**が何個あるかを示す**量子数**。

**中間子** **クォーク**と反クォークのペアでできた**ハドロン**。

**中性子** **原子核**を構成する粒子で，電気的に中性。3つの**クォーク**からできている。

**超弦**（スーパーストリング） **クォーク**と**レプトン**は，一般的に考えられているように点状粒子ではなく，きわめて小さな弦が振動しているようなものだという最近の説。

**超新星** 非常に大きな星が爆発的に壊れること。内部の中心核が崩壊して**ブラックホール**が生まれることもある。

**超対称性** 力を媒介する粒子（**グルオン**や**光子**）と，媒介粒子を交換する粒子（**クォーク**と**レプトン**）とは，一般に考えられているほど違ったものではないというアイディア。

**対生成** 高エネルギーの**光子**から，**電子**と**陽電子**（ポジトロン）が生まれるプロセス。**クォーク**と反クォーク，**陽子**と反陽子などが同時に生成されるときにも対生成という言葉が用いられる。

**強い核力** ハドロンはもっぱらこの力に支配されている。たとえば，**原子核**内部に**核子**をつなぎ止めているのはこの力である。今日では，より根本的な

**色の力**が，核子を構成する**クォーク**間に働いており，それが漏れ出してきたものが強い核力だと考えられている。原子内部の**電子**と原子核のあいだには**電磁力**が働いているが，それが漏れだしたものが**分子**中の原子をつなぎ止めているのと同じようなものである。

**定常宇宙論** 一時期ビッグバン理論のライバルだった理論。定常宇宙論によれば，**銀河**の後退にともなって，それまで銀河があった場所は，自然に生まれた新しい物質によって占められる。これらの物質は寄り集まって新しい星や銀河を形成し，それがまた後退してゆく。こうして宇宙は永遠に同じ性質をもち続ける。今日では圧倒的な証拠によってビックバンが支持され，定常宇宙論は捨て去られた。

**電荷** 粒子間に働く電気的な力の原因となる性質。電荷には正電荷と負電荷の2つのタイプがある。同種の電荷は反発し合い，異種の電荷は引き合う。たとえば**陽子**はプラス1の正電荷をもち，**電子**はマイナス1の負電荷をもつ。

**電子** 電荷をもつ**レプトン**のなかでもっとも軽い粒子で，**原子**の構成要素になっている。

**電磁放射** 荷電粒子が加速されたときに出す放射。

**電子ボルト**（eV） エネルギーの単位。1個の**電子**が1ボルトの電位差によって加速されたときに獲得するエネルギーに等しい。

**電弱力** **電磁力**と**弱い力**は，電弱力という1つの力の異なる側面であることがわかっている。

**電磁力** 荷電粒子は電気の力と磁気の力を感じるが，この2つの力は電磁力という1つの力の異なる側面である。

**統一理論** いろいろな力を，同じ1つの力の異なる側面として説明しようという立場。たとえば静電力と磁力は，**電磁力**という1つの力の異なる側面である。そして電磁力と**弱い力**は，**電弱力**という1つの力の異なる側面である。**大統一理論**は，電弱力と強い力とを1つに統一しようとするもの。究極的には，さらに重力までを統一したいというのが物理学者の望みである。

**等価原理** 加速と重力は等価であるとする原理。そのことから，すべての物体は重力のもとで同じ速度で落下するという観測事実などが導かれる。等価原理はアインシュタインの**一般相対性理論**がもつ特徴のひとつである。

**特殊相対性理論** 時間と空間をまとめて四次元**時空**としたアインシュタインの理論。速度が光速に近くなると，古典物理学から予想される効果とは大きく異なる効果がもたらされる。

**トップ**（$t$） トップの**フレイバー**（香り）をもつ**クォーク**が何個あるかを

示す量子数。

**長さの収縮**　アインシュタインの**特殊相対性理論**によれば，観測者に対して運動する物体は，あたかも運動方向に長さが収縮したかのような振る舞いをする。

**波の干渉**　2つ以上の波が同じ空間領域で重なると，波が足し合わされること。出会った波の山と山が重なるとき（このとき谷と谷も重なる），その干渉は建設的干渉と呼ばれる。出会った波の谷と山が重なるとき，その干渉は相殺的干渉と呼ばれる。干渉が起こると，波の強度にはっきりとしたパターンが生じる。そのパターンは，観測している対象が粒子としてではなく波として振る舞っていることの証拠になる。

**ニュートリノ**　電気的に中性の粒子で，**質量**はゼロか，あったとしても非常に小さい。それぞれの**レプトン**のタイプに1つずつ，3種類のニュートリノが存在する。

**場**　空間の点ごとに値の変化するような物理量。その値は時間とともに変わることもある。2つの粒子が相互作用するということは，一方の粒子が生み出した場を，他方の粒子が自分の位置で感じることである。場には，**電磁場**，**弱い場**，**強い場**（**色の場**）などがある。

**ハイゼンベルクの不確定性関係**　粒子の位置 $q$ と**運動量** $p$ を，完全な精度で同時に決定することはできないということ（技術的に不可能なのではなく，原理的に不可能）。これらの量の不確定性（あいまいさ）の積は，**プランク定数** $h$ の程度より小さくなることはない。

$$\Delta p \times \Delta q \geq \Delta h$$

**排他原理**　パウリにより提唱された原理で，2つの**電子**が同じ状態を占めることはできないとするもの。

**パイ粒子**　1番軽い**中間子**。電荷をもつパイ粒子は，崩壊して**ミュー粒子**と**ニュートリノ**になる。電気的に中性のパイ粒子は，崩壊して2個の光子になる。

**白色矮星**　われわれの太陽のような星が，その一生のなかで**赤色巨星**の段階を通過し，外側の層を吹き飛ばしたときに現れる高温の中心核。時間の経過とともに温度が下がり，最後は冷たい燃えかすとなる。

**波長**　波の山と，それに隣り合う山（山と，それに隣り合う谷）との距離。

**波動関数（Ψ）**　**量子論**において粒子の運動を記述するために使われる数学的表現。与えられた時刻，与えられた空間領域に，それぞれの属性に対して特定の値をもってその粒子が見いだされる確率を評価するために使われる。

**ハドロン** 陽子やパイ粒子など，強い核力を感じる粒子のこと。

**バリオン** ハドロンの一種で，3つのクォークが結びついてできている。

**バリオン数**（$B$） 素粒子に与えられる**量子数**の1つ。クォークは $B=+1/3$, 反クォークは $B=-1/3$ である。

**反粒子** どんな種類の粒子にも，同じ**質量**，同じ**スピン**をもつ反粒子が存在する。ただし，**電荷，バリオン数，ストレンジネス，レプトン数**などの値については，粒子と反粒子とでプラス・マイナスの符号が反対になる。

**ビッグバン** 宇宙のはじまりに関して今日広く受け入れられている理論。宇宙は120億年ほど前に，エネルギー密度の非常に高い一点からはじまったとする。宇宙が膨張し，冷え続けていることがその根拠となっている。

**標準モデル**（標準理論） **クォーク**と**レプトン**，そしてそれらのあいだに働く力についての理論。現在のところ，高いエネルギー現象を説明するもっとも満足のゆく理論とされている。

**ブラックホール** きわめて密度の高い物質により強い**重力場**が生じ，光すらもそこから逃れられなくなっている領域。

**プランク定数** ハイゼンベルクの**不確定性関係**などに現れる物理学の基本定数。$h = 6.626 \times 10^{-34}$ ジュール秒。

**フリーズアウト存在比**（締め出しが起こった時期の存在比） ビッグバン以降，宇宙の密度と温度は下がり続け，ある時点で原初の**原子核**合成はストップした。ビッグバンで生まれた原子核の，その時点での存在量の比率のこと。

**フレイバー**（香り） **クォーク**の種類を区別する量。アップ，ダウン，ストレンジ，チャーム，トップ，ボトムの6種類がある。

**分光器** 電磁波を構成成分の**波長**ごとに示す装置。

**分子** 化学物質の最小単位。いくつかの**原子**が結びついてできている。

**ヘリウム** 2番目に軽い**化学元素**。ヘリウム**原子**は2個の**電子**をもつ。また，ヘリウム原子核は**アルファ粒子**とも呼ばれる。

**放射性崩壊**（原子核の） 重い**原子核**が自発的に崩壊して，軽い原子核になること。

**膨張宇宙** ビッグバン以来，宇宙は膨張を続けてきた。**銀河団**はハッブルの法則にしたがってたがいに後退し，後退速度は銀河団同士の距離が大きくなればなるほど速くなる。

**保存則** 物理法則の一種で，ある量（たとえば，**電荷**，**バリオン数**など）の総量は，粒子の相互作用の前後で変わらないと述べるもの。

**ポテンシャル障壁** 正の**電荷**をもつ粒子が**原子核**に近づくと，まずはじめに

電気的な斥力を受ける（原子核内の**陽子**がもつ正電荷のため）。さらに近づくと斥力は弱まり（**強い核力**の到達範囲に入るため），最終的には引力を感じるようになる（強い核力が電気的斥力に勝つため）。粒子のたどる道筋に沿ってポテンシャルを描けば，山道（障壁）を超えるような形になる。
**ボトム**（$b$）　"ボトム"という**フレイバー**（香り）をもつ**クォーク**が何個あるかを示す**量子数**。

**マクスウェルの魔物**　熱力学2法則（**エントロピー**増大の法則）を破るために，速い粒子と遅い粒子とを識別して区分けしようとする架空の生き物。
**ミュー粒子**　第2世代に属するレプトン。

**陽子**　正の**電荷**をもつ粒子で，**原子核**の構成要素。陽子は**素粒子**ではなく，3つの**クォーク**から構成される。
**陽電子**（ポジトロン）　**電子**の反粒子
**弱い力**　自然界の基本力の1つ。ある種の**放射性崩壊**を引き起こす。ハドロンやレプトンが，**Z粒子**や**W粒子**を交換することによって伝達される。

**粒子**　ハドロン（**陽子**や**パイ粒子**など）に対しても，**素粒子**（**クォーク**と**レプトン**）に対しても用いられるおおざっぱな呼称。
**量子**　量子には，物質の基本の構成要素（**クォーク**または**レプトン**）となる粒子と，力の伝達を担う媒介粒子（**グルオン**や**光子**など）の2通りある。
**量子数**　バリオン数，レプトン数など，**素粒子**がもつ性質。一般に，粒子間の相互作用の前後で変わらない。
**量子論**　小さなもの（だいたい原子の大きさ以下と思ってよい）の振る舞いは，今日では量子論によって説明されている。原子力学，波動力学などと呼ばれることもあり，放射が1つの場所から別の場所に進むときのようすは波として，エネルギーと**運動量**を交換しながら物質と相互作用するときのようすは粒子として記述する必要に応えるために作られた理論。
**臨界密度**　宇宙に存在する物質の平均密度で，宇宙の未来に関する2つのシナリオ（永遠に膨張し続けるか，膨張はいつか終わって収縮がはじまるか）の分かれ目となる値。**インフレーション理論**が正しければ，宇宙の密度はこの臨界密度（$10^{-26}\,\mathrm{kg\,m^{-3}}$）になっているはずである。
**零点エネルギー**（ゼロ点エネルギー）　物理系が取ることのできる最低エネルギー状態。**量子論**によれば，最低状態のエネルギーは有限の値をもつ（ゼロではない）。たとえば**原子**中の**電子**は，空間のある領域につなぎ止められている。つまり，その粒子の位置についてある程度のことがわかっているこ

とになる。こうして位置についてある程度の知識があるために，電子の**運動量**を厳密に知ることはできなくなる（**ハイゼンベルク**の**不確定性関係**より）。つまり，電子の運動量，したがってそのエネルギーは，厳密にゼロだとは言えなくなるのである。

**レプトン** 弱い力を感じるが，強い力は感じない粒子に対する名前。言い換えれば，レプトンは**色荷**（カラーチャージ）をもたない。レプトンには，**電子**と電子ニュートリノ，**ミュー粒子**とミュー・ニュートリノ，**タウ粒子**とタウ・ニュートリノがある。

**レプトン数** レプトンに付随する保存される**量子数**。レプトンは3種類あることに対応して，レプトン数も3つある。

# 訳者あとがき

　宇宙や原子の世界に関心のある人ならば，ジョージ・ガモフの名前ぐらいは聞いたことがあるだろう。ガモフは，量子論のトンネル効果によって原子核の $\alpha$ 崩壊を説明したり，ガモフ＝テラーの名で知られる $\beta$ 崩壊の理論を提唱したりしたほか，宇宙論の分野ではビッグバン説を打ち出し，また生物学の分野では DNA 内部の構造パターンが遺伝子を形成しているという仮説を立てるなど，20 世紀前半において華々しい活躍をした第一級の科学者である。しかしガモフの科学への貢献は，このような研究活動によるものばかりではなかった。ご存じのように，20 世紀のはじめには相対性理論と量子論が登場し，物理学的世界像はがらりと様変わりした。ガモフはイマジネーション豊かな物語を創作することにより，そうした科学の新しい知見を一般に普及させるという面でも大きな役割を果たしたのである。その作品は世界中で愛読され，1956 年にはユネスコからカリンガ賞を贈られている。

　日本でも，おそらく 50 代以上の科学者や科学ファンは，ガモフの生み出したキャラクターであるトムキンスに，なみなみならぬ思い入れがあるのではないだろうか。しかし科学はその後も発展を続け，新しい知見に対しては新しい一般書も出版されて，ガモフのトムキンス・シリーズは第一線を退いた感があった。じつを言うとわたし自身，"古典" としてのトムキンス・シリーズのことは知っていても，直接手にとってじっくり読んだことはなかった。本書の翻訳の打診を受けたわたしは，ガモフの本を翻訳させてもらえるとはなんと名誉なことだろうと感激する一方で，どうしていまさらそんな古い本を焼き直してまで出版するのだ

ろうといぶかしく思ったのも事実である。

　そこでわたしはさっそく旧版のシリーズを読んでみた。そしてそこに，時代を超えて生き続けるに値するイマジネーションの輝きがあることを理解したのである。とくに相対性理論と量子論に関する部分はそうだった。この2つの理論は，現代テクノロジーの基盤としてわれわれの生活を支える理論であるにもかかわらず，高校までの物理学では扱うことができない。したがって，一般の人たちにこの世界に親しんでもらうための案内書は，いまも，そしてこれからも必要とされるだろう。ガモフの創り出した物語は，設定のうまさ，親しみやすさ，そして彼の人柄からにじみ出るものであろうユーモアがあいまって，相対性理論と量子論の世界を，また訪れてみたい土地，どこかなつかしい土地にしてくれる。この魅力がもつ力は大きい。今日，フィクション仕立ての物理学入門書はめずらしくもなくなっているが，ガモフの作品は"元祖"の看板になど頼らなくとも，時代を超えた魅力によって21世紀の読者のハートをつかむに違いない。

　とはいえ，旧版のトムキンス・シリーズには変わらなくてはいけない面もあった。科学の進展に応じた新しい部分が必要だという点は別にしても，わたしは女性のひとりとして，「旧版の女性像（具体的には，教授の娘で，トムキンスと結婚することになるモード嬢の描かれ方）はひどすぎる」とひとこと言わずにはいられない。もちろんこれはガモフが悪いのではなく，たんに時代が変わったということである。しかしともかく旧版のモードのままでは，女性読者にひじ鉄を食らわされるだけでなく，男性読者にとってもリアリティがなさすぎ，せっかくの物理の世界の楽しさもだいなしだろう。

　この点，新版（つまり本書）のモードには大いに共感を覚えた。新しいモードは，学生時代には物理学と数学を専攻して優秀な成績をおさめ，その後芸術の分野に進んで生き生きと活動し，結婚後は，夫という1本の大黒柱に支えられた家庭に入るのではなく，細いながらも2本の柱として夫妻が支え合ってゆくことを選ぶ。その興味は科学から芸術まで幅広く，美人というのではないが表情豊かで魅力的だ。着るものにお

金はかけないだろうが，きっと自分に似合ったものを上手に着こなしているにちがいない……と，服装にまで想像力をかき立てられてしまうほど，現代のわたしたちにとってリアルな存在感をもっている。男性読者の目から見ても，ミンクのコートをほしがるお嬢様よりは，新しいモードの方が好ましいのではないだろうか。

　新しいモードを生み出すと共に，宇宙論と高エネルギー物理学における新しい知見を盛り込んでくれた新版の著者，ラッセル・スタナードは，イギリスのオープン・ユニバーシティー（BBC放送大学）の物理学教授で，子供向けの物理学入門書「アルバートおじさんシリーズ」など，さまざまなメディアを使った作品でつとに評価の高いサイエンス・ライターである。スタナードはガモフのオリジナルがもつ輝きをたしかな手つきでつかみ取り，それに新しい形を与えることに成功したとわたしは思う。

　21世紀に船出した新しいトムキンスが，新しい読者とともにオールド・ファンにも愛されるならば，訳者としてこれにまさる喜びはない。

2001年5月

青木　薫

### ジョージ・ガモフ（George Gamow）
1904 年，ロシア（現ウクライナ）のオデッサに生まれる。レニングラード大学卒業後，ゲッティンゲン，ケンブリッジなどの大学・研究所を遍歴し，34 年以来アメリカに渡ってワシントン大学教授になり，のちコロラド大学に移った。
量子力学のトンネル効果を発見し，原子核の $\alpha$ 崩壊に適用してガイガー-ヌッタルの法則を導き，また原子核反応の知識を土台にして天体の構造，恒星の進化を論じたほか，宇宙がビッグバンに始まったとして元素の起源を論じ，宇宙黒体放射の存在を予言した。
一般読者向け科学解説への努力により，56 年ユネスコ・カリンガ賞受賞。68 年，交通事故で死去。

### ラッセル・スタナード（Russell Stannard）
さまざまなメディアやプロジェクトを通じて，もっとも才能ある科学解説者の 1 人として名声を確立。とくに 11 歳以上を対象にアルバート・アインシュタインの仕事をわかりやすく解説した『アルバートおじさんの時間と空間の旅』『アルバートおじさんと恐怖のブラックホール』『アルバートおじさんのミクロの国の冒険』は大成功を収めた。批評家からも高い評価を得たこれらの作品は 15 カ国語に翻訳されている。

### 青木　薫（あおき　かおる）
1956 年生まれ。京都大学理学部卒業。同大学院修了。理学博士。専門は理論物理学。翻訳家。主な訳書にセーガン『人はなぜエセ科学に騙されるのか』，シン『フェルマーの最終定理』（以上，新潮社），ピックオーバー『2063 年、時空の旅』（講談社），デイヴィス『宇宙に隣人はいるのか』（草思社）などがある。

The New World of Mr Tompkins
by George Gamow and Russell Stannard
Illustrated by Michael Edwards
© Cambridge University Press 1999
First Published 1999
Japanese translation rights arranged with
the Syndicate of the Press of the University of Cambridge, England
through Tuttle-Mori Agency, Inc., Tokyo

ISBN978-4-8269-0103-1

不思議宇宙のトムキンス
<small>ふ し ぎうちゅう</small>

2001年 6 月 20 日　第 1 版第 1 刷発行
2017年 5 月 30 日　第 1 版第 10 刷発行

| | |
|---|---|
| 著　　者 | ジョージ・ガモフ/ラッセル・スタナード |
| 訳　　者 | 青木　薫 |
| 発行者 | 中村幸慈 |
| 発行所 | 株式会社　白揚社　© 2001 in Japan by Hakuyosha |
| | 〒101-0062 東京都千代田区神田駿河台1-7-7 |
| | 電話 (03) 5281-9772　振替口座 00130-1-25400 |
| ブック・デザイン | 岩崎寿文 |
| 印刷所 | 中央印刷株式会社 |
| 製本所 | 牧製本印刷株式会社 |

◇ G.ガモフ・コレクション ◇

## ① トムキンスの冒険　伏見康治他訳

ガモフの著作中、最もポピュラーな「トムキンスもの」を一冊に集成。不思議の国・原子の国・生命の国で平凡な銀行員トムキンス氏が繰り広げる奇想天外な冒険を通して、相対性理論、量子力学、分子遺伝学、人工知能など、夢とロマンを語る。Ａ５判 ４６４ページ

---

## ② 太陽と月と地球と　白井俊明他訳

私たちが住む地球と、最も身近な天体で私たちの生活に大きな影響を与え続けている太陽と月について、物理学、化学、生物学等々の現代科学が明らかにしたありとあらゆる事柄を、歯切れのいいテンポでユーモラスに語りつくす太陽系百科。　Ａ５判 ４５８ページ

---

## ③ 宇宙＝1,2,3…無限大　崎川範行他訳

あのアインシュタインが「とても刺激的でウィットに満ち溢れ、実に得るところ大」と絶賛した名著『１，２，３…無限大』と、ガモフ宇宙論の真髄を余すところなく伝える『宇宙の創造』等を収録。ミクロとマクロの両極から、宇宙を描き出す。Ａ５判 ５１２ページ

---

## ④ 物理学の探検　鎮目恭夫他訳

ニュートンやアインシュタイン、ボーアといった大物物理学者のプロフィールを織り込みながら、独特な筆致で古代から現代にいたる物理学の流れをわかりやすくまとめた『物理の伝記』、原子核物理学の先駆的な入門書『原子の話』等を収録。　Ａ５判 ４９２ページ

各巻　本体価格４２００円

＊定価は本体価格に消費税を加えた額です。

◇ 白揚社好評既刊 ◇

## トムキンスさん

**古川タク作画　ジョージ・ガモフ原作**

名作『不思議の国のトムキンス』を、マルチアーティスト古川タクの描き下ろしで完全コミック化！Ａ５変 １６８ページ 本体価格１８００円

---

## 新版　1,2,3…無限大

**ジョージ・ガモフ著　崎川範行訳**

ミクロ宇宙からマクロ宇宙まで科学の愉しさをたっぷり味わえる、ガモフ最高傑作の一冊！　　　四六判 ４００ページ 本体価格２５００円

---

## ガモフ博士の物理講義Ⅰ 原子の世界

**ジョージ・ガモフ著　前田秀基訳**

あのトムキンスの作者が「真面目」に解説！　古代ギリシャの原子観から現代のニュートリノまで。Ａ５判 ２２４ページ 本体価格２４００円

---

## ガモフ博士の物理講義Ⅱ 物質とエネルギー

**ジョージ・ガモフ著　鎮目恭夫訳**

力、運動、熱、エントロピー、電磁気力、光、相対性理論などの物理現象をわかりやすく解説。　Ａ５判 １６８ページ 本体価格２０００円

＊定価は本体価格に消費税を加えた額です。

◇ 白揚社好評既刊 ◇

## ゲーデル、エッシャー、バッハ あるいは不思議の環

ダグラス・ホフスタッター著　野崎昭弘・はやしはじめ・柳瀬尚紀訳

人工知能、分子遺伝子、アートにパラドクス……ピュリツァー賞に輝く世界的ベストセラー。菊判　808ページ　本体価格5800円

---

## メタマジック・ゲーム 科学と芸術のジグソーパズル

ダグラス・ホフスタッター著　竹内邦雄・斉藤康己・片桐恭弘訳

音楽、芸術、分子生物学にゲーム理論……奇才が諧謔と厳密を駆使して思考の限界に挑む！　菊判　816ページ　本体価格6200円

---

## 不確定性 ハイゼンベルクの科学と生涯

デヴィッド・C・キャシディ著　金子　務監訳

膨大な資料と綿密な調査に基づき、動乱の時代に生きた天才科学者とその科学の本質に迫る。　A5判　682ページ　本体価格9500円

---

## ルイスキャロル　遊びの宇宙

マーティン・ガードナー著　門馬義幸・門馬尚子訳

数学パズル、言葉遊びからオリジナルゲームまで、娯楽数学の大家が贈る知的遊戯の世界。　A5判　256ページ　本体価格3000円

＊定価は本体価格に消費税を加えた額です。

◇ 白揚社好評既刊 ◇

## ゲーデルは何を証明したか　数学から超数学へ

E・ナーゲル／J・R・ニューマン著　林　一訳

どんな数学体系も不完全であるとして思想界に大きな衝撃を与えた不完全性定理をやさしく解説。　　B6判　176ページ　本体価格2200円

---

## 特殊および一般相対性理論について

アルバート・アインシュタイン著　金子　務訳

アインシュタイン博士が自ら相対性理論をその基礎から一般科学ファンのために語った唯一の解説書。四六判　224ページ　本体価格2400円

---

## 対称性　レーダーマンが語る量子から宇宙まで

レオン・レーダーマン／クリストファー・ヒル著　小林茂樹訳

ノーベル賞物理学者が、ビックバンからヒッグスボソンまで、物理学の最前線を語り尽くす。　四六判　468ページ　本体価格3200円

---

## 詩人のための量子力学　レーダーマンが語る不確定性原理から弦理論まで

レオン・レーダーマン／クリストファー・ヒル著　吉田三知世 訳

量子力学の基本概念から量子コンピューターなどの応用まで、だれもが深く理解できる量子論。　四六判　448ページ　本体価格2800円

＊定価は本体価格に消費税を加えた額です。